復刊

素粒子論

川口正昭 著

共立出版株式会社

推薦のことば

　大阪大学理学部は昭和 8 年に出発し，理化学研究所などでプールされていた人材を集めて出発した。 物理教室の初めの5人の教授は，塩見研究所からこられた岡谷辰治，浅田常三郎，東京大学理学部からの友近 晋，東北大学からの八木秀次，理化学研究所からの菊池正士の諸先生であった。 岡谷先生は初代総長長岡半太郎先生の女婿で相対論の専門家であったが，その助教授の位置に， 理化学研究所の仁科芳雄研究室で腕をみがいてきた湯川秀樹先生がおられたのであった。 坂田昌一さんはその湯川さんに付いていた助手であった。 しばらく経ってから，小林稔さんや，武谷三男さんが参加したのである。

　私は昭和9年に友近先生の研究室に参加すべく， 東大から阪大に移ったのである。 岡谷，友近の両研究室が理論物理であったから， その合同のコロキウムではじめて湯川，坂田コンビに出遇ったのであった。 しばらくしてから，私は菊池さんに誘惑されて，原子核実験のグループにはいって行った。 コッククロフトの加速装置をまねたものがあり，それで重水素核反応を使って中性子を出して，中性子に関する実験をやるという， 当時としては最先端を行くものであった。

　しかし， 湯川さんの中間子理論の誕生をまのあたりにすることができたのは， 私の生涯の中で一番大きな幸いであったといえるであろう。 荷電粒子間の作用が光量子によって媒介されるように，核子間の作用が，"重い量子"によって媒介されるという

のが湯川さんの出発点であった。光量子を英語で light quantum というが，light は光と同時に軽いという形容詞でもある。湯川さんが新しい，仮定的粒子を heavy quantum とよんだのは，自然であった。中間子 meson という名は，だいぶ経ってから，ボーアがつけたものである。つまりこの仮説粒子の静止質量は，光量子のように零でもなければ，電子の質量よりも大きくなければならなかったが，しかし核子よりは軽くなければならなかったので，中間の静止質量の粒子という意味が適当とされたのであった。これは核力の伝達距離からきまるのである。

　湯川さんの理論は，時勢を抜いて先に出ていたものであったから，昭和 10 年のコロキウムで湯川さんのお話をうけたまわった時に，その真価を，つまりその後の発展の可能性を理解していたとは，いえない。私は自分が実験でとりあつかっている重陽子が，陽子と中性子とから成るとして，その間の核力を適当に仮定してどんな波動関数になるかを知る方が，眼前の急務であり，実際そのような計算のいくつかをやってみた。核力の伝達距離が十分小さいとすると，それ以上の細かい関数形は，波動関数に影響がないことを発見したのはその産物であった。幸か不幸か，ほとんど同じ計算を，ナチに追われてイギリスに行ったベーテとハイトラーとがやって発表してしまったので，私の計算は永久に日の目を見ないことになったが。

　しかし亡命中とはいえ，ベーテやハイトラーという一流の人たちが，核力を現象的に捕える段階に止っていたとき，湯川さんは，その一段階先の仕事に手をつけていたのであるから，たいしたものであった。しかし当時は仮説は仮説であった。核力の

推薦のことば　　　　　　　　　　　　　　　　　　　　　　　　　3

もつ現象論的な性質のいくつかを説明するものではあったが，その核力の性質というのもわかったような，わからないような，はっきりしないものであった。中間子論が物理になったのは，いうまでもなく，宇宙線の中にそれと思われる粒子が発見されてからのことである。湯川さんは自身もこの発見があってから，特に理研仁科研究室でそれとおぼしき粒子の写真が，一宮虎雄さんらによってとられてから，中間子論完成のために組織的な努力をされるようになったのである。

　素粒子論ははじめは貧弱な実験的手がかりの中で，むしろ自然哲学として出発したのである。実験というのも数が少なく，データはあやふやであったから，理論を実験に合わせるというようなことはたいして意味がなく，むしろ実験のもたらす定性的な画像を，全体としてどうとらえるかという方がたいせつな時代であった。中間子論 30 周年を数年前に祝ってしまった今日では，事情がまるで変わっている。大加速器の開発建造によって，素粒子の実験的研究は，精緻で広汎なものになり，理論家たちは冥想によって形而上学をもてあそぶことはできなくなった。個々の細かい曲線の起伏を計算で裏付けるという仕事に忙しく追いまわされているというべきか，理論と実験との密接不可分の共同作業の中で，日々に素粒子に関する知見が増して行くというべきか。川口さんはその現状の素粒子論をできるだけ近道して読者に展開して見せてくれた。こんなに小さな本の中に，よくもこんなに圧縮した，大事な知識を盛りこめたものだと感嘆する。この本はもちろんただ楽しませるために書かれたものではなく，これから素粒子論を本格的に勉強しようとす

る，そういう姿勢をもった読者に，できるだけ早く物理の現場に案内しようという意図で書かれたものである。私は，この本の読者が早くこの段階を卒業されて，次の本質的な段階，30何年前湯川さんが果したと同じ性格の，大展望を打ち開くような理論を生み出されることを，心ひそかに期待したい。

戦後の荒廃した，目標を失った暮しの中で，湯川さんがノーベル賞をもらわれたことは，どんなにすばらしいことであったであろう。これで文化国家として立って行こうとした国民，特に戦後の若い世代に，明るい希望の燭光が高々とかかげられたことになる。こうして天下の秀才たちの多くが，理論物理学，特に素粒子論の分野に集まってきた。川口さんはそういう秀才の中の一人で，その後多く人が素粒子論研究の陣営から脱落していったが，最後まで，このむずかしい研究分野にとどまった少数の一人であった。

この文章を書いている日の新聞に，オーストラリアのある学者が，コーク（クォーク）らしいものを発見したという記事がのっている。これを発見したら，ノーベル賞はまちがいないといわれている仮説的粒子である。そのコークとはいったい何だ，それを知りたいと思う人はこの川口さんの本を読むのがよい。もっとも，巻末のコークの章に到達するのには，1カ月はかかるだろうけれども。

1969 年 6 月

伏 見 康 治

序　文

　素粒子物理学が物理の一分野として，市民権を得たのは，比較的新しい。日本では，この分野の現存の最長老は，湯川秀樹，朝永振一郎両博士で，戦後，私が学生であったころは，40才くらいの両先生と，数えるばかりの人々が，素粒子論を研究していた。1949年に，湯川博士が，ノーベル賞を受賞されたことは，敗戦にうちひしがれた日本人にとって，大きな喜びであった。その業績は，中間子の存在の予言ということであるが，原論文をよむと，素粒子物理学の源がここにあるといってよいほど，大きな構想が描かれている。要するに，湯川論文のころから，素粒子論という学問が生まれたといってよかろう。

　その時代には，素粒子といえば，陽子，中性子，電子，光子，ニュートリノ，それに，中間子だけで，これだけのものが，世の中のすべての物質を形づくっていると考えていた。種類が少ないということが，素粒子こそまさに分割されえない基本粒子で，神様から与えられたようなありがたさをもつ。ところが，その後，宇宙線の実験から，「奇妙な粒子」とよばれる一群の素粒子がみつかり，さらに，加速器がだんだんと大きくなるにつれて，おぼえきれぬほど多くの，共鳴状態とよばれる準素粒子が登場した。いまや，素粒子の種類は，元素の数より多く，こうなってみると，この中のいくつかが，「本当の」素粒子で，他は，その複合粒子にちがいないという考え，つまり，はじめ考えていた素粒子より，もっと基本的なものがあるにち

がいないという考えがうかんでくる。現在は，毎日のようにあらわれる新しい共鳴状態をながめている状態であって，まず，それらの整理，分類をする段階であろう。それが，一段落して，より基本的な理論体系が生まれることを期待したい。

素粒子論というと，ギリシアの哲学のように，時間 空間から，世の中の万物すべてを支配するもっとも高尚な学問であるかのように思っている人がいる。相対論や，場の理論は，たしかにそういう一面をもっている。けれども本書で述べる素粒子の話は，素粒子の博物学的な面が大部分である。昆虫は足が6本で，クモは8本というような，学問以前の段階にある部分は，素粒子論でも，ずいぶんたくさん残っている。そういう雑多な材料の中から，本質的なものをひろい出して，理論体系にしたて上げるのがわれわれのなすべきことであろう。

そのために，本書は，10 年前の素粒子論の教科書とは，まったく内容を異にしている。昔は，素粒子の教科書というのは，場の理論の教科書であった。本書では，自然現象を軸にして話をすすめていることに注意してほしい。素粒子論は，それほど早く，変化している流動的な学問である。

本書は，大阪大学理学部および基礎工学部においておこなった講義をもとにしてつくった。

最後に，学生時代に物理学の基礎を教えてくださり，今日までいろいろ御指導をいただいた伏見康治，永宮健夫両先生に感謝したい。素粒子論を勉強するようになってから，湯川秀樹，朝永振一郎両 先生のもとで，助手をつとめるという 幸運を得て，

序　文

両先生をはじめ，その周辺のすぐれた先輩の御指導を受けたことを感謝している。

昭和44年6月

川　口　正　昭

目　　次

第1章　素粒子の一般的性質

§1・1　本書をよむ方へ………………………………………………… 1
§1・2　素粒子の種類…………………………………………………… 5
§1・3　統計，保存則………………………………………………… 5
§1・4　新しい量子数………………………………………………… 17
§1・5　単位系………………………………………………………… 24
§1・6　相互作用の分類……………………………………………… 27
§1・7　実験室系と重心系…………………………………………… 31
§1・8　S 行列……………………………………………………… 34
§1・9　加速器，測定器……………………………………………… 43

第2章　強い相互作用

§2・1　π中間子の性質……………………………………………… 51
§2・2　球面波展開と，π中間子核子散乱への応用……………… 54
§2・3　π中間子核子散乱の実験…………………………………… 65
§2・4　π中間子核子の散乱の理論………………………………… 74
§2・5　分散公式……………………………………………………… 82
§2・6　光学模型……………………………………………………… 88
§2・7　高エネルギー極限…………………………………………… 93
§2・8　ガンマ線によるπ中間子発生……………………………… 103
§2・9　核力…………………………………………………………… 117
§2・10　核子のひろがり…………………………………………… 123

第3章　弱い相互作用

§3・1　弱い相互作用とパリティ非保存…………………………… 130
§3・2　ベータ崩壊の相互作用の型の決定………………………… 132
§3・3　π中間子の崩壊……………………………………………… 143

§ 3・4 μ中間子の崩壊および吸収 …………………………………… 146
§ 3・5 ニュートリノの相互作用 ……………………………………… 150
§ 3・6 Nonleptonic decay ……………………………………………… 152
§ 3・7 普遍 Fermi 相互作用 …………………………………………165

第4章 素粒子の統一的記述

§ 4・1 坂田模型と対称性 ……………………………………………… 171
§ 4・2 Regge 理 論 …………………………………………………… 180

付録 1. 参 考 書 ……………………………………………………185
付録 2. Dirac 方程式 ………………………………………………188
付録 3. 角 運 動 量 ………………………………………………191
付録 4. 素粒子および共鳴の表 …………………………………196
付録 5. 定 数 表 …………………………………………………216

索　　　引 ………………………………………………………1〜4

第 1 章　素粒子の一般的性質

§1・1　本書をよむ方へ

　本書は，四つの章からなる。第1章では素粒子の一般的な性質や，素粒子論でよく使われることばや，記号等の定義を与える。他の分野には，あまり出て来ないことばや考え方が出て来るので，この章でまず準備をする。単位系も，光速度 c，プランク定数を 2π で割ったもの $\hbar$ を1とする自然単位系を用いる。この単位系では，すべての量が長さのベキになる点は便利であるが，いろいろの量の性質がわからなくなる欠点があるので，c や $\hbar$ を生かした本と比較するとよい。本書は，できるだけ，予備知識なしに読めるように工夫したつもりであるけれども，古典力学，古典電磁気学，量子力学は，当然よく知っているという仮定のもとで，話をすすめる。もちろん，それらの全部を知っている必要はなく，本書を読み進んでみると，案外何も知らないでもわかるという感じをもたれる方が多いのではないかと思う。特殊相対論も予備知識のうちの一つであるが，重心系と，実験室系の変換も，ローレンツ変換をなるべくおもてに出さないで，述べるつもりである。本書では，q という4次元ベクトルは，成分をあらわすときは，q_μ のようにギリシャ文字の添字をつける。3次元のベクトルは，$\boldsymbol{q}$ という太い文字であらわし，成分は，q_i というように，ローマ字の添字をつける。二つの4次元ベクトルのスカラー積は，

$$qp = q_\mu p_\mu = \sum_\mu q_\mu p_\mu = \boldsymbol{q}\boldsymbol{p} - q_0 p_0 \qquad (1\cdot1\cdot1)$$

といういろいろのかき方をする。

　素粒子をどうして人工的に作るかという，加速器による実験のすすめ方や，そうして作った素粒子や，天からやって来る，宇宙線の中の素粒子を，いかにつかまえるかという，測定器の問題は，ごく少ししか述べなかったので，もっと勉強したい方は，しかるべき専門書をよんでいただきたい。

　それから，第1章でも，1・3節は，かなりむずかしくて，わかりにくいかも知れない。その場合には，どんどんとばして，読んでいただけ

表 1・1　おもな素粒子

分類	名前	反粒子	I	I_3	スピン・パリティ・奇妙さの数	質量 (100万電子ボルト単位)	磁気能率	寿命 (秒)	崩壊の型
光子	γ				1^-	0			
	ν_μ	$\bar{\nu}_\mu$			$1/2$	<1.2			
	ν_e	$\bar{\nu}_e$				<60電子ボルト			
	e^-	e^+			$1/2$	0.511003 ± 0.000001	$(1.001159657 \pm 0.000000004)\,e/2m_e$		
	μ^-	μ^+			$1/2$	105.65948 ± 0.00035	$(1.0011662\pm0.0000003)\,e/2m_\mu$	$(2.19994\pm0.0006)\times10^{-6}$	$e^-\bar{\nu}_e\nu_\mu$
	π^+	π^-	1	1 / -1	0^- / 0	139.5688 ± 0.0064	0	$(2.603\pm0.002)\times10^{-8}$	$\mu^+\nu_\mu$
	π^0			0		134.9645 ± 0.0074	0	$(0.84\pm0.10)\times10^{-16}$	2γ ; γe^+e^-
	K^+	K^-	$1/2$	$1/2$ / $-1/2$	0^- / 1 / -1	493.707 ± 0.037	0	$(1.2371\pm0.0026)\times10^{-8}$	$\mu^+\nu_\mu$; $\pi^+\pi^0$; $\mu^+\pi^0\nu_\mu$; $e^+\pi^0\nu_e$; $\pi^+\pi^+\pi^-$; $\pi^+\pi^0\pi^0$

§1·1 本書をよむ方へ

		記号	I	I_3	J^P	S	質量 (MeV)	磁気モーメント	寿命 (s)	おもな崩壊様式
ハドロン	中間子	K^0	$\tfrac{1}{2}$	$-\tfrac{1}{2}$	0^-	1	497.70 ± 0.13		$K^0{}_S\ (0.886\pm0.007)\times10^{-10}$	$\pi^+\pi^-$, $\pi^0\pi^0$
		$\bar{K}^0$	$\tfrac{1}{2}$	$\tfrac{1}{2}$		-1			$K^0{}_L\ (5.179\pm0.040)\times10^{-8}$	$\pi^+\pi^-\pi^0$, $3\pi^0$; $\left\{\pi^+e^-\bar\nu_e,\ \pi^-e^+\nu_e\right\}$; $\left\{\pi^+\mu^-\bar\nu_\mu,\ \pi^-\mu^+\nu_\mu\right\}$
	核子	n	$\tfrac{1}{2}$	$-\tfrac{1}{2}$	$\tfrac{1}{2}^+$	0	939.5731 ± 0.0027	-1.913148 ± 0.000066	918 ± 14	$pe^-\bar\nu_e$
		p	$\tfrac{1}{2}$	$\tfrac{1}{2}$	$\tfrac{1}{2}^+$	0	938.2796 ± 0.0027	2.7928456 ± 0.0000011		
		$\bar{n}$	$\tfrac{1}{2}$	$\tfrac{1}{2}$		0				
		$\bar{p}$	$\tfrac{1}{2}$	$-\tfrac{1}{2}$		0				
	ハイペロン	$\varLambda^0$	0	0	$\tfrac{1}{2}^+$	-1	1115.60 ± 0.05	-0.67 ± 0.06	$(2.578\pm0.021)\times10^{-10}$	$p\pi^-$, $n\pi^0$
		$\bar{\varLambda}^0$	0	0		1				
		$\varSigma^-$	1	-1	$\tfrac{1}{2}^+$	-1	1197.35 ± 0.06	$-1.6\sim0.8$	$(1.482\pm0.017)\times10^{-10}$	$n\pi^-$
		$\varSigma^0$	1	0		-1	1192.48 ± 0.08		$<1.0\times10^{-14}$	$\varLambda\gamma$
		$\varSigma^+$	1	1		-1	1189.37 ± 0.06	2.62 ± 0.41	$(0.800\pm0.006)\times10^{-10}$	$p\pi^0$, $n\pi^+$
		$\bar{\varSigma}^+$		-1		1				
		$\bar{\varSigma}^0$		0		1				
		$\bar{\varSigma}^-$		1		1				
		$\varXi^-$	$\tfrac{1}{2}$	$-\tfrac{1}{2}$	$\tfrac{1}{2}$	-2	1321.29 ± 0.14	-1.93 ± 0.75	$(1.652\pm0.023)\times10^{-10}$	$\varLambda\pi^-$
		$\varXi^0$	$\tfrac{1}{2}$	$\tfrac{1}{2}$		-2	1314.9 ± 0.6		$(2.96\pm0.12)\times10^{-10}$	$\varLambda\pi^0$
		$\bar{\varXi}^+$	$\tfrac{1}{2}$	$\tfrac{1}{2}$		2				
		$\bar{\varXi}^0$	$\tfrac{1}{2}$	$-\tfrac{1}{2}$		2				

注) I はアイソスピンの大きさ, I_3 はその第3成分

ばよい。わからなければ，とばせというのが，本書を読むときの方針だと思ってもさしつかえない。そして，また，もとにもどればよい。また，理論の数学的厳密性には，まったく重点をおかなかった。数式をひねくりまわすよりも，自然現象を理解していただければ幸いである。

本書では，場の理論，ことに，それがもっとも美しく結実した量子電磁力学には全然ふれなかった。それは，いちおう閉じた理論体系をもっているから，独立の一冊の本で勉強すべきものだと思うからである。素粒子の教科書は，Dirac 方程式からはじめるのが定石であるが，本書では，必要な部分だけを，付録にまとめた。

第2章は，強い相互作用の話で，現在一番問題のある部分であり，話の山でもある。π 中間子と核子の散乱を軸にして，話を進め，低エネルギーの現象から，うんと高いエネルギーにまでおよぶ。光による π 中間子の生成や，核力，核子の構造の問題も，一通りは述べた。わかりにくければ，第3章を先に読んだほうがよいかも知れない。事実，私の講義では，どちらを先にするか，いろいろやってみたが，一長一短であった。第3章の弱い相互作用は，まとまるべきところは，まとまってしまっていて，体系ができているので，わかりやすいであろう。むつかしいところは，nonleptonic decay で，これは，強い相互作用の問題が困難なのである。一方第2章は，いかにもまとまりがなく，それだけに，やるべき問題がころがっていて，面白く感じる人もあろう。

第4章は，山のようにたくさんある素粒子や共鳴状態を整理し，より基本的な核心に進む可能性を論じた。そこにあげた群論的方法も Regge 理論も，将来どう発展するかわからないが，いちおう実績のある理論である。両者とも，あるいは，量子力学の枠の中だけでは解決せず，新しい力学体系にのびるかも知れない。ここで述べなかった，非局所場の理論，素領域の理論，非線型理論等も注目しておく必要がある。

一方，1970 年代には，100 GeV 級から 1000 GeV 級の実験が加速器をつかってできるようになるであろう。エネルギーはより高くという方向にあると同時に，中間子大量生産工場から，強力な中間子ビームが出て，より精密な実験ができるようになる。そして，原子核の研究を，素粒子を利用して進める中間エネルギー領域の物理学が展開されるであろう。そういう時代にそなえて，勉強をはじめよう。

§1・3 統 計, 保 存 則　　　　　　　　　　5

§1・2　素粒子の種類

本書で主として議論する素粒子を表 1・1 にまとめる。いうならば，この表にのっているものは，素粒子の特定銘柄である。よりくわしい表は付録 4 に与えたのでそれを参照していただきたい。

名前については，以後つぎのようによぶ。

γ　光子

ν　ニュートリノ

e　電子　e^- は電子で，e^+ は陽電子

n　中性子　　　　　　　まとめて核子 N
p　陽子

また，分類学上の名前は，

レプトン（lepton）軽粒子

メソン（meson）中間子　　　これを総称して，**ハドロン**（hadron）

バリオン（baryon）重粒子

をつかう。核子以外の，奇妙さの量子数をもつバリオンを**ハイペロン**（hyperon）とよぶ。

アイソスピンや奇妙さの量子数の定義については，1・4 節で述べる。また，単位については 1・5 節をみていただきたい。

§1・3　統 計, 保 存 則

保存則というのは，力学系のある量が，反応の前後で変わらないとき，その量が保存されるといい，その法則を保存則という。昔は厳密に成り立つと考えられていた保存則が，実験の精度が上がるにつれて，本当は近似的にしか成り立たぬ場合もある。またきわめて厳密に成り立つと考えられていたものが，単なる迷信であったこともあるので，ここに述べる保存則も，将来は変わるかも知れない。たとえば，化学反応における質量不変の法則は，エネルギー保存則の一つの近似形である。また，角運動量保存則も，素粒子論では，地球の自転に相当するスピンを考慮に入れて，はじめて成り立つ。これは，角運動量という概念が，昔と今とでちがっているという見方ができる。

この節では，時間，空間的な性質で，保存されるものを述べる。電荷

6　　　　　　　　　　　　　　　　　　　　　第1章　素粒子の一般的性質

など，別の枠で考えるほうがよいものを次節にまとめた。

　古典力学からよく知られた保存則として，

1.　エネルギー

2.　運動量

3.　角運動量とその一つの成分。普通第三成分をとる。これらは自明である。つぎに，素粒子の従う統計について考える。

4.　統計による制限

　スピンが整数の素粒子は，ボーズ統計に従うので，**ボソン**（Boson）といい，たくさんの同種のボソンがある系の波動関数は，二個の粒子の入れかえに対して対称である。

　一方，スピンが 1/2, 3/2, ……の粒子はフェルミ統計に従い，**フェルミオン**（Fermion）とよばれる。同種のフェルミオンの集団に対しては，その系の波動関数は，二つの粒子の入れかえに対して，反対称でなければならない。これから，すぐに，二つの，同じ量子数をもった同種の粒子が，同じ場所に同時に存在することはできないことがわかる。これを **Pauli の原理**，または排他律という。この場合，スピンをも含めて議論をせねばならない。

　二つの陽子の系を考えてみると，その軌道角運動量が 0，すなわち，S 状態にあるとすると，スピンの向きが逆でなければならぬ。その理由は，軌道角運動量が 0 であると，二つの粒子の入れかえに対して不変である。それゆえ，スピンの状態がちがっていて，その入れかえに対して反対称でなければならない。二つの粒子のスピンの向きがそろっていて，スピンの合計が 1 になるときは，入れかえに対して対称であり，スピンの向きが逆で，合計が 0 のとき，反対称である。だから，二つの陽子の軌道角運動量が 0 のときは，スピンの合計は 0 でなければならぬ。この状態を，記号で，$^1S_0$ とかく。軌道角運動量 l が，0, 1, 2, 3, ……の状態を，原子のときと同じように，S, P, D, F, ……状態とよび，左上に，スピンの合計が 0 のとき 1，合計が 1 のとき 3 とかく。それぞれ，スピン 1 重項，スピン 3 重項を意味している。右下の 0 は角運動量，つまり，軌道角運動量とスピンの和である。それぞれを，J, l, s とかくと，

$$J = l + s \qquad\qquad (1\cdot3\cdot1)$$

§1・3 統計, 保存則

である。

結局, 二つの陽子は, フェルミ統計から, $^1S_0$, $^3P_0$, $^3P_1$, $^3P_2$, $^1D_2$, ……という状態しかとれない。$^3S_1$, $^1P_1$ はだめである。これは, 実際上, 大きな制限になる。

5. 空間反転, またはパリティ, P 変換

パリティというのは, 座標系を右手系から左手系にかえたときに, ある量がどう変わるかを示すことばである。右手系から左手系にうつる変換を空間反転といい, 変換

$$x \to x' = -x$$
$$x_4 \to x_4' = x_4 \qquad (1\cdot3\cdot2)$$

であらわす。図 1・1 のように, 変換 (1・3・2) をおこなってから z' 軸のまわりに 180° 回転すると, それは座標軸をつぎのように変換したのと同等である。

$$x \to x'' = x,$$
$$y \to y'' = y, \qquad (1\cdot3\cdot3)$$
$$z \to z'' = -z$$

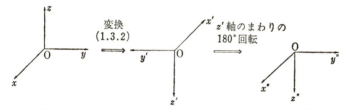

図 1・1 右手系の座標を空間反転して, それから, 一つの軸 z' を軸として 180° 回転すると, 鏡映になる

これを, x-y 平面に対する鏡映という。空間反転や鏡映を, 座標系の変換と考えるかわりに, 座標系はそのままで, 粒子を空間反転したところや, 鏡映の像のところに移すと考えてもよい。

空間反転 (1・3・2) に対して, 他の量はどのように変わるかしらべてみよう。運動量 p は, $m\dfrac{dx}{dt}$ であるから

$$p \to p' = -p \qquad (1\cdot3\cdot4)$$

となる。一方, 角運動量は, $M = x \times p$ であるから

$$M \to M' = M \qquad (1\cdot3\cdot5)$$

となり変化しない。このように, ベクトルでも, 空間反転に対して符号

8　　　　　　　　　　　　　　　　　　　第 1 章　素粒子の一般的性質

をかえるものと，符号をかえないものがある。それぞれ，**パリティが奇**
および偶とよばれる。パリティが奇のベクトルを，ベクトル，偶のもの
を，ギベクトルという。スカラー量でも，パリティに二種類あって，偶
パリティのものを，スカラー，奇パリティのものを，ギスカラーとい
う。

　素粒子を量子力学で記述するとき，その性質は，波動関数によってあ
らわされる。それを，$\phi(\boldsymbol{x},\ t)$ とかくと，空間反転は演算子 P であら
わされ，

$$P\phi(\boldsymbol{x},\ t)=\phi(-\boldsymbol{x},\ t) \tag{1・3・6}$$

を意味する。空間反転を二度くりかえすと，もとにもどらねばならない
から，

$$P^2=1 \tag{1・3・7}$$

で，したがって，その固有値は ± 1 でなければならぬ。

$$P\phi(\boldsymbol{x},\ t)=\pm\phi(\boldsymbol{x},\ t) \tag{1・3・8}$$

＋の場合，その素粒子のパリティが偶で，－のとき奇であるという。

　ある素粒子反応のはじめの状態のパリティと，終わりの状態のパリテ
ィが同じであるとき，パリティが保存される，または，P 不変である
という。昔は，どんな素粒子反応に対しても，P 不変であるという迷
信があったが，1957 年に，Lee と Yang が，弱い相互作用で，P 不
変がやぶれていることを指摘した。

　あるスカラー粒子が角運動量 l，その z 成分が m をもつ場合，その
波動関数は，球調和関数であらわされる。すなわち，

$$\phi(\boldsymbol{x},\ t)=g(t)f_l(r)Y_l{}^m(\theta,\ \varphi) \tag{1・3・9}$$

空間反転に対して，極座標は，

$$
\begin{aligned}
r &\to r'=r \\
\theta &\to \theta'=\pi-\theta \\
\varphi &\to \varphi'=\varphi+\pi
\end{aligned}
\tag{1・3・10}
$$

これに対して，

$$Y_l{}^m(\pi-\theta,\ \varphi+\pi)=(-1)^l Y_l{}^m(\theta,\ \varphi)$$

という性質があるので，

$$P\phi(\boldsymbol{x},\ t)=(-1)^l\phi(\boldsymbol{x},\ t) \tag{1・3・11}$$

となる。これは，素粒子が，角運動量をもって運動しているときのパリ

§1・3 統 計，保 存 則　　　　　　9

ティをきめる大切な式である。

　スピン 1/2 の粒子は Dirac 方程式に従うが（付録2），この場合は，整数スピンの場合より複雑である。波動関数 $\phi(x)$ が空間反転によって，$\phi'(x')$ になったとする。これもまた，Dirac 方程式をみたさねばならぬから，

$$(\gamma_\mu \partial'_\mu + m)\phi'(x') = 0 \qquad (1\cdot3\cdot12)$$

ただし，$\phi'(x')$ は，もとの $\phi(x)$ とつぎのような関係にあるとする。

$$\phi(x) \rightarrow \phi'(x') = \Lambda\phi(x) \qquad (1\cdot3\cdot13)$$

$(1\cdot3\cdot12)$ は，

$$(\gamma_\mu \partial_\mu' + m)\phi'(x') = (-\gamma_k \partial_k + \gamma_4 \partial_4 + m)\Lambda\phi(x) = 0 \quad (1\cdot3\cdot14)$$

ここで

$$\begin{aligned}\gamma_k \Lambda &= -\Lambda\gamma_k \\ \gamma_4 \Lambda &= \Lambda\gamma_4\end{aligned} \qquad (1\cdot3\cdot15)$$

をみたすように，Λ をえらぶと，

$$(\gamma_\mu \partial_\mu' + m)\phi'(x') = \Lambda(\gamma_\mu \partial_\mu + m)\phi(x) = 0$$

となり，もとの方程式と同等になる。Λ として，

$$\Lambda = i\gamma_4 \qquad (1\cdot3\cdot16)$$

ととるのが普通である。これが，スピン 1/2 の粒子の P 変換である。これに対して，次の 16 個の量の変換が与えられる。

$$\left.\begin{aligned}
S &\quad \bar{\phi}\phi \rightarrow \bar{\phi}'\phi' = \bar{\phi}\phi \\[4pt]
P &\quad \bar{\phi}\gamma_5\phi \rightarrow \bar{\phi}'\gamma_5\phi' = -\bar{\phi}\gamma_5\phi \\[4pt]
V &\quad \begin{cases} \bar{\phi}\gamma_k\phi \rightarrow \bar{\phi}'\gamma_k\phi' = -\bar{\phi}\gamma_k\phi \\ \bar{\phi}\gamma_4\phi \rightarrow \bar{\phi}'\gamma_4\phi' = \bar{\phi}\gamma_4\phi \end{cases} \\[6pt]
A &\quad \begin{cases} \bar{\phi}\gamma_5\gamma_k\phi \rightarrow \bar{\phi}'\gamma_5\gamma_k\phi' = \bar{\phi}\gamma_5\gamma_k\phi \\ \bar{\phi}\gamma_5\gamma_4\phi \rightarrow \bar{\phi}'\gamma_5\gamma_4\phi' = -\bar{\phi}\gamma_5\gamma_4\phi \end{cases} \\[6pt]
T &\quad \begin{cases} \dfrac{1}{2i}\bar{\phi}(\gamma_k\gamma_l - \gamma_l\gamma_k)\phi \rightarrow \dfrac{1}{2i}\bar{\phi}'(\gamma_k\gamma_l - \gamma_l\gamma_k)\phi' \\[6pt] \qquad = \dfrac{1}{2i}\bar{\phi}(\gamma_k\gamma_l - \gamma_l\gamma_k)\phi \\[8pt] \dfrac{1}{2i}\bar{\phi}(\gamma_4\gamma_k - \gamma_k\gamma_4)\phi \rightarrow \dfrac{1}{2i}\bar{\phi}'(\gamma_4\gamma_k - \gamma_k\gamma_4)\phi' \\[6pt] \qquad = -\dfrac{1}{2i}\bar{\phi}(\gamma_4\gamma_k - \gamma_k\gamma_4)\phi \end{cases}
\end{aligned}\right\} \quad (1\cdot3\cdot17)$$

ここで，ψ のエルミット共役を ψ^+ とすると，

$$\bar\psi = \psi^+ \gamma_4 \tag{1・3・18}$$

また，

$$\gamma_5 = \gamma_1 \gamma_2 \gamma_3 \gamma_4 \tag{1・3・19}$$

である。

　素粒子のパリティをどうしてきめるかを，π^- 中間子の例で示そう。π^- のスピンは，ある現象から，0 であることがわかっている。π^- の重陽子による吸収を考えよう。

$$\pi^- + d \rightarrow n + n \tag{1・3・20}$$

重陽子 d は，p と n が $^3S_1$ 状態に束縛されているものである。π^- が d の中でとまると，あたかも電子のように，原子の軌道に入り，光を放出しながら，S 状態の基底状態に達し，そこから d の原子核に吸収される。だから，$\pi^- + d$ の全角運動量は，d のスピンの 1 そのものである。これは保存するから，終状態も，$J=1$ でなければならぬ。統計による制限に従って，$n+n$ のとりうる $J=1$ の状態は，$^3P_1$ しかない。π^- のパリティを ρ_π，核子のパリティを ρ_N とかく。(1・3・20) の両辺のパリティは，(1・3・11) を参照すると，

$$\rho_\pi \rho_N \rho_N = (-1) \rho_N \rho_N$$

したがって，

$$\rho_\pi = -1 \tag{1・3・21}$$

結局，π^- のパリティは奇である。いいかえると，π^- は，ギスカラー粒子である。

6. 荷電共役，C 変換

　荷電共役，または，C 変換というのは，

$$（粒子）\Longleftrightarrow（反粒子） \tag{1・3・22}$$

という入れかえである。古典論では，反粒子という概念などないので，量子力学ではじめてあらわれる。スピン 1/2 の粒子では，粒子と反粒子の意味がはっきりしているので，その場合について考えよう。

　C 変換に対して，波動関数 ψ は，

$$\psi \rightarrow \psi' = C\bar\psi^T$$
$$\bar\psi \rightarrow \bar\psi' = (C^{-1}\psi)^T \tag{1・3・23}$$

と変換すると都合がよいことがわかる。ここで T は行と列を入れかえ

§1・3 統 計，保 存 則　　　　　　　　　　　　11

た転置行列，C は行列で，これからきめる。(1・3・23) が，粒子と反粒
子の入れかえに対応することは，ψ が，粒子を消す演算子であれば，$\bar{\psi}$
は反粒子を消す演算子であることから理解できる。第二量子化を行っ
て，厳密に議論すべきことである。この変換に対して，Dirac 方程式は

$$(\gamma_\mu \partial_\mu + m)\psi \rightarrow (\gamma_\mu \partial_\mu + m)C\bar{\psi}^T = 0 \qquad (1・3・24)$$

これを変形して

$$C(C^{-1}\gamma_\mu C\partial_\mu + m)\bar{\psi}^T = 0$$

したがって，

$$(C^{-1}\gamma_\mu C\partial_\mu + m)\bar{\psi}^T = 0 \qquad (1・3・25)$$

これと，Dirac 方程式の共役方程式

$$\bar{\psi}(-\gamma_\mu \partial_\mu + m) = 0$$

の転置をとったもの

$$(-\gamma_\mu^T \partial_\mu + m)\bar{\psi}^T = 0 \qquad (1・3・26)$$

とくらべると，C は

$$C^{-1}\gamma_\mu C = -\gamma_\mu^T \qquad (1・3・27)$$

をみたさねばならない。その場合に，Dirac 方程式は，変換 (1・3・23)
に対して不変である。(1・3・27) の転置をとり，

$$\gamma_\mu = -C^T \gamma_\mu^T C^{-1T} \qquad (1・3・28)$$

これを，(1・3・27) の左辺の γ_μ に代入すると，

$$C^{-1}C^T = e^{i\alpha} \qquad (1・3・29)$$

でなければならない。α は任意の実数である。また，(1・3・27) のエル
ミット共役をとると，γ_μ はエルミット行列だから

$$\gamma_\mu^T = -C^+ \gamma_\mu C^{-1+} \qquad (1・3・30)$$

これと (1・3・27) をくらべると

$$CC^+ = 1 \qquad (1・3・31)$$

すなわち，C はユニタリー行列であることがわかった。さらに，(1・3・
29) の制限があるが，以下の議論では，便宜上

$$C^T = -C \qquad (1・3・32)$$

ととる。具体的な計算をする場合には，C として

$$C = i\gamma_4\gamma_2 \qquad (1・3・33)$$

ととると，都合がよい。これは，特別の表示をとったことになるので，
以下では，(1・3・33) は使わずに話をする。

12　　　　　　　　　　　　　　　　　　　　　第1章　素粒子の一般的性質

この変換に対して，（1・3・17）に対応する変換は，

$$S \quad \bar{\phi}\phi \to \bar{\phi}'\phi' = \phi^T C^{-1T} C \bar{\phi}^T = -(\bar{\phi} C^T C^{-1} \phi)^T = -\bar{\phi} C^T C^{-1} \psi = \bar{\phi}\phi$$

ここで，（1・3・23），（1・3・32）および，ϕ と $\bar{\phi}$ の交換関係をつかった。まとめると，

$$
\left.
\begin{aligned}
S & \quad \bar{\phi}\phi \to \bar{\phi}'\phi' = \bar{\phi}\phi \\
P & \quad \bar{\phi}\gamma_5\phi \to \bar{\phi}'\gamma_5\phi' = \bar{\phi}\gamma_5\phi \\
V & \quad \bar{\phi}\gamma_\mu\phi \to \bar{\phi}'\gamma_\mu\phi' = -\bar{\phi}\gamma_\mu\phi \\
A & \quad \bar{\phi}\gamma_5\gamma_\mu\phi \to \bar{\phi}'\gamma_5\gamma_\mu\phi' = \bar{\phi}\gamma_5\gamma_\mu\phi \\
T & \quad
\begin{cases}
\dfrac{1}{2i}\bar{\phi}(\gamma_\mu\gamma_\nu - \gamma_\nu\gamma_\mu)\phi \to \dfrac{1}{2i}\bar{\phi}'(\gamma_\mu\gamma_\nu - \gamma_\nu\gamma_\mu)\phi' \\
\quad\quad = -\dfrac{1}{2i}\bar{\phi}(\gamma_\mu\gamma_\nu - \gamma_\nu\gamma_\mu)\phi
\end{cases}
\end{aligned}
\right\}
\quad (1\cdot3\cdot34)
$$

となり，C 変換に対して，S, P, A は不変で，V, T は符号をかえる。

　この変換性は，スピン1/2粒子の上のような組み合わせについてわかったことであるが，電磁場との相互作用は，V 型でおこるので，相互作用ハミルトニアンがC変換に対して不変であるためには，電磁場も C 変換に対して，符号をかえなくてはいけない。このことは，電子と電子の間には斥力，電子と陽電子の間には引力がはたらくことと同じ内容である。同様にして，核子と相互作用をする π^0 中間子は，P または A 型で，したがって，C 変換に対して偶の性質をもつ。中性のボソンの C 変換に対する性質は，フェルミオンとの相互作用から出発したのであるけれども，それを忘れて，ボソンそのものの，もってうまれた属性だと考える。強い相互作用や電磁的相互作用による素粒子反応では，系全体の C 変換に対する変換性は保存されているので，たとえば，π^0 中間子について，つぎのような選択規則を得る。

$$\pi^0 \to (2n+1)\text{個の } \gamma \text{ は禁止} \quad\quad (1\cdot3\cdot35)$$

$\pi^0 \to 2\gamma$ はたしかにあるが，$\pi^0 \to 3\gamma$ は禁止である。これは実験に合っている。

　弱い相互作用では，C 変換に対する不変性は破れている。

7.　時間反転，T 変換

時間反転というのは，要するに映画の逆まわしのことであって，実生

§1・3 統 計, 保 存 則　　　　　　　　　　13

活では，エントロピーが増大するのでこういうことはおこらない。おこったら世の中はたのしくなるであろう。しかし，ミクロの世界では，T 変換を考えることは，ぜんぜんさしつかえない。注意すべきことは，T 変換と，$x \to x' = x$，$x_4 \to x_4' = -x_4$ というローレンツ変換とはちがうことである。まず重力場で質点の運動を考えると，運動方程式は，

$$m\ddot{x} = -mg \tag{1・3・36}$$

は，T 変換に対して不変である。これは，石を投げて，その運動を映画にとって，逆まわしすることを考えれば明らかである。要するに，運動方程式

$$m\ddot{x} = f \tag{1・3・37}$$

は，T 不変である。つぎに，電荷をもった質点の電磁場の中での運動は，Lorentz 力を考えればよい。

$$f = eE + ev \times H \tag{1・3・38}$$

T 変換に対して，f は不変だから，E も不変，v は方向が逆になるので，$H \to -H$ でなければならぬ。一方，E と H は，ポテンシャルであらわすと，

$$E = -\mathrm{grad}\, \varphi - \frac{\partial A}{\partial t}$$

$$H = \mathrm{rot}\, A \tag{1・3・39}$$

結局，ポテンシャルでいえば，T 変換に対して，

$$A \to A' = -A, \quad \varphi \to \varphi' = \varphi \tag{1・3・40}$$

という変換性をもち，明らかに $x_4 \to -x_4$ という変換とちがっている。

　量子力学で，はじめ Ψ_i という状態にあったものが時間 t の後に Ψ_f になったとする。その時間反転を考えると，はじめ，Ψ_f' にあったものが，時間 t の後に Ψ_i' になる。ここで，Ψ' は，つぎのようにおいてみる。

$$\Psi' = U^T \Psi^* \tag{1・3・41}$$

ここで，U は何かあるユニタリー行列で，これが何であるかは，後できめる。＊印は，複素共役をあらわす。量子力学では，実験と比較できる量は，演算子の固有値か期待値である。T 変換した状態でのある量 Q の期待値と，もとの状態の期待値の間の関係は，

$$\langle \Psi', Q\Psi' \rangle = \varepsilon_Q \langle \Psi, Q\Psi \rangle \tag{1・3・42}$$

となっていると考える。ここで，ε_Q は ±1 で，古典力学の符号と一致するようにとる。（1・3・42）に（1・3・41）を代入すると，

$$\langle \Psi', Q\Psi'\rangle = \langle \Psi^*, U^+QU^T\Psi^*\rangle = \langle \Psi, UQ^TU^+\Psi\rangle$$

$$(1\cdot3\cdot43)$$

U はユニタリーだから

$$UQ^TU^{-1} = \varepsilon_Q Q \qquad (1\cdot3\cdot44)$$

となり，T 変換を演算子のほうに背負わせて，演算子 Q に T 変換をほどこすと

$$Q' = \varepsilon_Q Q = UQ^TU^{-1} \qquad (1\cdot3\cdot45)$$

になると考えてもよい。

T 変換を二度くりかえすと，もとにもどらねばならないので，

$$Q'' = U(UQ^TU^{-1})^TU^{-1} = UU^{-1T}QU^TU^{-1} = UU^{-1T}Q(UU^{-1T})^{-1}$$

ゆえに，

$$UU^{-1T} = e^{i\alpha} \qquad (1\cdot3\cdot46)$$

でなければならない。これは，（1・3・29）と同じ事情である。

すべての量は，T 変換に関して古典力学と同じ変換性を示す。量子力学ではじめて登場する量については，若干の注意をはらわねばならぬ。スピン 1/2 の場合，角運動量は，T 変換に対して符号をかえるから，当然

$$\boldsymbol{\sigma}' = -\boldsymbol{\sigma}$$

でなければならない。一方，（1・3・45）から，

$$\boldsymbol{\sigma}' = -\boldsymbol{\sigma} = U\boldsymbol{\sigma}^TU^{-1} \qquad (1\cdot3\cdot47)$$

$\boldsymbol{\sigma}$ として，Pauli のスピン行列の表示をとると

$$\sigma_1 = \begin{pmatrix} 0 & 1 \\ 1 & 0 \end{pmatrix}, \qquad \sigma_2 = \begin{pmatrix} 0 & -i \\ i & 0 \end{pmatrix}, \qquad \sigma_3 = \begin{pmatrix} 1 & 0 \\ 0 & -1 \end{pmatrix} \quad (1\cdot3\cdot48)$$

であるから，U として

$$U = \sigma_2 \qquad (1\cdot3\cdot49)$$

とえらべばよい。σ_2 はたしかに，ユニタリーであり，また，

$$U^T = -U$$

で，（1・3・46）と矛盾しない。しかし，スピン 1/2 の粒子が一つある状態については，（1・3・41）から，T 変換を二度行なうと，

$$\Psi'' = U^T(U^T\Psi^*)^* = U^TU^+\Psi = U^TU^{-1}\Psi$$

§1・3 統計，保存則

U は，（1・3・49）であるから，

$$\Psi'' = -\Psi \qquad (1\cdot3\cdot50)$$

となって，もとの状態にもどらないことに注意する。

Dirac 方程式に従う粒子については，C 変換のときと同じように，

$$\phi \to \phi' = R\bar{\phi}^T \qquad (1\cdot3\cdot51)$$
$$\bar{\phi} \to \bar{\phi}' = (R^{-1}\phi)^T$$

となると仮定する。$\bar{\phi}\gamma_\mu\phi$ の空間成分は，電流であり，$\bar{\phi}\gamma_4\phi$ は電荷であるから，古典論との対応から，

$$\bar{\phi}\gamma_k\phi \to \bar{\phi}'\gamma_k\phi' = -\bar{\phi}\gamma_k\phi \qquad (1\cdot3\cdot52)$$
$$\bar{\phi}\gamma_4\phi \to \bar{\phi}'\gamma_4\phi' = \bar{\phi}\gamma_4\phi$$

でなければならぬ。C 変換のときと比較すると，（1・3・33）から

$$R = \gamma_4\gamma_5 C = -i\gamma_4\gamma_1\gamma_3 = -\rho_3\sigma_2 \qquad (1\cdot3\cdot53)$$

したがって，

$$
\left.
\begin{aligned}
S &\quad \bar{\phi}\phi \to \bar{\phi}'\phi' = \bar{\phi}\phi \\[4pt]
P &\quad \bar{\phi}\gamma_5\phi \to \bar{\phi}'\gamma_5\phi' = -\bar{\phi}\gamma_5\phi \\[4pt]
V &\quad
\begin{cases}
\bar{\phi}\gamma_k\phi \to \bar{\phi}'\gamma_k\phi' = -\bar{\phi}\gamma_k\phi \\
\bar{\phi}\gamma_4\phi \to \bar{\phi}'\gamma_4\phi' = \bar{\phi}\gamma_4\phi
\end{cases} \\[4pt]
A &\quad
\begin{cases}
\bar{\phi}\gamma_5\gamma_k\phi \to \bar{\phi}'\gamma_5\gamma_k\phi' = -\bar{\phi}\gamma_5\gamma_k\phi \\
\bar{\phi}\gamma_5\gamma_4\phi \to \bar{\phi}'\gamma_5\gamma_4\phi' = +\bar{\phi}\gamma_5\gamma_4\phi
\end{cases} \\[4pt]
T &\quad
\begin{cases}
\dfrac{1}{2i}\bar{\phi}(\gamma_k\gamma_l - \gamma_l\gamma_k)\phi \to \dfrac{1}{2i}\bar{\phi}'(\gamma_k\gamma_l - \gamma_l\gamma_k)\phi' \\
\qquad = -\dfrac{1}{2i}\bar{\phi}(\gamma_k\gamma_l - \gamma_l\gamma_k)\phi \\[6pt]
\dfrac{1}{2i}\bar{\phi}(\gamma_4\gamma_k - \gamma_k\gamma_4)\phi \to \dfrac{1}{2i}\bar{\phi}'(\gamma_4\gamma_k - \gamma_k\gamma_4)\phi' \\
\qquad = +\dfrac{1}{2i}\bar{\phi}(\gamma_4\gamma_k - \gamma_k\gamma_4)\phi
\end{cases}
\end{aligned}
\right\} \quad (1\cdot3\cdot54)
$$

（1・3・53）の関係式により，T 変換と C 変換には密接な関係がある。そのために，（1・3・35）のような選択規則は，T から得るものと，C から得るものとはまったく同じになり，新しいものは出ない。T 変換から得られる結果の一つとして，ベータ崩壊の結合定数が実数であることを証明しよう。ベータ崩壊の相互作用ハミルトニアンは，いろいろの型がありうるが，ここでは，Fermi 型相互作用で，しかも S 型としよう。

本当は，V 型と A 型の組み合わせであるが，ここの話は，どんな型でも同じことである。ハミルトニアンは，

$$H = g(\bar{p}n)(\bar{e}\nu) + g^*(\bar{n}p)(\bar{\nu}e) \tag{1·3·55}$$

ここで，p 等は，陽子等の波動関数で，ψ_p とでもかくべきであるが，めんどうだから，粒子そのもので，波動関数をあらわす。第二項は，第一項のエルミット共役である。これに T 変換をほどこす。$(1·3·51)$ から

$$n \to n' = R\bar{n}^T$$
$$\bar{p} \to \bar{p}' = (R^{-1}p)^T$$

であるから

$$(\bar{p}n) \to (R^{-1}p)^T R\bar{n}^T = -(\bar{n}R^T R^{-1}p)^T = -\bar{n}R^T R^{-1}p = (\bar{n}p) \tag{1·3·56}$$

ゆえに，H は

$$H' = g(\bar{n}p)(\bar{\nu}e) + g^*(\bar{p}n)(\bar{e}\nu) \tag{1·3·57}$$

古典力学との対応から，H は T 変換に対して不変である。したがって，$(1·3·55)$ と $(1·3·57)$ から，

$$g = g^* \tag{1·3·58}$$

したがって，**ベータ崩壊の結合定数は実数である**ことが証明できた。

S 行列に T 変換をほどこすと，S 行列そのものは不変である。しかし，行列要素を考えるときは注意を要する。はじめの状態の運動量およびスピンを，p_i, σ_i, 終わりの状態では，p_f, σ_f になったとすると，T 変換をすれば，はじめの状態が $-p_f$, $-\sigma_f$ で，終わりの状態は，$-p_i$, $-\sigma_i$ になる。したがって，行列要素については，

$$\langle p_f,\ \sigma_f|S|p_i,\ \sigma_i\rangle = \langle -p_i,\ -\sigma_i|S|-p_f,\ -\sigma_f\rangle \tag{1·3·59}$$

が成り立つ。これを，**S 行列の相反性**という。

8. *CPT* 定理

これまで，P, C, T 変換を議論してきたが，$(1·3·17)$, $(1·3·34)$, $(1·3·54)$ をまとめて表 1·2 にあらわす。

表 1·2 から CPT を組み合わせた変換を考えると，パリティには関係なしに，S と P，V と A が同じ変換性をもつ。すなわち，反転をふくまない Lorentz 変換に対する変換性にのみ関係している。ここでは

§1·4 新しい量子数 17

表 1·2 Dirac 粒子の場からつくられた量の変換性

組み合わせ	変換性	P 変換	C 変換	T 変換	CPT 変換
$\bar{\phi}\phi$	S	$+$	$+$	$+$	$+$
$\bar{\phi}\gamma_5\phi$	P	$-$	$+$	$-$	$+$
$\bar{\phi}\gamma_\mu\phi$	V	ε_μ	$-$	ε_μ	$-$
$\bar{\phi}\gamma_5\gamma_\mu\phi$	A	$-\varepsilon_\mu$	$+$	ε_μ	$-$
$\dfrac{1}{2i}\bar{\phi}(\gamma_\mu\gamma_\nu-\gamma_\nu\gamma_\mu)\phi$	T	$\varepsilon_\mu\varepsilon_\nu$	$-$	$-\varepsilon_\mu\varepsilon_\nu$	$+$

ε_μ は，$\varepsilon_\mu=-1\ (\mu=1,\ 2,\ 3)$, $\varepsilon_\mu=+1\ (\mu=4)$

証明は述べないが，Lorentz 変換に対して物理量が不変であるときは，それは CPT 変換に対しても不変である。P 不変，C 不変は破れても，CPT 不変は，必ず保たれているはずであるから，CP 不変であれば，T 不変であるといえる。実際，弱い相互作用では，CP 不変，または，T 不変は，よい近似で成り立っているようである。T 不変をやぶる $K_2{}^0{\rightarrow}2\pi$ の問題の解決は，将来にまたねばならないが。

§1·4 新しい量子数

素粒子が表 1·1 のように，たくさん登場したので，これを区別するために，新しい量子数が導入された。そのうちのいくつかは，昔からあった量の再確認であったり，かきかえである。しかし，それらは，素粒子を区別するために，認識を新たにして考えなおす。保存則という見方からすると，そのうちのいくつかは，厳密に保存されるが，また，あるものは，はじめから近似的にしか，よい量子数でないことがわかっている。

1. 電荷 Q

2. バリオン数（または，核子数）N

N の定義は，

$$N=(\text{バリオンの数})-(\text{反バリオンの数}) \tag{1·4·1}$$

である。N は素粒子反応の前後で厳密に保たれているので，世の中が安定である。たとえば，電荷の保存則だけならば

$$p \rightarrow e^+ + \gamma \tag{1·4·2}$$

という崩壊を禁止することはできないが，バリオン数保存則によって禁止になる。なおバリオン以外の粒子については，バリオン数は 0 である。

18   第1章　素粒子の一般的性質

3. アイソスピン, I, I_3

陽子と中性子の質量はほとんど等しく，ともに，原子核を構成する基本粒子である。そして，陽子–陽子間の力のうち，クーロン力を差し引いた部分と，中性子–中性子間の力は，ほぼ等しい。ポテンシャルでかくと

$$V_{pp} \approx V_{nn} \qquad (1\cdot4\cdot3)$$

である。さらに，陽子と中性子の力については，たとえば，S 状態をとると，pp または，nn では，${}^1S_0$ 状態しかとれないのに反して，np では，${}^3S_1$ および ${}^1S_0$ 状態をとることができる。このうち，${}^1S_0$ 状態は，すべてについて，力がほぼ等しいことがわかった。つまり，

$$V_{pp} \approx V_{nn} \approx V_{pn} \qquad (1\cdot4\cdot4)$$

が成り立つ。

（$1\cdot4\cdot3$）は，力が p と n の入れかえに対して，対称であることを意味し，**荷電対称性**（charge symmetry）という。それに対して，（$1\cdot4\cdot4$）は，力が，電荷に無関係に等しいことをあらわし，**荷電独立**（charge independence）という。

そうすると，陽子と中性子は，一つの粒子，核子の荷電状態のちがうものと考えるのが自然であろう。スピン1/2の粒子に対して，Pauli のスピン行列を用いてスピンの上下を記述したことをまねして，核子の波動関数を二成分であらわす。陽子，中性子に対して

$$p = \begin{pmatrix} 1 \\ 0 \end{pmatrix}, \qquad n = \begin{pmatrix} 0 \\ 1 \end{pmatrix} \qquad (1\cdot4\cdot5)$$

であらわし，これに作用する三つの行列，

$$\tau_1 = \begin{pmatrix} 0 & 1 \\ 1 & 0 \end{pmatrix}, \quad \tau_2 = \begin{pmatrix} 0 & -i \\ i & 0 \end{pmatrix}, \quad \tau_3 = \begin{pmatrix} 1 & 0 \\ 0 & -1 \end{pmatrix} \qquad (1\cdot4\cdot6)$$

を導入する。当然

$$\tau_3 p = p, \qquad \tau_3 n = -n \qquad (1\cdot4\cdot7)$$

である。また，陽子と中性子を入れかえる演算子として，

$$\tau_+ = \frac{1}{2}(\tau_1 + i\tau_2), \qquad \tau_- = \frac{1}{2}(\tau_1 - i\tau_2) \qquad (1\cdot4\cdot8)$$

を定義する。ここで，

$$\tau_+ n = p, \qquad \tau_- p = n \qquad (1\cdot4\cdot9)$$

および

§1・4 新しい量子数

$$\tau_+ p = 0, \quad \tau_- n = 0 \tag{1・4・10}$$

は明らかである。スピンが 1/2 のときと，形式上すべてが同じであるから，核子は，**アイソスピン** (isotopic spin) 1/2 をもつといい，$I=1/2$ とかくことがある。そして，p と n はそれぞれ，$I_3=1/2$ と $-1/2$ である。

π 中間子は，π^+, π^0, π^- の三種類があるので，$I=1$ と考え，それぞれの I_3 は，$I_3=+1, 0, -1$ ととる。π の波動関数を，通常

$$\pi^+ = \frac{1}{\sqrt{2}}(\pi_1 + i\pi_2),$$
$$\pi^- = \frac{1}{\sqrt{2}}(\pi_1 - i\pi_2), \tag{1・4・11}$$
$$\pi^0 = \pi_3$$

とかく。π_1, π_2, π_3 は実数量である。これは，アイソスピン空間のベクトル $\boldsymbol{\pi}$ の 1, 2, 3 成分である。こういうかき方は，π 中間子と核子の相互作用ハミルトニアンを，アイソスピン空間でつぎのようにあらわすと，直観によく一致していることがわかる。

$$H = \bar{N}\boldsymbol{\tau} N \boldsymbol{\pi} \tag{1・4・12}$$

ここで，N は，(1・4・5) の核子の波動関数，$\boldsymbol{\tau}$ は，アイソスピン空間のベクトルで，その成分は，(1・4・6) である。H を成分でかくと

$$\begin{aligned}
H &= \bar{N}\tau_1 N \pi_1 + \bar{N}\tau_2 N \pi_2 + \bar{N}\tau_3 N \pi_3 \\
&= \frac{1}{2}\bar{N}(\tau_1 + i\tau_2)N(\pi_1 - i\pi_2) + \frac{1}{2}\bar{N}(\tau_1 - i\tau_2)N(\pi_1 + i\pi_2) \\
&\quad + \bar{N}\tau_3 N \pi_3 \\
&= \sqrt{2}\,\bar{N}\tau_+ N\pi^- + \sqrt{2}\,\bar{N}\tau_- N\pi^+ + \bar{N}\tau_3 N\pi^0 \\
&= \sqrt{2}\,\bar{p}\tau_+ n\pi^- + \sqrt{2}\,\bar{n}\tau_- p\pi^+ + \bar{N}\tau_3 N\pi^0
\end{aligned} \tag{1・4・13}$$

これを図に示すと，図 1・2 のようになる。それぞれが (1・4・13) の第一項，第二項，第三項に対応する。それらは，電荷の保存をみたしてい

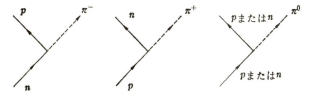

図 1・2　核子と π 中間子の相互作用。(1・4・13) の各項が，図に対応している。

て，直観に一致している。（1・4・12）は，アイソスピン空間のスカラー量で，回転に対しても，反転に対しても不変だから，荷電対称性も，荷電独立性もみたしている。こういう相互作用による反応は，I も I_3 も保存する。

　強い相互作用では，いろいろの実験から，I も I_3 も保存することがたしかめられた。π 中間子と核子の弾性散乱で，その実験的検証が，いろいろのエネルギーでなされた。また，それ以外でも，つぎのような例がある。

$$p+p \to \pi^+ + d$$
$$n+p \to \pi^0 + d \tag{1・4・14}$$

ここで，重陽子 d は，n と p の束縛状態で，空間的には $^3S_1$ 状態，アイソスピンは，0 である。π のアイソスピンは 1 だから，終状態の全アイソスピンは 1 である。また，はじめの状態のうち，$p+p$ は，I_3 $=1/2+1/2=1$ だから，$I=1$ である。一方，$n+p$ は，$I_3=-1/2+1/2=0$ であるから，$I=0$ および 1 の両方をとりうる。実際，付録 3 を参照しながら，$n+p$ を $I=0$ と 1 の状態で展開すると，

$$np = \frac{1}{\sqrt{2}}\phi_{I=1} - \frac{1}{\sqrt{2}}\phi_{I=0} \tag{1・4・15}$$

終状態は，$I=1$ に限るので，$\phi_{I=0}$ は捨てねばならない。ゆえに，（1・4・14）のおこる確率の比は，

$$\frac{w(p+p \to \pi^+ + d)}{w(n+p \to \pi^0 + d)} = 2 \tag{1・4・16}$$

となり，実験と一致することがたしかめられた。

　荷電対称，荷電独立は，表 1・1 をみると，n と p とで，わずかながら，質量に差があり，π についても，$\pi^\pm$ と π^0 とでは，質量にかなりの差があるから，厳密には成り立たない。しかし，その差を無視してよい場合には，よい近似で成り立っている。

　ところで核子の電磁的相互作用を考えると，陽子だけが作用を受ける。相互作用ハミルトニアンをかくと

$$H = -ie\bar{N}\gamma_\mu \frac{1+\tau_3}{2} N A_\mu \tag{1・4・17}$$

となる。ここで，A_μ は電磁場の四次元ポテンシャルである。（1・4・17）はアイソスピン空間のスカラー量 1 と，ベクトルの第三成分 τ_3 の和に

§1・4 新しい量子数　　　　　　　　　　21

なっていて，全体としてスカラー量でない。ゆえに I は保存しない。しかし，I_3 と H は可換であるから，I_3 は保存する。つまり，電磁相互作用は荷電独立をやぶる。A_μ は，アイソスピン空間では，必然的に，二重人格者になってしまい，電磁場のアイソスピンがいくつかという問は，意味をもたない。

最後に，ベータ崩壊の相互作用のアイソスピン空間部分を考えると

$$H=\left(\bar{p}\,\frac{\tau_1+i\tau_2}{2}\,n\right)(\bar{e}\nu) \qquad (1・4・18)$$

であるから，H は，アイソスピン空間の，1，2 成分をもつ。当然，I とも I_3 とも非可換で，両方とも保存しない。

まとめると，系の全アイソスピン I は，強い相互作用による反応に対してのみ保存し，その第三成分 I_3 は，強い相互作用と，電磁的相互作用による反応では保存する。

4. 奇妙さの量子数 S

1953 年に，人工的に，K や Λ が作られるようになったので，それに関係した理論が数多く提案された。その決定版が，中野，西島，および Gell-Mann の理論である。当時の新しい粒子の性質の中で，最も不可解であったことは，

1) 新しい種類の粒子は，かなりたくさん作られる。

2) その寿命は長い。

ことであった。1) は，新粒子は，核子や π 中間子と，相当に強い相互作用をしていることを示し，2) は，新粒子が核子や中間子に崩壊するときに，弱い相互作用しかしないことを示す。

実際，$\pi^-+p\to\Lambda^0+K^0$ という過程のおこる割合は，その断面積をはかると，

$$\frac{\sigma(\pi^-+p\to\Lambda^0+K^0)}{\sigma(\pi^-+p\to\pi^-+p)}\approx\frac{1}{7}, \qquad (\pi^-\ \text{のエネルギー}\ 2\,\text{GeV})$$

$$(1・4・19)$$

くらいである。π 中間子の核子による弾性散乱では，荷電独立は，よい近似で成り立っていることが実験でたしかめられている。もし，$\pi^-+p\to\Lambda^0+K^0$ が荷電独立をやぶるとすると，それは必ず

$$\pi^-+p\to\Lambda^0+K^0\to\pi^-+p$$

という形で，π^- と p の弾性散乱に影響を及ぼすことになる。π^-+p →Λ^0+K^0 という過程が，かなり大きな割合でおこる以上，この過程もまた，荷電独立をこわしてはならない。だから，I も I_3 も保存しなければならないことになる。

その当時は，Λ^0 に電荷をもった相棒があるか，ないか必ずしもはっきりしていなかったが，どうもなさそうであると判断して，$I=0$ と仮定した。

$\pi^-+p \rightarrow \Lambda^0+K^0$ を，アイソスピンをつぎのように与えて取り扱う。

$$\pi^-+p \quad \rightarrow \quad \Lambda^0+K^0$$

I	1	1/2		0	1/2	
I_3	-1	1/2		0	-1/2	

$\hspace{6cm}(1\cdot4\cdot20)$

K は，K^+ と K^0 が一組になって，陽子と中性子と同じように，$I=1/2$ をもつと考えた。$I=3/2$ だと，どうしても，電荷が $2e$ のものが出て来るが，それは実験で見つかっていないので，$I=3/2$ はだめである。当時，K については，K^+, K^0, K^- がみつかっていたのに，$I=1$ とせずに，K^+ と K^0 を一組とし，$\bar{K}^0$ と K^- をその反粒子と考えて，ともに $I=1/2$ を与えたのは，大きな英断であった。当時は，フェルミオンは，スピンも，アイソスピンも半整数で，ボソンは，スピンもアイソスピンも，整数であるという迷信があったので，それを打ち破ったことになった。

$\Lambda^0\rightarrow p+\pi^-$ という崩壊については，

$$\Lambda^0 \quad \rightarrow \quad p+\pi^-$$

I	0	1/2	1
I_3	0	1/2	-1

$\hspace{6cm}(1\cdot4\cdot21)$

となり，明らかに，I も I_3 も保存しない。だから，これは $(1\cdot4\cdot20)$ とはまったく別の相互作用であり，その強さは，うんと弱くなければならぬ。ゆえに，この崩壊の確率はうんと小さく，寿命は長い。

Σ については，Σ^+, Σ^0, Σ^- が三つ組になっているので，$I=1$ としてすべてうまくいく。

ところが，Ξ については，$\Xi^-\rightarrow\Lambda^0+\pi^-$ は観測されているが，$\Xi^-\rightarrow n+\pi^-$ はみつかっていない。この事情をアイソスピンでかくと，

§1・4 新しい量子数

$$\Xi^- \rightarrow \Lambda^0 + \pi^-$$

$$I \quad 1/2 \qquad 0 \quad 1 \tag{1・4・22}$$

$$I_3 -1/2 \qquad 0 -1$$

および

$$\Xi^- \rightarrow n + \pi^-$$

$$I \quad 1/2 \qquad 1/2 \quad 1 \tag{1・4・23}$$

$$I_3 -1/2 \quad -1/2 -1$$

（1・4・22）と（1・4・23）のちがいは，I_3 の変化が，（1・4・21）や（1・4・22）という実在する崩壊では，1/2 であるが，（1・4・23）では，その変化が1である点であろう。

このことを明確にするために，**奇妙さの量子数 S** を導入する。核子に対しては，$S=0$，Λ，Σ には $S=-1$，Ξ には，$S=-2$ を与えてみよう。π には，$S=0$，K^+，K^0 は $S=+1$，$\bar{K}^0$，K^- は $S=-1$ とすると，（1・4・21），（1・4・22）は，S の変化は1であるのに対し，（1・4・23）では，S の変化は2である。強い相互作用（1・4・20）では，S の変化はない。つまり，S の変化が，相互作用の強さをあらわすことになる。

このように，I，I_3，S を与えると，素粒子の電荷，アイソスピン，核子数，それに S の間に，つぎ関係がつねに成り立つ。すなわち，

$$Q = I_2 + \frac{N}{2} + \frac{S}{2} \tag{1・4・24}$$

このうちで，Q と N は，どんな相互作用でも不変である。はじめの状態の電荷を Q_i，反応後の電荷を Q_f とすると，

$$\Delta Q = Q_f - Q_i \tag{1・4・25}$$

が反応による変化で，（1・4・24）から

$$\Delta Q = \Delta I_3 + \frac{\Delta N}{2} + \frac{\Delta S}{2}$$

が得られる。$\Delta Q = \Delta N = 0$ であるから，

$$\Delta I_3 = -\frac{\Delta S}{2} \tag{1・4・26}$$

がいつも成り立つ。強い相互作用，電磁的相互作用では，これは，ともに 0 であり，弱い相互作用では，$|\Delta S|=1$ で，したがって，$|\Delta I_3|=\frac{1}{2}$ である。（1・4・23）は，$|\Delta S|=2$ であるので，さらに弱い相互作用に

なり，測定にかからぬのは当然であろう。

この S の値の正当性は，たとえば，つぎの反応でたしかめることができる。 $\pi^-+p\to\Sigma^-+K^+$ と $\pi^-+p\to\Sigma^++K^-$ をくらべてみよう。

$$\pi^-+p \;\to\; \Sigma^-+K^+$$

I	1	1/2	1	1/2
I_3	-1	1/2	-1	1/2
S	0	0	-1	1

$$(1\cdot4\cdot27)$$

では， I, I_3, S のすべてが保存されている。ゆえに，強い相互作用でこの反応がおこり，断面積も大きい。ところが，

$$\pi^-+p \;\to\; \Sigma^++K^-$$

I	1	1/2	1	1/2
I_3	-1	1/2	1	$-1/2$
S	0	0	-1	-1

$$(1\cdot4\cdot28)$$

となり， I, I_3, S のすべてが保存してない。実験でもこの反応は，おこっていない。

世の中に， $2e$ とか， $-2e$ の電荷をもつ素粒子がないとしても，表 1・1 のほかに， $S=0$, $I=0$ の中間子， $S=2$, $I=0$ および， $S=-2$, $I=0$ の中間子があってもよいはずである。 $S=0$, $I=0$ のものは， η^0 中間子があるが， $S=\pm2$ の中間子は，ないようである。バリオンについては， $S=-3$, $I=0$ のものおよび， $S=1$, $I=0$ のものがあってもよい。前者は， Ω^- とよばれ，

$$\Omega^-\to\Xi^-+\pi^0 \quad \text{または，} \quad \Xi^0+\pi^-$$

にこわれている。 $S=1$ のバリオンについてもいろいろ議論がある。

最後に，反粒子については， I_3 も S も，もとの粒子の符号をかえたものになることを注意しておく。

§1·5 単　位　系

この本では，単位はすべて**自然単位系**をつかう。そこでは，

$$c=\text{光速度}=1 \qquad (1\cdot5\cdot1)$$

$$\hbar=(\text{Planck の定数})/2\pi=1 \qquad (1\cdot5\cdot2)$$

ととる。そうすると，すべての量は，次元が長さの何乗かになる。質量

§1・5 単　位　系　　　　　　　　　　　25

の次元は，

$$[質量]=[gr]=\frac{[erg][sec]}{[cm^2][sec^{-2}][sec]}=\frac{[\hbar]}{[c][長さ]}$$

ゆえに，

$$[質量]=[長さ]^{-1} \qquad (1・5・3)$$

同様にして

$$[エネルギー]=[長さ]^{-1} \qquad (1・5・4)$$
$$[運動量]=[長さ]^{-1} \qquad (1・5・5)$$

電荷については，クーロンポテンシャル，e^2/r がエネルギーであるから，

$$[e^2]=1 \qquad (1・5・6)$$

有理単位系を使うと，

$$\frac{e^2}{4\pi}=\frac{1}{137} \qquad (1・5・7)$$

となる。これが，電磁的相互作用の強さをあらわす基本定数になる。

　質量の単位は，しばしば，π中間子の質量をつかう。

$$\mu=m_\pi\approx140\,\mathrm{MeV} \qquad (1・5・8)$$

MeV は，10^6 電子ボルトで，

$$1\,\mathrm{eV}=1.6\times10^{-12}\,\mathrm{erg} \qquad (1・5・9)$$

高いエネルギーの単位として，$10^9\,\mathrm{eV}=1\,\mathrm{GeV}$（または 1 BeV）を用いる。

　大きさの概念を得るために，電子の質量をしらべると，

$$m_e\approx0.511\,\mathrm{MeV}=9.10\times10^{-28}\,\mathrm{gr} \qquad (1・5・10)$$

　つぎに長さの単位としては，π 中間子の Compton 波長を使うことが多い。

$$\lambda=\frac{\hbar}{m_\pi c}\approx1.4\times10^{-13}\,\mathrm{cm} \qquad (1・5・11)$$

$10^{-13}\,\mathrm{cm}$ を 1 fermi ということもある。原子核の大きさもだいたいこの程度である。素粒子論で出て来る長さはこれより短いところが問題になろう。前にいったように，質量やエネルギーは，長さの逆数の次元をもっているので，（1・5・11）から，

$$10^{-13}\,\mathrm{cm}\approx\frac{1}{1.4\times m_\pi}\approx\frac{1}{200\,\mathrm{MeV}} \qquad (1・5・12)$$

という関係を得る。つまり，

$$10^{-13} \text{ cm} \leftrightarrow 200 \text{ MeV}$$

と記憶すればよい。200 MeV より高いエネルギーの散乱現象は，素粒子の，10^{-13} cm より短い距離の性質に関係すると考えてもよい。

散乱断面積は，面積の次元をもっている。素粒子の強い相互作用の及ぶ範囲は，だいたい π 中間子の Compton 波長程度であるから，幾何学的に考えて散乱の断面積はだいたい

$$\sigma = \pi \lambda^2 \approx 6 \times 10^{-26} \text{ cm}^2 \approx 60 \text{ mb} \tag{1·5·13}$$

くらいであろう。断面積の単位として

$$1 \text{ barn} = 1 \text{ b} = 10^{-24} \text{ cm}^2$$
$$1 \text{ millibarn} = 1 \text{ mb} = 10^{-27} \text{cm}^2 \tag{1·5·14}$$
$$1 \text{ microbarn} = 1 \text{ } \mu\text{b} = 10^{-30} \text{ cm}^2$$

を用いる。

時間の目安としては，半径が π 中間子の Compton 波長程度の範囲を，光の速度で走りぬける間に，強い相互作用がおこるので，

$$\tau = \frac{2\lambda}{c} \approx 10^{-23} \text{ sec} \tag{1·5·15}$$

くらいが，時間の単位になる。これにくらべると，Λ° の寿命 10^{-10}秒は，ものすごく長い時間というべきであろう。

いろいろの世界での大きさの目安を表 1·3 にまとめておく。実際の計算に便利なように，付録 5 に定数表を与える。

表 1·3　いろいろの量の大きさの概念

	素　粒　子	原　　　子	人　　間	宇　　　宙
長さ	10^{-13} cm π中間子のCompton 波長	10^{-8} cm 水素原子の軌道半径	1 cm	10^{22} cm 銀河系の半径
時間	10^{-23} sec 素粒子反応のおこる時間	10^{-16} sec 水素原子中の電子の周期	1 sec	10^{12} sec 銀河系を光が横ぎる時間
質量	10^{-24} gr 陽子の質量	10^{-24} gr 水素原子の質量	1 gr	10^{44} gr 銀河系の質量

§1・6 相互作用の分類

素粒子の相互作用は，その強さに従って，4種類に分類できる。

A. 強い相互作用

バリオン間，バリオンとメソン，メソン間の相互作用である。バリオンとメソンを合わせて，レプトンに対して，ハドロンということもある。

強い相互作用の特徴をあげると，

1) **相互作用の型**

基本的な相互作用は，**Yukawa 相互作用**とよばれるもので，図1・3のように，相互作用をする点から，二つのバリオンと，一つのメソンが出ている。たとえば，核子とπ中間子の相互作用ハミルトニアンは，

$$H = ig\bar{N}\gamma_5\tau N\pi \quad \text{PS 相互作用} \tag{1・6・1}$$

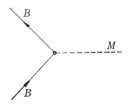

図1・3 Yukawa 型相互作用。相互作用をする点から，バリオンBの線が二つ出て，メソンMの線が一つ出ている。

という，PS 相互作用とよばれる型と，

$$H = \frac{if}{m_\pi}\bar{N}\gamma_5\gamma_\mu\tau N\frac{\partial \pi}{\partial x_\mu}$$
$$\text{PV 相互作用} \tag{1・6・2}$$

の二種類がある。gとfは，それぞれの結合定数，τは(1・4・6)というアイソスピン空間のベクトル，πは(1・4・11)で与えられている。m_πはπの質量。第二量子化を知っている方は，Nというのは，入って来た核子を，相互作用のおこる点で消し，π中間子を出したり吸ったりした後で，新しい運動量，電荷の状態の核子を，$\bar{N}$という演算子で，作り出すことが理解できよう。

結合定数の大きさは，電磁相互作用の結合定数，$e^2/(4\pi) \approx 1/137$ に対して，

$$\frac{g^2}{4\pi} \approx 15 \tag{1・6・3}$$

または

$$\frac{f^2}{4\pi} = \left(\frac{m_\pi}{2m_N}\right)^2 \frac{g^2}{4\pi} \approx 0.08 \tag{1・6・4}$$

である。

（1・6・1）と（1・6・2）は，型はずいぶんちがっているが，第2章で述べるように，実は，ほとんど同じ物理的内容をもつ。

2）保存則

パリティ，荷電共役，アイソスピン，I および I_3，奇妙さの量子数 S が保存される。

3）反応の断面積

散乱や反応の断面積は，$10^{-26}\,\mathrm{cm}^2$ くらいで，測定は十分できる。強い相互作用による崩壊の寿命は，10^{-23} 秒くらいで，共鳴として観測される。

B．電磁相互作用

これは昔からよく知られたもので，クーロン力などがその一つである。電子と電磁場の相互作用は，朝永振一郎博士の**くりこみの理論**によって，十分の予言能力をもつ，見事な理論体系ができている。その適用範囲も，はじめ予想されたよりも，うんと広がっていて，一つの完成した理論を作っている。この本では，その問題にはまったくふれず，まだ解決の手がかりのつかめていない核子の電磁相互作用について述べる。これは，電磁相互作用に，強い相互作用がからみついたもので，電磁相互作用そのものには困難はない。

1）相互作用の型

相互作用ハミルトニアンは，よく知られているように

$$H = -j_\mu A_\mu \tag{1・6・5}$$

である。j_μ は，4次元電流で，A_μ は，電磁場の4次元ポテンシャルである。j_μ は，核子に対しては，

$$j_\mu = ie\bar{N}\gamma_\mu \frac{1+\tau_3}{2} N \tag{1・6・6}$$

であり，荷電 π 中間子に対しては，

$$j_\mu = -e\left(\boldsymbol{\pi} \times \frac{\partial \boldsymbol{\pi}}{\partial x_\mu}\right)_3 \tag{1・6・7}$$

で与えられる。

結合定数は，どの荷電粒子に対してもまったく同じで，

$$e^2/4\pi = {}^1\!/_{137} \tag{1・6・8}$$

§1・6 相互作用の分類

2) 保存則

パリティ, 荷電共役, 奇妙さの量子数 S, アイソスピンの第三成分 I_3 が保存する。しかし, アイソスピンの大きさ I は保存しない。

3) 反応の断面積

ガンマ線と核子による反応の断面積は, だいたい, 10^{-29} cm^2 くらいで, 測定は可能であるが, 反応によっては, 実験はむずかしいこともある。ガンマ線を出して崩壊がおこる過程の寿命は, 10^{-16} 秒くらいで, 測定は非常にむずかしい。

C. 弱い相互作用

ベータ崩壊の相互作用など, 弱い相互作用の特徴をあげると,

1) 相互作用の型

強い相互作用は, Yukawa 相互作用であったが, 弱い相互作用は, 作用のおこる点に, 4本のフェルミオン粒子の線があつまっている。図 1・4 にそれを示す。その相互作用ハミルトニアンは, ベータ崩壊では,

$$H = \frac{f}{\sqrt{2}}(\bar{p}\gamma_\mu(1+g_A\gamma_5)n)$$
$$(\bar{e}\gamma_\mu(1+\gamma_5)\nu) \quad (1\cdot6\cdot9)$$

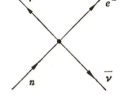

図 1・4 Fermi 型相互作用。相互作用のおこる点に, 4本のフェルミオン粒子の線があつまって反応がおこる。ここでは, $n \to p + e^- + \bar{\nu}$ という, ベータ崩壊の例を示す。

で与えられる。図 1・4 のように, 相互作用のおこる点で, 中性子 n がきえ, 演算子 $\bar{p}$ によって陽子が作られる。同じ点で, $\bar{e}$ によって電子が作られる。ν は, ニュートリノをけす演算子であるが, 同時に, $\bar{\nu}$ をつくる演算子でもあるので, そこで, $\bar{\nu}$ がつくられると考えれば, (1・6・9) が, ベータ崩壊を, 図 1・4 のように記述することがわかる。このように, 相互作用のおこる点に, 四本のフェルミオンの線があつまっている型の相互作用を, **Fermi 相互作用**という。

ここで結合定数 f は,

$$f \approx 1.4 \times 10^{-49} \text{ erg cm}^3 \quad (1\cdot6\cdot10)$$

30   第1章　素粒子の一般的性質

であるが，他の場合とくらべるために，無次元の組み合わせを作ると，

$$fm_N{}^2 = 1.01 \times 10^{-5} \qquad (1 \cdot 6 \cdot 11)$$

m_N は核子の質量。したがって，

$$\frac{1}{4\pi}(fm_N{}^2)^2 \approx 10^{-11} \qquad (1 \cdot 6 \cdot 12)$$

くらいになって，弱い相互作用がいかに弱いかがよくわかる。なお，
$(1 \cdot 6 \cdot 9)$ で $g_A \approx 1.2$ である。

　弱い相互作用の弱さを，強い相互作用の場合と比較するやり方として，たとえば，$\pi^- \to \mu^- + \bar{\nu}$ の相互作用ハミルトニアンを，

$$H = g(\bar{\mu}\,\nu)\pi^- \qquad (1 \cdot 6 \cdot 13)$$

とかいてみる。そうすると，この結合定数 g は，

$$g^2/4\pi \approx 0.3 \times 10^{-14} \qquad (1 \cdot 6 \cdot 14)$$

となり，なるほど，桁ちがいに小さい。

2) 保　存　則

　パリティ，荷電共役，アイソスピン，奇妙さの量子数のどれも保存されない。しかし，CP または，時間反転に対する不変性，T は，よい近似で保存されているように見える。しかし，$K_2{}^0 \to 2\pi$ では，明らかに，T 不変もやぶれている。T のやぶれは実験的にも，理論的にも，将来の問題である。

3) 反応の断面積

　ニュートリノを核子にあてて，弱い相互作用による反応を，実験的に観測すると，その反応の断面積は，$10^{-38}\,\mathrm{cm}^2$ より小さく，測定は困難をきわめる。一方，弱い相互作用による崩壊の寿命は，10^{-10} 秒より長く，写真乾板，泡箱，放電箱等で，容易に観測することができる。

D.　重力による相互作用

　これは，もっとも古くから知られ，日常生活にもっとも関係の深い相互作用である。質量 m と m' の質点の間の重力のポテンシャルは，

$$V = -\frac{Gmm'}{r} \qquad (1 \cdot 6 \cdot 15)$$

で，重力定数 G は，

$$G = 6.67 \times 10^{-8}\,\mathrm{cm}^3\,\mathrm{gr}^{-1}\,\mathrm{sec}^{-2} \qquad (1 \cdot 6 \cdot 16)$$

である。これを，無次元の数にすると

§1·7 実験室系と重心系　　　　　　　　　　　　　　　31

$$Gm_N{}^2 \approx 6 \times 10^{-39} \qquad (1 \cdot 6 \cdot 17)$$

となり，問題にならぬ弱さである。素粒子の世界で重力が問題になることはないので，本書では述べない。

E. 相互作用の比較

これまで述べた，4種類の相互作用を表にまとめると，つぎのようになる。

表 1·4　相互作用の分類とその性質

相互作用	結合定数	保存則						散乱断面積 (cm^2)	崩壊の寿命 (sec)
		P	C	$T=CP$	I	I_3	S		
強い相互作用	$\dfrac{g^2}{4\pi}=15$	○	○	○	○	○	○	10^{-26}	10^{-23}
電磁相互作用	$\dfrac{e^2}{4\pi}={}^1/_{137}$	○	○	○	×	○	○	10^{-29}	10^{-16}
弱い相互作用	$fm_N{}^2=1.01 \times 10^{-5}$	×	×	⊗	×	×	×	10^{-38}	10^{-10}
重　力	$Gm_N{}^2=6 \times 10^{-39}$								

保存則の項の○印は保存，×印は非保存，⊗印は大部分の現象では保存しているようであるが，非保存の現象もあることを意味する。断面積や寿命の数値は，だいたいの目安を与えるにすぎない。

§1·7　実験室系と重心系

反応

$$a+b \rightarrow c+d \qquad (1 \cdot 7 \cdot 1)$$

について，標的bがとまっていて，aがたまとしてぶっつかるような座標系を，**実験室系** (laboratory system) という。実験室系という名前は，われわれが加速器をつかって，粒子aを加速し，それを，別に用意したまとbにあてるのが普通のやり方だからである。そのときの，aのエネルギーを，$E_a{}^{lab}$であらわす。これは，静止質量をふくんだものである。実験室系の量には，いつも，添字 lab を上につける。

これとは別に，もっとも扱いやすい座標系に，**重心系** (center of mass system) がある。それは，aとbの運動量の大きさが同じで，方向を逆にとる。だから，全運動量はいつも0である。重心系の量は，添字はつけないで，たとえば，aの運動量は，p_aとかく。実験室系，および重心系の運動量のとり方を図 1·5 に示す。

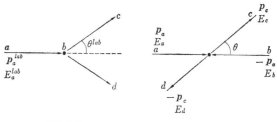

実験室系　　　　　　重心系

図 1・5　実験室系と重心系のエネルギー，運動量のとり方

いま，重心系でつぎの量を定義する．
$$s \equiv -(p_a+p_b)^2 = (E_a+E_b)^2 \qquad (1\cdot7\cdot2)$$
ここで，p_a というのは，4次元運動量でその成分は
$$p_a = (\boldsymbol{p}_a,\ E_a) \qquad (1\cdot7\cdot3)$$
であり，
$$p_a{}^2 = \boldsymbol{p}_a{}^2 - E_a{}^2 = -m_a{}^2 \qquad (1\cdot7\cdot4)$$
が成り立つ．ところで，s はローレンツ変換に対して不変であることは明らかで，これを実験室系でかくと，
$$\begin{aligned}s &= -(p_a{}^{lab}+p_b{}^{lab})^2 = (m_b+E_a{}^{lab})^2 - (\boldsymbol{p}_a{}^{lab})^2 \\ &= m_a{}^2 + m_b{}^2 + 2m_b E_a{}^{lab}\end{aligned} \qquad (1\cdot7\cdot5)$$
$(1\cdot7\cdot2)$ と $(1\cdot7\cdot5)$ が等しいので，$E_a = \sqrt{\boldsymbol{p}_a{}^2 + m_a{}^2}$ とかいて，
$$\boldsymbol{p}_a{}^2 + E_a E_b = m_b E_a{}^{lab}$$
を得る．これを適当に移項して二乗し，整理すると，
$$|\boldsymbol{p}_a| = \frac{m_b |\boldsymbol{p}_a{}^{lab}|}{\sqrt{m_a{}^2 + m_b{}^2 + 2m_b E_a{}^{lab}}} = \frac{m_b |\boldsymbol{p}_a{}^{lab}|}{\sqrt{s}} \qquad (1\cdot7\cdot6)$$
を得る．これが，実験室系の運動量の大きさを知って，重心系の運動量を出す式である．

エネルギーについては，$(1\cdot7\cdot6)$ から，すぐに，
$$E_a = \frac{m_a{}^2 + m_b E_a{}^{lab}}{\sqrt{m_a{}^2 + m_b{}^2 + 2m_b E_a{}^{lab}}} = \frac{s + m_a{}^2 - m_b{}^2}{2\sqrt{s}} \qquad (1\cdot7\cdot7)$$
および
$$E_b = \frac{m_b(E_a{}^{lab}+m_b)}{\sqrt{m_a{}^2 + m_b{}^2 + 2m_b E_a{}^{lab}}} = \frac{s + m_b{}^2 - m_a{}^2}{2\sqrt{s}} \qquad (1\cdot7\cdot8)$$
を得る．この式によって，実験室系のエネルギーから重心系のエネルギ

§1・7 実験室系と重心系　　　　　　　　　　　　　　　33

ーを計算する。これで，反応がおこる前の状態の，重心系におけるエネ
ルギーと運動量を求めることができた。

さて，反応によって，粒子 a が，粒子 c に変化して θ なる角度で出て
行く。s に対応して，ローレンツ変換に対して不変な量，t を定義する。

$$t \equiv -(p_a - p_c)^2 = m_a{}^2 + m_c{}^2 + 2\boldsymbol{p}_a\boldsymbol{p}_c - 2E_aE_c \qquad (1\cdot7\cdot9)$$

普通は，散乱角 θ を変数にとるが，不変量として t をとるのが便利であ
る。$(1\cdot7\cdot9)$ から $\cos\theta$ は

$$\cos\theta = \frac{1}{2|\boldsymbol{p}_a||\boldsymbol{p}_c|}(t - m_a{}^2 - m_c{}^2 + 2E_aE_c) \qquad (1\cdot7\cdot10)$$

とくに，弾性散乱の場合，$|\boldsymbol{p}_a| = |\boldsymbol{p}_c|$，かつ，$m_a = m_c$ であるから

$$\cos\theta = 1 + \frac{t}{2\boldsymbol{p}_a{}^2} \qquad (1\cdot7\cdot11)$$

という，かんたんな形になる。変数 s と t をもちこんだのは，すべ
ての量がこの二つであらわせるからである。$(1\cdot7\cdot10)$ の中で，E_a は
$(1\cdot7\cdot7)$ を用い，E_c は E_a と同様に，

$$E_c = \frac{s + m_c{}^2 - m_d{}^2}{2\sqrt{s}} \qquad (1\cdot7\cdot12)$$

$|\boldsymbol{p}_a|$ を s であらわすと，

$$|\boldsymbol{p}_a| = \frac{\sqrt{(s - m_a{}^2 - m_b{}^2)^2 - 4m_a{}^2m_b{}^2}}{2\sqrt{s}} \qquad (1\cdot7\cdot13)$$

ここで，関数

$$\lambda(x, y, z) = x^2 + y^2 + z^2 - 2xy - 2yz - 2zx \qquad (1\cdot7\cdot14)$$

を定義する。結局

$$|\boldsymbol{p}_a| = \frac{\sqrt{\lambda(s, m_a{}^2, m_b{}^2)}}{2\sqrt{s}} \qquad (1\cdot7\cdot15)$$

となる。したがって，これらを $(1\cdot7\cdot10)$ に代入すると，

$$\cos\theta = \frac{s^2 + s(2t - m_a{}^2 - m_b{}^2 - m_c{}^2 - m_d{}^2) + (m_a{}^2 - m_b{}^2)(m_c{}^2 - m_d{}^2)}{\sqrt{\lambda(s, m_a{}^2, m_b{}^2)\lambda(s, m_c{}^2, m_d{}^2)}}$$
$$(1\cdot7\cdot16)$$

を得る。

最後に，$\cos\theta^{lab}$ を求めねばならないが，式としては，$(1\cdot7\cdot10)$ で，
p および E に，添字 lab をつけたものになる。このうち，$E_a{}^{lab}$ は
$(1\cdot7\cdot5)$ によって，s であらわされ，したがって，$|\boldsymbol{p}_a{}^{lab}|$ もすぐに

s でかくことができる。つぎに，$E_c{}^{lab}$ を，s であらわすために，t を
つぎのように考えなおす。

$$t=-(p_a-p_c)^2=-(p_d-p_b)^2=m_b{}^2+m_d{}^2-2m_bE_d{}^{lab}$$

$$(1\cdot7\cdot17)$$

となるので，$E_d{}^{lab}$ を t であらわすことができる。 実験室系でのエネ
ルギー保存則から，

$$E_c{}^{lab}=m_b+E_a{}^{lab}-E_d{}^{lab}=\frac{1}{2m_b}(s+t-m_a{}^2-m_a{}^2)\ (1\cdot7\cdot18)$$

したがって，$\cos\theta^{lab}$ を，$s,\ t$ でかきあらわすことが可能になる。便
宜上，第三の変数 u を使うことがある。その定義は，

$$u\equiv-(p_a-p_d)^2=-(p_c-p_b)^2 \qquad (1\cdot7\cdot19)$$

$s,\ t,\ u$ の定義から，すぐに，

$$s+t+u=m_a{}^2+m_b{}^2+m_c{}^2+m_a{}^2 \qquad (1\cdot7\cdot20)$$

をみたすことに，注意しておこう。ちょっとめんどうな計算をすると，

$$\cos\theta^{lab}=\frac{(s-m_a{}^2-m_b{}^2)(m_b{}^2+m_c{}^2-u)+2m_b{}^2(t-m_a{}^2-m_c{}^2)}{\sqrt{\lambda(s,m_a{}^2,m_b{}^2)\lambda(u,m_b{}^2,m_c{}^2)}}$$

$$(1\cdot7\cdot21)$$

を得る。

§1・8 S 行 列

　相互作用ハミルトニアンが与えられたならば，素粒子反応の行列要素
を，摂動計算することができる。昔からやられていた，摂動計算の基本
的な公式をならべておく。

A． 摂 動 計 算

　系のハミルトニアン H は，相互作用のない部分 H_0 と，相互作用の
項 H' にわける。

$$H=H_0+H' \qquad (1\cdot8\cdot1)$$

そして，H_0 に対する固有値 E_n をもつ固有状態を ψ_n とすると，

$$H_0\psi_n=E_n\psi_n \qquad (1\cdot8\cdot2)$$

をみたす。全系のシュレーディンガー方程式は，

$$i\frac{\partial\psi}{\partial t}=H\psi \qquad (1\cdot8\cdot3)$$

をとくために，解 ψ を H_0 の固有関数で展開する。

§1・8 *S* 行 列

$$\psi = \sum_n b_n(t)\phi_n e^{-iE_n t} \qquad (1\cdot 8\cdot 4)$$

ここで，H_0 の系のエネルギーを，時間 t において観測するとき，E_n である確率は $|b_n(t)|^2$ である。(1・8・4) を (1・8・3) に代入し，$\phi_n{}^+$ をかけて全空間で積分すると，

$$i\dot{b}_n(t) = \sum_m H_{nm}' b_m(t) e^{i(E_n - E_m)t} \qquad (1\cdot 8\cdot 5)$$

となる。ここで，

$$H_{nm}' = \int \phi_n{}^+ H' \phi_m d^3 x \qquad (1\cdot 8\cdot 6)$$

$t=0$ において，われわれは，ϕ_i という状態にあったという，初期条件をおいてみよう。そうすると，

$$b_i(0)=1, \qquad b_n(0)=0, \ n \neq i \qquad (1\cdot 8\cdot 7)$$

である。(1・8・5) は，正確な式であるが，H' が小さいとして，その右辺の b_m に，(1・8・7) を使うと，

$$b_f(t) = \frac{H_{fi}'}{E_i - E_f}[e^{i(E_f - E_i)t} - 1] \qquad (1\cdot 8\cdot 8)$$

になる。したがって，時間 t に，f という状態にある確率は，

$$|b_f(t)|^2 = \frac{2|H_{fi}'|^2}{(E_i - E_f)^2}[1 - \cos(E_i - E_f)t] \qquad (1\cdot 8\cdot 9)$$

である。

さて，素粒子の問題では，はじめや終わりの状態は連続な状態に属しているので，その中の一つだけへの転移というものには意味がなく，エネルギーが E と $E+dE$ の間の状態への転移が問題になる。その状態の密度を ρ_E とすると，$\rho_E dE$ が，移りうる状態になる。したがって，単位時間に，E_f 付近のエネルギー状態にうつる確率は，

$$w_{fi} = \frac{1}{t}\int |b_f(t)|^2 \rho_{E_f} dE_f = 2\pi \rho_{E_f}|H_{fi}'|^2 \qquad (1\cdot 8\cdot 10)$$

となる。ここで，(1・8・9) では，$E_f = E_i$ の近くでしか，積分はきかず，そのあたりでは，ρ_{E_f} や H_{fi}' は，ほとんど変化しないと仮定して，積分の外に出した。$\left(\int_{-\infty}^{+\infty} dx(1-\cos ax)/x^2 = \pi a\right)$

i から f へ行く H_{fi}' という直接の行列要素が 0 であり，間接的な方法でしかそういう転移がないときには，別の工夫が必要になる。まず i から n へは，行くことができるとすると，(1・8・5) は，初期条件 (1・

8·7) をつかって,

$$i\dot{b}_n(t) = H_{ni}'e^{i(E_n - E_i)t} \qquad (1 \cdot 8 \cdot 11)$$

となる,つぎの段階として,n から f に行くとすると,

$$i\dot{b}_f(t) = \sum_n H_{fn}'b_n(t)e^{i(E_f - E_n)t} \qquad (1 \cdot 8 \cdot 12)$$

を得る。(1·8·11) を積分すると (1·8·8) で,f を n におきなおした式を得る。それを,(1·8·12) に代入して積分すると,

$$b_f(t) = \sum_n \frac{H_{fn}'H_{ni}'}{E_i - E_n}\left[\frac{e^{-i(E_i - E_f)t} - 1}{E_i - E_f} - \frac{e^{-i(E_n - E_f)t} - 1}{E_n - E_f}\right]$$
$$(1 \cdot 8 \cdot 13)$$

ゆえに,i から出発して,f を見いだす確率は,

$$|b_f(t)|^2 = \frac{2|H'|^2}{(E_i - E_f)^2}(1 - \cos(E_i - E_f)t) + \{(E_n - E_f) \text{ の項}\}$$
$$(1 \cdot 8 \cdot 14)$$

ここで,

$$H' = \sum_n \frac{H_{fn}'H_{ni}'}{E_i - E_n} \qquad (1 \cdot 8 \cdot 15)$$

$|b_f(t)|^2$ の第一項が (1·8·9) に対応するもので,第二項は第一項にくらべてきかない。こういう中間の状態 n のことを,**中間状態**といい,そこでは,$E_n \neq E_i$ であってさしつかえない。中間状態が一つでは,$i \to f$ がおこらぬときには,二つ以上の中間状態を考えることになる。

いま,転移行列 T として,

$$T_{fi} = H'_{fi} + \sum_n \frac{H_{fn}'H_{ni}'}{E_i - E_n} + \cdots\cdots \qquad (1 \cdot 8 \cdot 16)$$

を定義すると,転移確率のもっとも一般的な形は,

$$w_{fi} = 2\pi\rho_{E_f}|T_{fi}|^2 \qquad (1 \cdot 8 \cdot 17)$$

で与えられる。(1·8·10) の演算から,(1·8·17) を

$$w_{fi} = 2\pi\sum_f |T_{fi}|^2\delta(E_f - E_i) \qquad (1 \cdot 8 \cdot 18)$$

と考えてもよい。

つぎに,状態密度 ρ_E を求めよう。力のはたらかないときのシュレーディンガー方程式の解は,平面波で与えられる。

$$\psi = Ne^{i(qx - Et)} \qquad (1 \cdot 8 \cdot 19)$$

N は規格化因子で

§1·8 S 行 列 37

$$\int \phi^+ \phi d\boldsymbol{x} = 1$$

からきまる。ところで，空間が無限にひろがっていると，話がめんどうになるので，一辺が L の立方体の中にとじこめたとすると，

$$N = \frac{1}{L^{3/2}} \qquad (1\cdot8\cdot20)$$

となる。波動関数が L を周期とする周期関数であれば，$\boldsymbol{p}^2/2m$ がエルミット演算子になる。座標の原点を立方体の中心におくと，その条件は，

$$\phi\left(\frac{L}{2}\right) = \phi\left(-\frac{L}{2}\right), \qquad \phi'\left(\frac{L}{2}\right) = \phi'\left(-\frac{L}{2}\right) \qquad (1\cdot8\cdot21)$$

となる。(1·8·19) にこの条件を与えると，q の成分は

$$q_x = \frac{2\pi}{L} n_x, \qquad q_y = \frac{2\pi}{L} n_y, \qquad q_z = \frac{2\pi}{L} n_z \qquad (1\cdot8\cdot22)$$

という値しかとれない。ここで，n は整数である。エネルギーが，E と $E+dE$ の間にあって，$d\Omega$ という立体角に粒子がうごいている状態密度は，

$$\rho dE d\Omega = \left(\frac{L}{2\pi}\right)^3 q^2 dq \cdot d\Omega \qquad (1\cdot8\cdot23)$$

となる。いろいろの物理量には，当然，L はあらわれないようにできている。

散乱問題では，転移確率よりも散乱断面積という量が，実験で直接に測定できる。(1·8·17) は，(1·8·23) をつかうと，入射粒子が，体積 L^3 の中に1個の割合で入射するときに，q と $q+dq$ の間の大きさの運動量をもち，$d\Omega$ という方向に散乱される粒子の数を与える。入射粒子が，進行方向に垂直な単位面積あたり，毎秒1個の割合でやって来るとする。いいかえると粒子密度は，$v\times(1\,\mathrm{cm}^2)$ 内に1個になるとする。その場合の転移確率が散乱断面積であって

$$d\sigma_{fi} = \frac{L^3}{v} w_{fi} \qquad (1\cdot8\cdot24)$$

で与えられる。ここで，v は，入射粒子のまとに対する速度である。

ところで時刻 t_0 において，ϕ_n の係数が $b_n(t_0)$ であったとき，時刻 t においては $b_n(t)$ になるとすると，(1·8·5) を積分して

$$b_n(t) = \sum_m U_{nm}(t, t_0) b_m(t_0) \qquad (1\cdot8\cdot25)$$

のようにかくことができるはずである。その特別の場合が (1・8・8) である。(1・8・25) を，(1・8・5) に代入すると，

$$i\frac{\partial U_{nm}(t,t_0)}{\partial t}=\sum_l H_{nl}{}'U_{lm}(t,t_0)e^{i(E_n-E_l)t} \tag{1・8・26}$$

ここで，

$$H_{nl}{}'(t)=H_{nl}{}'e^{i(E_n-E_l)t} \tag{1・8・27}$$

とすると，

$$i\frac{\partial U(t,t_0)}{\partial t}=H'(t)U(t,t_0) \tag{1・8・28}$$

となる。 $t=t_0$ のときは当然

$$U_{nm}(t_0,t_0)=\delta_{nm} \tag{1・8・29}$$

である。散乱問題では，$t_0\to-\infty$ のとき，二粒子は十分はなれていて相互作用がなく，散乱後，$t\to+\infty$ では，終わりの各粒子は，うんとはなれてしまう。その場合，

$$S=U(+\infty,\ -\infty) \tag{1・8・30}$$

を S 行列とよぶ。

方程式 (1・8・28) をみると，形式的に，

$$U(t,t_0)=\exp\Big\{-i\int_{t_0}^t H'(t')dt'\Big\} \tag{1・8・31}$$

という解がみつかる。だから，S 行列としては，

$$S=1-i\int_{-\infty}^{\infty}H'(t')dt'-\int_{-\infty}^{\infty}dt_1\int_{-\infty}^{t_1}H'(t_1)H'(t_2)dt_2+\cdots\cdots \tag{1・8・32}$$

とあらわすことができる。この第二項を，(1・8・27) をつかって計算すると，

$$-i\int_{-\infty}^{\infty}e^{i(E_f-E_i)t}H'_{fi}dt=-2\pi i\delta(E_f-E_i)H_{fi}' \tag{1・8・33}$$

を得る。(1・8・16) を参照して，一般的にかくと

$$S=1-2\pi i\delta(E_f-E_i)T \tag{1・8・34}$$

を得る。

はじめに i という状態にあったものが，最後に f になったとすると，その転移のおこる確率は

$$p_{fi}=|S_{fi}|^2 \tag{1・8・35}$$

で与えられる。(1・8・34) を用いると，i と f がちがう場合には，

§1·8 S 行 列   39

$$p_{ft} = (2\pi)^2 \delta(0) \delta(E_f - E_i) |T_{ft}|^2 \qquad (1\cdot8\cdot36)$$

ここで， $\delta(0)$ は， $\delta(x)\delta(x) = \delta(0)\delta(x)$ からでてくる。素粒子反応の，はじめの時間 t_0 と終わりの時間 t の間が十分長いとすると，形式的に

$$2\pi\delta(0) = \int_{t_0}^{t} e^{i0t} dt = \int_{t_0}^{t} dt = (t - t_0)$$

とかくことができる。また，終わりの状態は， E_f 付近の可能な状態への転移の和が，物理的に意味があるから，

$$\sum_f p_{ft} = \sum_f 2\pi\delta(E_f - E_i) |T_{ft}|^2 (t - t_0)$$

となり，単位時間宛の転移確率は， $(1\cdot8\cdot10)$ および $(1\cdot8\cdot18)$ を参照して，

$$w_{ft} = \frac{1}{t - t_0} \sum_f p_{ft} = 2\pi \sum_f |T_{ft}|^2 \delta(E_f - E_i) \qquad (1\cdot8\cdot37)$$

となる。 $(1\cdot8\cdot32)$ と $(1\cdot8\cdot16)$ は，古い方法による摂動計算と，新しい方法の関係を与えている。

最後に，はじめ i という状態にあったものが，終わりに f になる確率は $(1\cdot8\cdot35)$ で与えられた。終わりの状態が何でもよい確率は，当然 1 であるから

$$\sum_f p_{ft} = \sum_f |S_{ft}|^2 = 1$$

または，

$$\sum_f S_{if}{}^+ S_{ft} = 1$$

したがって，

$$S^+ S = SS^+ = 1 \qquad (1\cdot8\cdot38)$$

とかくことができて， S 行列はユニタリー行列であることがわかった。

B. 散乱断面積と崩壊の寿命

一般に，はじめに 2 個の粒子があって，衝突後に n 個の粒子が出来た場合に，第 i 番目の粒子の運動量が， p_i と $p_i + dp_i$ の間にあり，第 n 番目の粒子にいたるとすると，そういう反応のおこる転移確率は，

$$dw_{ft} = 2\pi \left(\frac{L}{2\pi}\right)^3 d^3 p_1 \left(\frac{L}{2\pi}\right)^3 d^3 p_2 \cdots\cdots \left(\frac{L}{2\pi}\right)^3 d^3 p_n \delta(E_f - E_i) |T_{ft}|^2$$

$$(1\cdot8\cdot39)$$

になることは， $(1\cdot8\cdot37)$ を一般化すると得られる。ここで $(L/2\pi)^3 d^3 p_1$

40   第1章　素粒子の一般的性質

等は各粒子の状態密度である。そしてその断面積は，（1・8・24）で表わされる。

　S 行列の式（1・8・34）で，エネルギー保存は，いちもく瞭然とわかるが，運動量保存は，おもてには出ていない。そこで，S 行列を

$$S_{fi} = \delta_{fi} - i\delta^4(p_f - p_i)t_{fi} \tag{1・8・40}$$

とかくことにしよう。つまり，

$$T_{fi} = \frac{1}{2\pi}\delta^3(\boldsymbol{p}_f - \boldsymbol{p}_i)t_{fi} \tag{1・8・41}$$

になる。そうすると

$$|T_{fi}|^2 = \frac{1}{(2\pi)^2}|t_{fi}|^2|\delta^3(\boldsymbol{p}_f - \boldsymbol{p}_i)|^2$$

になる。（1・8・36）の場合と同じ考え方で

$$|T_{fi}|^2 = \frac{1}{(2\pi)^2}|t_{fi}|^2\left(\frac{L}{2\pi}\right)^3\delta^3(\boldsymbol{p}_f - \boldsymbol{p}_i) \tag{1・8・42}$$

を得る。ただし，粒子が，一辺 L の立方体に入っていることに注意する。結局，断面積は，

$$d\sigma_{fi} = \frac{4\pi^2}{v}\left(\frac{L}{2\pi}\right)^3 d^3p_1 \cdots\cdots \left(\frac{L}{2\pi}\right)^3 d^3p_n\left(\frac{L}{2\pi}\right)^6\delta^4(p_f - p_i)|t_{fi}|^2$$

$$\tag{1・8・43}$$

この結果は，L に無関係のはずであるので，それをしらべよう。

　スピン0の粒子が，運動量 p で入射して消滅するとき，その波動関数は，

$$\varphi(x) = \frac{e^{ipx}}{\sqrt{2p_0L^3}} \tag{1・8・44}$$

で与えられる。ここで，$L^{-3/2}$ は，（1・8・20）から出る。また，$\sqrt{2p_0}$ は，第二量子化で，粒子をつくる演算子，けす演算子にわけて，展開するとき出て来る因子である。量子力学の教科書を参照すると，運動量 p の粒子が，はじめ n_p 個あって，それが一つふえるような転移の行列要素は，

$$\langle n_p+1|\varphi(x)|n_p\rangle = \frac{1}{\sqrt{2p_0L^3}}\sqrt{n_p+1}e^{-ipx} \tag{1・8・45}$$

であり，はじめが n_p 個で，それが一つへる場合には，

$$\langle n_p-1|\varphi(x)|n_p\rangle = \frac{1}{\sqrt{2p_0L^3}}\sqrt{n_p}e^{ipx} \tag{1・8・46}$$

§1・8 S 行 列 41

である。(1・8・44) は，(1・8・46) で，$n_p=1$ から，$n_p=0$ への転移
をあらわす。スピン 1/2 の場合には，

$$\left.\begin{array}{l} \psi(x)=\dfrac{u(p)}{\sqrt{L^3}}e^{ipx} \\[3mm] \bar{\psi}(x)=\dfrac{\bar{u}(p)}{\sqrt{L^3}}e^{-ipx} \end{array}\right\} \quad (1\cdot8\cdot47)$$

となり，$u^+u=1$ になるように，規格化してある。いずれにしても，t_{fi}
は，二粒子が入ってきて，n 個のいろいろな粒子が出て行くので，

$$t_{fi}\propto\left(\frac{1}{L}\right)^{3(n+2)} \quad (1\cdot8\cdot48)$$

になる。これを，(1・8・43) とくらべると，$d\sigma_{fi}$ は，L には無関係に
なる。だから，L を勝手にとってもよいけれども，いろいろと都合の
よいことがあるので，$L=2\pi$ とする。

断面積 (1・8・43) は，はじめのスピンについて平均をとり，終わりの
スピンについては和をとると，最終的には，

$$d\sigma_{fi}=\frac{4\pi^2}{v}d^3p_1\cdots d^3p_n\delta^4(p_f-p_i)\frac{1}{(2s_1+1)(2s_2+1)}\sum_{s_i}\sum_{s_f}|t_{fi}|^2$$
$$(1\cdot8\cdot49)$$

ここで，s_1 と s_2 は，はじめの二つの粒子のスピンである。ここで，

$$M_{fi}=\sqrt{p_{10}p_{20}\cdots p_{n0}}\,t_{fi}\,\sqrt{p_{i10}p_{i20}} \quad (1\cdot8\cdot50)$$

を導入する。p_{i10} は，第一番目の入射粒子のエネルギーをあらわす。そ
して，終わりの状態の運動量について和をとると，全断面積 σ は，

$$\sigma=\frac{4\pi^2}{vp_{i10}p_{i20}(2s_1+1)(2s_2+1)}\int\frac{d^3p_1}{p_{10}}\int\frac{d^3p_2}{p_{20}}\cdots\int\frac{d^3p_n}{p_{n0}}$$
$$\delta^4(p_f-p_i)\sum_{s_i}\sum_{s_f}|M_{fi}|^2 \quad (1\cdot8\cdot51)$$

この式で，v を変形し，

$$v=\frac{|\boldsymbol{p}_{i1}|}{E_{i1}}+\frac{|\boldsymbol{p}_{i2}|}{E_{i2}}=\frac{|\boldsymbol{p}_{i1}|}{p_{i10}}+\frac{|\boldsymbol{p}_{i2}|}{p_{i20}} \quad (1\cdot8\cdot52)$$

とかくと，

$$vp_{i10}p_{i20}=p_{i20}|\boldsymbol{p}_{i1}|+p_{i10}|\boldsymbol{p}_{i2}|$$

これを，相対論的の不変な形にすることができる。すなわち

$$vp_{i10}p_{i20}\Rightarrow B=\sqrt{|\boldsymbol{p}_{i1}p_{i20}-\boldsymbol{p}_{i2}p_{i10}|^2-|\boldsymbol{p}_{i1}\times\boldsymbol{p}_{i2}|^2}$$
$$=\sqrt{(p_{i1}\cdot p_{i2})^2-m_1^2m_2^2} \quad (1\cdot8\cdot53)$$

42　　　　　　　　　　　　　　　　　　　　第1章　素粒子の一般的性質

したがって，（1・8・51）は

$$\sigma = \frac{4\pi^2}{(2s_1+1)(2s_2+1)B} \int \frac{d^3p_1}{p_{10}} \int \frac{d^3p_2}{p_{20}} \cdots \int \frac{d^3p_n}{p_{n0}} \delta^4(p_f-p_i) \sum_{s_i} \sum_{s_f} |M_{fi}|^2$$

(1・8・54)

これは，相対論的に不変な全断面積の公式である。

　ここで，注意すべきことは，粒子のいくつかが，フェルミオンである
とき，ボソンとちがう取扱いをせねばならぬ点である。フェルミオンの
スピンについて和をとるとき，Casimir の演算法により，

$$\sum_{\text{spin}} u_\alpha(p)\bar{u}_\beta(p) = \frac{(-i\gamma p+m)_{\alpha\beta}}{2p_0}$$

(1・8・55)

という関係がある。反粒子に対しては，

$$\left. \begin{array}{l} \bar{\psi}(x) = \dfrac{\bar{u}(p)}{\sqrt{L^3}} e^{ipx} \\[2mm] \psi(x) = \dfrac{u(p)}{\sqrt{L^3}} e^{-ipx} \end{array} \right\}$$

(1・8・56)

となる。スピンについて和をとると，

$$\sum_{\text{spin}} u_\alpha(p)\bar{u}_\beta(p) = -\frac{(i\gamma p+m)_{\alpha\beta}}{2p_0}$$

(1・8・57)

が得られる。ここで，分母に p_0 が出るために，波動関数に $1/\sqrt{p_0}$ を
つけないことによって，すべてがうまく記述される。

　（1・8・54）で，はじめも終わりも，粒子が二個である場合を考える。
そして，重心系をとると，

$$\sigma = \frac{4\pi^2}{(2s_1+1)(2s_2+1)B} \int \frac{d^3p_1}{p_{10}} \int \frac{d^3p_2}{p_{20}} \delta^4(p_f-p_i) \sum_{s_i} \sum_{s_f} |M_{fi}|^2$$

(1・8・58)

$-\boldsymbol{p}_2 = \boldsymbol{p}_1 = \boldsymbol{p}$ であるから，

$$\sigma = \frac{4\pi^2}{(2s_1+1)(2s_2+1)B} \int \frac{d^3p_1}{p_{10}p_{20}} \delta(E_f-E_i) \sum_{s_i} \sum_{s_f} |M_{fi}|^2$$

$$= \frac{4\pi^2}{(2s_1+1)(2s_2+1)B} \int \frac{p^2 dp d\Omega}{p_{10}p_{20}} \delta(p_{10}+p_{20}-E_i) \sum_{s_i} \sum_{s_f} |M_{fi}|^2$$

ところで，（1・8・53）から，$B = |\boldsymbol{p}| E_i$ であるから，

$$\frac{d\sigma}{d\Omega} = \frac{4\pi^2}{p_i E_i} \frac{p_f}{E_f} \frac{1}{(2s_1+1)(2s_2+1)} {\sum_{s_i}}' {\sum_{s_f}}' |M_{fi}|^2$$

$$= \left(\frac{2\pi}{E_i}\right)^2 \frac{p_f}{p_i} \frac{1}{(2s_1+1)(2s_2+1)} \sum_{s_i} \sum_{s_f} |M_{fi}|^2 \quad (1・8・59)$$

§1・9 加速器，測定器   43

これが，二体の反応の微分断面積の一般式である。ここで，p_i と p_f は，はじめと終わりの状態の，重心系での運動量で，E_i は，はじめの系全体のエネルギーである。

つぎに，はじめの粒子が一個で，それが n 個の粒子に壊壊する確率を計算しよう。(1・8・39) と (1・8・42) から，

$$dw_{fi} = \frac{1}{2\pi} \frac{d^3p_1}{p_{10}} \cdots \frac{d^3p_n}{p_{n0}} \delta^4(p_f - p_i) \frac{1}{p_{i0}} |M_{fi}|^2 \quad (1・8・60)$$

はじめのスピンについて平均をとり，終わりのスピンについて和をとって，終わりの状態の運動量について積分すると，

$$\frac{1}{\tau} = w_{fi} = \frac{1}{2\pi} \frac{1}{2s+1} \frac{1}{p_{i0}} \int \frac{d^3p_1}{p_{10}} \cdots \int \frac{d^3p_n}{p_{n0}} \delta^4(p_f - p_i) \sum_{s_i} \sum_{s_f} |M_{fi}|^2$$

$$(1・8・61)$$

これが，粒子の崩壊の確率であり，寿命の逆数になる。親の粒子の静止系で考えた場合の，二体崩壊の寿命は，

$$\frac{1}{\tau} = \frac{2}{2s+1} \frac{p_f}{M^2} \sum_{s_i} \sum_{s_f} |M_{fi}|^2 \quad (1・8・62)$$

ここで，M は，親の質量，s は，そのスピンである。

S 行列，または，M_{fi} の，Feynman-Dyson 流計算法等をくわしく述べねばならないのであるけれども，読者は別に，量子電磁力学の体系を勉強されることを予想して，ここでは，これ以上述べない。くりかえしていうが，朝永博士による，くりこみの理論は，電子と電磁場に関する限り，完璧な予言能力をもつ壮大な理論体系をつくっているので，適当な教科書で，ちゃんと勉強していただきたい。

§1・9 加速器，測定器

素粒子反応の実験は，加速器によって高いエネルギーに加速された素粒子を，まとにあてて，出て来る素粒子のエネルギー，運動量，電荷，等をはかることによって，おこなわれている。昔は，大部分の素粒子反応が，天然の高エネルギー粒子，すなわち，宇宙線中の素粒子によっておこなわれた。中間子をはじめ，奇妙さの量子数をもった，たくさんの素粒子は，大部分，宇宙線で発見された。今でも，加速器のとうてい及ばない高いエネルギーの実験は，すべて宇宙線にたよっている。ただ，宇宙線は，エネルギー，入射粒子の種類や個数などを，すきなように，

表 1・5　世界のおもな加速器

場所	通称名(機種)	加速する粒子	エネルギー (単位は10億電子ボルト)	強度 (一秒間に出てくる粒子数，単位は10億個)	完成年度 *印は活動停止
アメリカ					
ブルックヘブン	コスモトロン	陽子	3.0	200	1952.*
プリンストン	PPA	〃	3.0	1,140	1963.*
カリフォルニア大	ベバトロン	〃	6.2	1,000	1954.
アルゴンヌ	ZGS	〃	12.5	1,500	1963.
ブルックヘブン	AGS	〃	33.0	9,000	1960.
スタンフォード大	線型加速器	電子	1.2	18,000	1953.
カリフォルニア工大	シンクロトロン	〃	1.5	50	1952.*
コーネル大	〃	〃	2.2	150	1955.*
ケンブリッジ	CEA	〃	6.0	3,000	1962.*
コーネル大	シンクロトロン	〃	12.0	180	1967.
スタンフォード	線型加速器	〃	22.0	180,000	1966.
フェルミ国立研	FNAL	陽子	400.0	1,000	1972.
ロスアラモス	線型加速器 LAMPF	〃	0.8	……	1972.

§1・9 加速器，測定器

国	都市	名称	粒子	エネルギー (GeV)	建設費	完成年
フランス	サクレー	サターン	電子	3.0	350	1958.
	オルセー	線型加速器	〃	2.1	15,000	1959.
ドイツ	ハンブルク	DESY	〃	7.5	25,000	1964.
	ボン	シンクロトロン	〃	2.5	2,000	1967.
イタリー	ローマ	〃	〃	1.1	200	1959.
日本	東京		〃	1.3	800	1961.
	高エネルギー研	PS	陽子	12.0	2,000	1975.
スウェーデン	ルント	シンクロトロン	電子	1.2	300	1960.
スイス	セルン	PS	陽子	28.0	3,000	1959.
	スーパーセルン	(300 GeV)	〃	400.0	1,000	1977.?
イギリス	ダールスベリー	ニーナ	電子	5.2	12,000	1966.
	ハーウェル	ニムロド	陽子	8.0	1,700	1963.
ソ連	モスコー	シンクロトロン	〃	10.0	5	1961.
	ドブナ	シンクロファゾトロン	〃	10.0	4	1957.
	ハリコフ	線型加速器	電子	2.0	6,000	1965.
	セルプコフ	70 GeV	陽子	76.0	300	1967.
	エレバン	シンクロトロン	電子	6.0	60	1965.
計画中		(1000 GeV)	陽子	1,000.0	30,000	?

46　　　　　　　　　　　　　　　　　　　　　　　　第1章　素粒子の一般的性質

コントロールできないので，精度の高い定量的な実験は，おもに，加速
器にたよっている。

　1952年に，はじめて 1 GeV（10億電子ボルト）をこえる加速器，コ
スモトロンが完成した。これは，Λやκ粒子の人工生成にはじめて成
功し，1・4節に述べた，西島-Gell-Mann の理論を作る土台になった。
勤務評定をすれば，コスモトロンは，功績大きいというべきであろう。

　一方，10 GeV の加速器第一号は，ソ連のシンクロファゾトロンであ
るが，粒子強度が弱い，つまり，加速されて単位時間に出て来る陽子の
数があまりにも少ないために，よい実験ができずに終わった。エネルギ
ーが高いことも大切だが，粒子強度が高いことも同じように大切である
ことを忘れないでほしい。今は，陽子加速器としては，約 30 GeV の
二つの加速器が，アメリカのブルックヘヴンとスイスの欧州原子核研究
所，セルンにあって，東西の横綱を張っている。1967年には，ソ連の
セルプコフに，70 GeV の加速器が完成して，実験を開始しはじめた。

　100 GeV 級になると，アメリカといえども，財政的大問題であって，
シカゴ郊外に，500 GeV 陽子加速器が建設されて成果をおさめている。
欧州でも同規模の機械の建設がおこなわれている。

　加速器は荷電粒子を電磁的に加速するのであるから，陽子または電子
しか加速できない。加速器を形で分類すると，円形の**シンクロトロン**
と，直線状の**線型加速器**がある。すなわち，

$$\left.\begin{array}{l}\text{電子の加速器}\\\text{陽子の加速器}\end{array}\right\}\left\{\begin{array}{l}\text{シンクロトロン}\\\text{線型加速器}\end{array}\right.$$

世界のおもな加速器で，1 GeV 以上のものを，表1・5にまとめた。

　シンクロトロンについては，電子のものは，10 GeV が最高で，それ
以上のものは，つくることが困難である。その理由は，電子が，光速度
に非常に近くなってくると，電子がまがるとき，ガンマ線を出して速度
が落ちる現象がおこる。これをシンクロトロン輻射といい，10 GeV く
らいになると，加速するよりも，シンクロトロン輻射による減速のほう
が勝ってきて，加速器として役に立たなくなるからである。だから，世
界最大の電子加速器は，線型の 20 GeV 加速器である。陽子加速器につ
いては，シンクロトロン輻射は，はるかに高いエネルギーまで行っては
じめて問題になる。

§1・9 加速器，測定器　　　　　　　　　　　　　47

　一方，陽子の線型加速器が一つもないのは，陽子の質量が重いため，かなり長く走らせないと光速度に近づけることができないのが一つの原因である。そこまでの段階では，高い精度と技術が要求される。長さ1000 メートルくらいの，高い精度の装置をつくることがむずかしいということであろう。電子の場合は，数メートルだけを，きわめて精密につくりさえすれば，あとはそれ程困難なことはない。それだから約 3000 メートルに及ぶ線型加速器をつくりえたのである。

　今後，陽子の加速器としては，アメリカ，ソ連，西欧連合で，数百 GeV のものがつくられるであろう。もちろん，粒子強度も十分高くて実験に便利なものになると期待される。しかし，どんどん大きなものをつくって 1000 GeV（これを 1 TeV という）領域に入るであろうか。これまでの歴史をみると，加速エネルギーの桁が上るたびに，新しい原理が開発された。だから今後もそうなることを期待したい。今の原理のままだと，赤道にはちまきをするようなシンクロトロンをつくっても，たいしたエネルギーにならない。

　新しい加速原理ではないが，加速器のちがった使い方によって，高いエネルギーの実験ができる方法がある。静止した陽子のまとに，陽子をぶっつけたときと，同じ大きさの速度で反対方向にうごいている二つの陽子を，正面衝突させたときを比較しよう。1.7 節の結果をつかうと，かりに 1000 GeV の陽子加速器をつくり，それを静止した陽子にあてると，(1・7・7) により，重心系のエネルギー E_a は，

$$E_a \approx 22 \,\text{GeV} \qquad\qquad (1・9・1)$$

にしかならない。だから，20 GeV の陽子加速器を二台つくって，陽子を正面衝突させることと，1000 GeV の超大加速器をつくることと同等になる。だから，あとは経済の問題である。実際には，一台の加速器から出る陽子の流れを二つにわけて，正面衝突させる工夫をしている。その装置は，粒子貯蔵リングとよばれている。セルンでは，すでに，28 GeV の陽子について，この貯蔵装置が活動している。

　より高いエネルギーに達することも必要ながら，より精密な実験をねらうことも大切であって，どの加速器の建設についても，精度をよくするために，粒子強度を高める工夫がしてある。それをとくに重点にした加速器として，**パイ中間子大量生産工場**と名づけられるものが，世界各

地で建設中である。エネルギーは，あまり欲ばらないで，数百 MeV であるが，陽子の強度は 1 ミリアンペア以上という強力なものである。これは，素粒子そのものの研究よりも，素粒子を原子核にあてて，核構造の研究をするということにむいているであろう。これは，1970 年代の大きな研究題目で，素粒子物理学者と核物理学者の協力が大切になる。

　加速器の一つの例として，アメリカで建設中の，500 GeV 陽子シンクロトロンの計画図を図 1・6 に示す。研究所の敷地は，6800 エーカーで（約 27 平方キロ），東京の中くらいの区の面積である。予算は，約 1000 億円で，1972 年からはたらいている。最後に，この加速器と日本で計画中の陽子加速器の諸量を，表 1・6 で比較する。

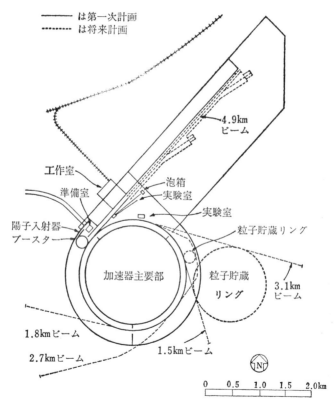

図 1・6　500 GeV 大加速器の計画略図。点線は，将来の
　　　　企画で，さしあたりは，実線部分をつくる。

§1·9 加速器，測定器　　　　　　　　　　　　　　　　　　　49

表 1·6　陽子加速器の比較

	日本高エネルギー物理学研究所	アメリカフェルミ国立加速器研究所
最高エネルギー	12 GeV	500 GeV
平　均　半　径	54 m	1000 m
入射器 エネルギー	500 MeV*	8 GeV*
入射器 強　度	480 mA	100 mA
最高エネルギーにおける強度	1×10^{12} protons/sec $= 0.16\ \mu A$	1×10^{12} protons/sec $= 0.16\ \mu A$

mA$=10^{-3}$A, μA$=10^{-6}$A　＊この入射器は陽子シンクロトロンである。そこで加速してから本体に入射する。この予備加速器をブースターという。

　物理に役立つ質のよいデータを得るには，加速器を建設するだけでなく，よい測定器を用意しなければならない。実際，測定器の予算は，加速器を上まわり，さらに，年間の実験費もきわめて多額になる。

　素粒子の測定に主として使われている測定器はつぎのように分類できる。

飛跡をみる測定器 ｛霧　箱／泡　箱／放電箱／写真乾板

電気的な測定器 ｛電離箱／比例計数管／ガイガー計数管／半導体測定器

光学的な測定器 ｛シンチレーションカウンター／チェレンコフカウンター

　このように，われわれは，いろいろの種類の測定器をもっているが，それを，どのように組み合わせて使うかをよく考えねばならぬ。たとえば，飛跡を見る測定器は，どういう現象がおこっているかの全体が一目でわかる。新しい粒子の発見とか，弱い相互作用による素粒子の崩壊は，泡箱を使うのが適当である。しかし，泡箱の写真解析は，世界最大の電子計算機を専用につかっても，なお消化しきれないほどめんどうなものである。一方，計数管（カウンター），の類は，粒子がやって来るところにおくと偉力を発揮するが，どこに来るかわからぬときは，一面

に測定器を並べなければならない。また，粒子を，はじめから終わりまで追いかけることはできない。しかし，計数管類の長所としては，泡箱のように一度写真にとる手間が不要で，電子計算機と直結して，自動的にデータ処理ができることである。別のいい方をすると，泡箱は，アナログ的で，カウンターは，ディジタル的であるから，データ処理までふくめた手つづきとして，なるべく，ディジタル化する方向に行かねばならない。その点，福井崇時，宮本重徳両博士の開発による放電箱は，飛跡を見ることもできるし，ディジタル化することもできるので，将来もいろいろ変形されて，おおいに利用されるであろう。

測定器といえば，何となく小さな手軽なものであるという印象をもつ人が多いが，大泡箱になると，液体水素だけでも 60,000 リットル，建設費 50 億円以上の巨大なものである。さらに，液体水素数十トンを，プールのような大きいいれものに入れて，超巨大泡箱をつくるという提案まである。大加速器，大測定器をつかう素粒子の実験は，一日に，1 億円以上の費用が必要になってきている。だから，考えぬいたよい企画で実験をすすめることが，われわれの任務である。ポケットマネーで実験ができた頃にくらべると，物理学者の責任は，比較にならないほど重くなっている。素粒子物理学が，巨大科学の一つであり，国際協力が非常にすすんでいる理由も，加速器，測定器が，かくも多額の費用を要するからである。

第 2 章 強 い 相 互 作 用

§2·1 π 中間子の性質

第2章では，π中間子と核子の相互作用による，いろいろの反応について述べる。K粒子や，ハイペロンも強い相互作用に関係しているが，定量的な議論は，本書ではしない。その理由は，K粒子の相互作用の結合定数さえ，まだはっきりわかっていないからである。

まず，π中間子のスピン，パリティを，最高度に信頼できる方法できめよう。

A．π⁺ のスピン

1951 年に Marshak は，π と核子の相互作用の型や強さ，また，いかなる近似計算法にもよらないで，π中間子のスピンを決定する方法を提案した。それは，質量をふくめた全エネルギーが同じ状態で，

$$\pi^+ + d \to p + p \qquad (2\cdot1\cdot1)$$

と，その逆過程

$$p + p \to \pi^+ + d \qquad (2\cdot1\cdot2)$$

の微分断面積をはかることである。微分断面積の計算では，第一章に述べたように，スピンについては，はじめの状態については平均をとり，終わりの状態について和をとる。したがって，（2·1·1）の微分断面積は，（1·8·59）から，

$$\frac{d\sigma}{d\Omega}(\pi^+ + d \to p + p) = \frac{1}{(2S_\pi + 1)\cdot3}\left(\frac{2\pi}{E_i}\right)^2\frac{p}{q}\sum_{\text{spin}}|\langle pp|S|\pi^+d\rangle|^2$$

$$(2\cdot1\cdot3)$$

ここで，S_π は，π^+ のスピン，3 は，重陽子のスピンが 1 であることから，出て来た因子である。q は，π^+ の重心系の運動量，p は，陽子の運動量である。同様にして，（2·1·2）については，

$$\frac{d\sigma}{d\Omega}(p + p \to \pi^+ + d) = \frac{1}{2\cdot2}\left(\frac{2\pi}{E_i}\right)^2\frac{q}{p}\sum_{\text{spin}}|\langle\pi^+d|S|pp\rangle|^2$$

$$(2\cdot1\cdot4)$$

ところで，第1章，1·3節の T 変換の項の結果から，S 行列は，T

変換に対して不変であり，相反性から

$$\sum_{\text{spin}} |\langle pp|S|\pi^+ d\rangle|^2 = \sum_{\text{spin}} |\langle \pi^+ d|S|pp\rangle|^2 \quad (2\cdot1\cdot5)$$

が成り立つので，(2・1・3) と (2・1・4) から，

$$\frac{\frac{d\sigma}{d\Omega}(\pi^+ + d \to p + p)}{\frac{d\sigma}{d\Omega}(p + p \to \pi^+ + d)} = \frac{4p^2}{3(2S_\pi + 1)q^2} \quad (2\cdot1\cdot6)$$

これを実験でしらべたところ

$$S_\pi = 0 \quad (2\cdot1\cdot7)$$

なることがわかった．π^- 中間子についても，電荷のちがい以外には，π^+ との相異がないと考えられるので，π^- のスピンも0と考えてよい．

B. π^- のパリティ

π^- のパリティの決定は，第1章，1・3節のパリティの項で述べたように，

$$\pi^- + d \to n + n \quad (2\cdot1\cdot8)$$

という過程のおこり方から，π^- がギスカラーであることがわかった．

C. π^0 中間子のスピン，パリティ

π^0 中間子は，二個のガンマ線にこわれる．すなわち，

$$\pi^0 \to 2\gamma \quad (2\cdot1\cdot9)$$

がおもな崩壊の型である．π^0 の静止系で考えると，二つのガンマ線は，反対方向に出るので，これを z 軸にえらぶ．z 軸の正方向へ出るガンマ線の円偏光が左まきのとき，これを L とあらわし，右まきのとき，R とかくことにする．z 軸の負の方向に出るガンマ線について，左まきのとき，l，右まきのとき，r とかくと，可能な組み合わせは図2・1 のようになる．組み合わせ rL および lR は，$S_z = -2$ および，$S_z = +2$ になるので，π^0 のスピンが2以上のときしかおこらない．つぎに座標系は右手系のままで x 軸を中心にして，$180°$ 回転すると，z 軸に関しては正負が逆になり，$l \rightleftarrows L$, $r \rightleftarrows R$ と変

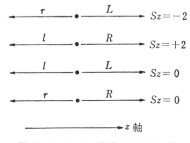

図 2・1　$\pi^0 \to 2\gamma$ 崩壊における，終わりの二つのガンマ線の円偏光の組み合わせ

§2・1 π中間子の性質　　　　　　　　　　　　　　53

換されるから，lL も rR もこの変換に対して不変である。ところで，π^0 の波動関数の角運動量部分は，$Y_s{}^{s_z}$ であらわされる。それは，この変換に対して，

$$\theta \to \pi - \theta$$
$$\varphi \to -\varphi$$

になるので，$S_z = 0$ のときは，

$$Y_s{}^0(\theta, \varphi) \to Y_s{}^0(\pi - \theta, -\varphi) = (-1)^s Y_s{}^0(\theta, \varphi) \qquad (2 \cdot 1 \cdot 10)$$

ゆえに，$S = 0$ のときは，π^0 中間子は，lL または rR という状態に崩壊しうる。$S = 1$ のときは，$\pi^0 \to 2\gamma$ は，禁止である。$S = 2$ 以上の場合については，これだけでは何ともいえない。しかし，π^0 が $\pi^{\pm}$ とスピンがまるでちがうとは考えられないので，$S = 0$ と考えるのが自然である。

π^0 のスピンが 0 だとすると，$\pi^0 \to 2\gamma$ から，π^0 のパリティをきめることができる。終わりの状態をつぎのように組み合わせる。

$$\varphi_+ = \frac{1}{\sqrt{2}}(lL + rR) \qquad (2 \cdot 1 \cdot 11)$$

$$\varphi_- = \frac{1}{\sqrt{2}}(lL - rR) \qquad (2 \cdot 1 \cdot 12)$$

座標系を右手系から左手系に変えると，$R \rightleftarrows l$，$L \rightleftarrows r$ となるので，

$$\varphi_+ \to \frac{1}{\sqrt{2}}(Rr + Ll) = \varphi_+$$

$$\varphi_- \to \frac{1}{\sqrt{2}}(Rr - Ll) = -\varphi_-$$

となり，φ_+ はパリティが $+1$ の固有状態，φ_- は，パリティが奇の固有状態であることがわかった。φ_+，φ_- をかき直して，

$$\varphi_+ = \frac{1}{2\sqrt{2}}[(L+R)(l+r) + (L-R)(l-r)] \qquad (2 \cdot 1 \cdot 13)$$

$$\varphi_- = \frac{1}{2\sqrt{2}}[(L+R)(l-r) + (L-R)(l+r)] \qquad (2 \cdot 1 \cdot 14)$$

ところで，

$$X = \frac{1}{\sqrt{2}}(R+L), \qquad x = \frac{1}{\sqrt{2}}(r+l) \qquad (2 \cdot 1 \cdot 15)$$

$$Y = \frac{1}{\sqrt{2}i}(R-L), \qquad y = \frac{1}{\sqrt{2}i}(r-l) \qquad (2 \cdot 1 \cdot 16)$$

とおくと，X および x は，x 軸方向に偏った直線偏光，Y および y は，y 軸方向に偏った直線偏光をあらわす。(2・1・13)，(2・1・14) は，

$$\varphi_+ = \frac{1}{\sqrt{2}}(Xx - Yy) \qquad (2\cdot1\cdot17)$$

$$\varphi_- = \frac{-i}{\sqrt{2}}(Xy + Yx) \qquad (2\cdot1\cdot18)$$

となる。すなわち，もし，π^0 がスカラーならば，終わりの二つの光子は，(2・1・17) であらわされ，二つの光子の偏りは，互いに平行である。もし，π^0 がギスカラーならば，二つの光子の偏りは互いに垂直でなければならぬ。この光子は，エネルギーが高いので，物質の中で，電子，陽電子の対発生を行なう。その対は，直線偏光の偏りと，光子の進行方向がつくる平面内に多くつくられるので，二つの光子による対発生のおこる平面の相関関係をみれば，π^0 のパリティがわかる。実験から，π^0 のパリティは奇であることが確認された。

§2・2 球面波展開と，π 中間子核子散乱への応用

素粒子反応では，運動量が保存されている。そのうえ，角運動量およびその第三成分も保存されているので，反応を角運動量の固有状態に分解して考えるのも便利な方法である。そのことを**部分波に分解する**といい，角運動量が l の状態を，l 番目の部分波とよぶことがある。または，$l = 0, 1, 2, 3$ にしたがって，S 波，P 波，D 波，F 波とよぶ。

A．スピン 0 の粒子の散乱

散乱の実験をするときは，入射粒子は，一定の運動量をもった平面波の状態である。平面波の波動関数は，運動量 q の方向を z 軸にとると，

$$\varphi(r) = e^{iqr} = e^{iqz} = e^{iqr\cos\theta} \qquad (2\cdot2\cdot1)$$

である。z 方向に進む波の角運動量は，z 軸に垂直であるから，これを球関数で展開すると，Y_l^0 だけがあらわれる。すなわち，

$$\varphi(r) = \sqrt{4\pi} \sum_l i^l (2l+1)^{1/2} Y_l^0(\theta, \varphi) j_l(qr) \qquad (2\cdot2\cdot2)$$

ここで，$Y_l^0(\theta, \varphi)$ は球調和関数，$j_l(qr)$ は球ベッセル関数で

$$j_l(qr) = \sqrt{\frac{\pi}{2qr}} J_{l+\frac{1}{2}}(qr) \qquad (2\cdot2\cdot3)$$

§2·2 球面波展開と，π中間子核子散乱への応用　　　　55

によって普通のベッセル関数で表わされる。また，

$$Y_l^0(\theta, \varphi) = \sqrt{\frac{2l+1}{4\pi}} P_l(\cos\theta) \tag{2·2·4}$$

$P_l(\cos\theta)$ は球関数である。

ところで，r が十分大きいとき，$j_l(qr)$ は

$$j_l(qr) \rightarrow \frac{1}{2iqr}[e^{i(qr-\frac{l}{2}\pi)} - e^{-i(qr-\frac{l}{2}\pi)}] \tag{2·2·5}$$

となる。ゆえに，うんと遠方では，$\varphi(r)$ は，

$$\varphi(r) \approx \frac{\sqrt{\pi}}{iqr} \sum_l (2l+1)^{1/2} i^l [e^{i(qr-\frac{l}{2}\pi)} - e^{-i(qr-\frac{l}{2}\pi)}] Y_l^0(\theta, \varphi) \tag{2·2·6}$$

となる。ここで，e^{-iqr} のほうが入る波，e^{iqr} のほうが出て行く波をあらわす。波の形をかえるようなものが何もないときは，入る波と，出て行く波が，(2·2·6) によって与えられる。

散乱体があると，出て行く波が変形する。それを e^{iqr} の前に，$S_l(q)$ なる因子をかけてあらわすことにする。S は，運動量 q と，角運動量 l の関数で，一般に，S 行列とよばれる。この場合の波動関数を，$\phi(r)$ とかくと，うんと遠くのほうでは，

$$\phi(r) \approx \frac{\sqrt{\pi}}{iqr} \sum_l (2l+1)^{1/2} i^l [S_l(q) e^{i(qr-\frac{l}{2}\pi)}$$
$$- e^{-i(qr-\frac{l}{2}\pi)}] Y_l^0(\theta, \varphi) \tag{2·2·7}$$

となる。この中には，平面波が素通りしたものが含まれているので，それをわけてかくと

$$\phi(r) \approx e^{iqz} + \frac{e^{iqr}}{r} f(\theta) \tag{2·2·8}$$

ここで，

$$f(\theta) = \frac{\sqrt{\pi}}{iq} \sum_l (2l+1)^{1/2} [S_l(q) - 1] Y_l^0(\theta, \varphi) \tag{2·2·9}$$

$f(\theta)$ を散乱振幅 (scattering amplitude) という。(2·2·8) の第二項が散乱された波をあらわす。

$$S_l(q) = 1 + iT_l(q) \tag{2·2·10}$$

とおいて，T 行列を導入すると，

$$f(\theta) = \frac{\sqrt{\pi}}{q} \sum_l (2l+1)^{1/2} T_l(q) Y_l^0(\theta, \varphi) \tag{2·2·11}$$

となり，散乱の微分断面積は，

$$\frac{d\sigma}{d\Omega} = |f(\theta)|^2 = \frac{\pi}{q^2} | \sum_l (2l+1)^{1/2} T_l(q) Y_l^0(\theta, \varphi)|^2$$
$$\tag{2·2·12}$$

散乱の全断面積は，これを全立体角で積分し，

$$\int Y_l^{m*}(\theta, \varphi) Y_{l'}^{m'}(\theta, \varphi) d\Omega = \delta_{ll'} \delta_{mm'} \tag{2·2·13}$$

をつかうと，

$$\sigma^{tot} = \frac{\pi}{q^2} \sum_l (2l+1) |T_l(q)|^2 \tag{2·2·14}$$

これは，幾何学的には，角運動量 l の部分波は，半径 l/q と $(l+1)/q$ の円でかこまれた，ドーナツの部分から強度 $|T_l(q)|^2$ で散乱されていることを示す。

B． S 行列のユニタリー性

S 行列はユニタリー（unitary）行列である。これは確率の総和が 1 であるということから出る。

$$S_l^+(q) S_l(q) = S_l(q) S_l^+(q) = 1 \tag{2·2·15}$$

ゆえに，

$$\{1 - iT_l^*(q)\}\{1 + iT_l(q)\} = 1$$

これから，直ちに

$$|T_l(q)|^2 = i\{T_l^*(q) - T_l(q)\} = 2 \operatorname{Im} T_l(q) \tag{2·2·16}$$

ゆえに，(2·2·14) をかき直して，

$$\sigma^{tot} = \frac{\pi}{q^2} \sum_l (2l+1) \cdot 2 \operatorname{Im} T_l(q)$$

一方，(2·2·11) から，

$$\operatorname{Im} f(0) = \frac{1}{2q} \sum_l (2l+1) \operatorname{Im} T_l(q)$$

この二つの式から

$$\sigma^{tot} = \frac{4\pi}{q} \operatorname{Im} f(0) \tag{2·2·17}$$

という大切な関係式を得る。これを光学定理（optical theorem）という。この関係式は，前方の弾性散乱の散乱振幅さえわかれば，全断面積がわ

§2・2 球面波展開と，π中間子核子散乱への応用　　　57

かることを意味する。ここでは，非弾性散乱のある場合には証明しないが，その場合でも成り立つことがいえる。

S 行列のユニタリー性から，弾性散乱だけがおこり，吸収がおこらぬときは，

$$S_l(q) = e^{2i\delta_l(q)} \tag{2・2・18}$$

とかくことができる。つまり，出て行く波は，入る波に対して，$2\delta_l(q)$ だけ位相がずれている。T 行列でかくと，

$$T_l(q) = 2e^{i\delta_l(q)} \sin \delta_l(q) \tag{2・2・19}$$

これを，（2・2・14）に代入すると

$$\sigma^{tot} = \frac{4\pi}{q^2} \sum_l (2l+1) \sin^2 \delta_l(q) \tag{2・2・20}$$

となる。

吸収があるときは，

$$S_l(q) = \eta_l e^{2i\delta_l} \tag{2・2・21}$$

とおく。ここで，η_l は1より小さい正数である。弾性散乱の断面積は，

$$\sigma^{el} = \frac{\pi}{q^2} \sum_l (2l+1)[(1-\eta_l)^2 + 4\eta_l \sin^2 \delta_l] \tag{2・2・22}$$

また，全断面積は，

$$\sigma^{tot} = \frac{2\pi}{q^2} \sum_l (2l+1)[1-\eta_l \cos 2\delta_l] \tag{2・2・23}$$

この差が吸収による断面積になる。

$$\sigma^{ab} = \sigma^{tot} - \sigma^{el} = \frac{\pi}{q^2} \sum_l (2l+1)(1-\eta_l^2) \tag{2・2・24}$$

（2・2・20）または（2・2・23）から，l 番目の部分波による全断面積は，いくら大きくても，$\dfrac{4\pi}{q^2} \cdot (2l+1)$ をこえないことがわかる。

C． 中間子核子散乱への応用

π 中間子と核子の散乱を考えるとき，π 中間子はスピン0であるが，核子のスピンは1/2であるので，それを考慮しなければならない。中間子の核子に対する軌道角運動量を l とすると，全角運動量 $J=l\pm1/2$ は保存する。一つの l に対して J が二種類あるので，それを区別するために，射影演算子を導入する。$J=l+1/2$ に対する射影演算子を P_+，その状態の波動関数を Ψ_+，$J=l-1/2$ に対する射影演算子を P_-，そ

の状態の波動関数を Ψ_- とかくと，P_+ と P_- は，

$$P_+\Psi_+=\Psi_+, \qquad P_+\Psi_-=0$$
$$P_-\Psi_-=\Psi_-, \qquad P_-\Psi_+=0$$

$$\left.\right\} \quad (2\cdot2\cdot25)$$

をみたす場合に，それぞれの状態の射影演算子という。

その具体的な形を求めるために，全角運動量

$$J=l+\frac{1}{2}\sigma \qquad (2\cdot2\cdot26)$$

の大きさを考える。

$$J^2=J(J+1)=l(l+1)+\sigma l+\frac{3}{4}$$

$J=l+1/2$ のとき，上の式から

$$\sigma l=l$$

となり，$J=l-1/2$ のときは

$$\sigma l=-(l+1)$$

になる。ゆえに，

$$P_+=\frac{l+1+\sigma l}{2l+1} \qquad (2\cdot2\cdot27)$$

とすると，$J=l+1/2$ のとき，$P_+=1$ になり，$J=l-1/2$ のとき，$P_+=0$ になる。ゆえに，この P_+ は，$(2\cdot2\cdot25)$ をみたしている。同様に，$J=l-1/2$ の射影演算子は

$$P_-=\frac{l-\sigma l}{2l+1} \qquad (2\cdot2\cdot28)$$

で与えられる。

π 中間子と核子の散乱を部分波に分解して考えるときは，A 項の，スピンのない場合の T 行列を，

$$T\to T_{+l}\frac{l+1+\sigma l}{2l+1}+T_{-l}\frac{l-\sigma l}{2l+1} \qquad (2\cdot2\cdot29)$$

とおけばよい。散乱の微分断面積は，$(2\cdot2\cdot12)$ で，このおきかえをすると，

$$\frac{d\sigma}{d\Omega}=\frac{\pi}{q^2}\,|\sum_l(2l+1)^{1/2}\Big\{T_{+l}\frac{l+1+\sigma l}{2l+1}$$
$$+T_{-l}\frac{l-\sigma l}{2l+1}\Big\}Y_l^0(\theta,\varphi)\chi(\pm1/2)\,|^2 \qquad (2\cdot2\cdot30)$$

ここで，$\chi(\pm1/2)$ は，核子のスピン部分の波動関数である。演算子

§ 2・2 球面波展開と，π 中間子核子散乱への応用　　　59

$\boldsymbol{\sigma l}$ が，波動関数 $Y_l{}^0(\theta,\varphi)\chi(\pm 1/2)$ に作用すると，

$$\boldsymbol{\sigma l}\,Y_l{}^0(\theta,\varphi)\chi(\pm 1/2)=\Big\{\frac{1}{2}(\sigma_x+i\sigma_y)(l_x-il_y)$$

$$+\frac{1}{2}(\sigma_x-i\sigma_y)(l_x+il_y)+\sigma_z l_z\Big\}Y_l{}^0(\theta,\varphi)\chi(\pm 1/2)$$

$$=\sqrt{l(l+1)}\,Y_l{}^{\pm 1}(\theta,\varphi)\chi(\mp 1/2)\qquad (2\cdot2\cdot31)$$

になる。この計算は，付録 3 を参照していただきたい。これを，(2・2・30) に代入すると，

$$\frac{d\sigma}{d\Omega}=\frac{\pi}{q^2}\Big|\sum_l\frac{(l+1)T_{+l}+lT_{-l}}{\sqrt{2l+1}}Y_l{}^0(\theta,\varphi)\Big|^2$$

$$+\frac{\pi}{q^2}\Big|\sum_l\frac{T_{+l}-T_{-l}}{\sqrt{2l+1}}\sqrt{l(l+1)}\,Y_l{}^{\pm 1}(\theta,\varphi)\Big|^2\qquad (2\cdot2\cdot32)$$

になる。第一項は，スピンの向きが散乱によって不変な部分で，第二項は，スピンが逆転する部分からの寄与である。$Y_l{}^{\pm 1}(\theta,\varphi)$ の性質から，$\theta=0$ および π では，第二項はきえる。$S,\ P,\ D$ 波に対する角分布は，表 2・1 に与える。

表 2・1　S 波，P 波および D 波の π 中間子と核子の弾性散乱の角分布，

$$4q^2\frac{d\sigma}{d\Omega}=|T(S_{1/2})|^2+\cos\theta\,\{T(S_{1/2})T^*(P_{1/2})$$

$$+T(P_{1/2})T^*(S_{1/2})\}+\cdots\cdots\text{と読む}$$

$(4q^2)\dfrac{d\sigma}{d\Omega}$	$T^*(S_{1/2})$	$T^*(P_{1/2})$	$T^*(P_{3/2})$	$T^*(D_{3/2})$
$T(S_{1/2})$	1	$\cos\theta$	$2\cos\theta$	$-1+3\cos^2\theta$
$T(P_{1/2})$	$\cos\theta$	1	$-1+3\cos^2\theta$	$2\cos\theta$
$T(P_{3/2})$	$2\cos\theta$	$-1+3\cos^2\theta$	$1+3\cos^2\theta$	$-5\cos\theta+9\cos^3\theta$
$T(D_{3/2})$	$-1+3\cos^2\theta$	$2\cos\theta$	$-5\cos\theta+9\cos^3\theta$	$1+3\cos^2\theta$

D. 核子の偏り

π 中間子と核子の弾性散乱の散乱振幅は，C 項で求められたが，別の書き方をしてみよう。

$$f(\theta)=F+iG\boldsymbol{\sigma}\cdot(\hat{q}_i\times\hat{q}_f)\qquad (2\cdot2\cdot33)$$

ここで，$\hat{q}_i$ と $\hat{q}_f$ は，はじめと終わりの状態の，重心系での運動量の方向の単位ベクトルである。F と G は，q と散乱角 $\cos\theta$ のスカラー関数である。はじめには，核子のスピンは，偏ってなかったとする。

そして終わりの状態では，スピンは s_f であったとすると，

$$\frac{d\sigma}{d\Omega}=\frac{1}{2}\sum_{s_i}|<s_f|f(\theta)|s_i>|^2$$

$$=\frac{1}{2}<s_f|\{F^*-iG^*\boldsymbol{\sigma}\cdot(\hat{\boldsymbol{q}}_i\times\hat{\boldsymbol{q}}_f)\}\{F+iG\boldsymbol{\sigma}\cdot(\hat{\boldsymbol{q}}_i\times\hat{\boldsymbol{q}}_f)\}|s_f>$$

$$=\frac{1}{2}(|F|^2+|G|^2\sin^2\theta)+\mathrm{Im}(FG^*)<s_f|\boldsymbol{\sigma}|s_f>\cdot(\hat{\boldsymbol{q}}_i\times\hat{\boldsymbol{q}}_f)$$

$$(2\cdot2\cdot34)$$

つまり，終わりの状態の核子のスピンは，$\mathrm{Im}(FG^*)\neq0$ のときは，散乱の平面に垂直な方向に偏っている。

$$P=\frac{2\,\mathrm{Im}(FG^*)\,\sin\,\theta}{|F|^2+|G|^2\sin^2\theta}\qquad(2\cdot2\cdot35)$$

を**偏り**という。その理由は，$s_f=\pm1/2$ のときの微分断面積を，それぞれ，$d\sigma_\pm/d\Omega$ であらわすと，

$$P=\frac{\dfrac{d\sigma_+}{d\Omega}-\dfrac{d\sigma_-}{d\Omega}}{\dfrac{d\sigma_+}{d\Omega}+\dfrac{d\sigma_-}{d\Omega}}\qquad(2\cdot2\cdot36)$$

だからである。

E． 低エネルギーにおける断面積の性質

低エネルギーにおける散乱や反応の断面積が，運動量の変化に対して，どのように変わるかをしらべよう。核子と中間子の相互作用をあらわす関数を $Q(r)$ とする。それは，ある小さな半径 R の内部でのみ0でないと考えてよい。運動量 q をもった平面波の中間子と，核子が相互作用を行なう振幅は，

$$A=\int_R e^{iqr}Q(r)dr\qquad(2\cdot2\cdot37)$$

これを，$(2\cdot2\cdot2)$ のように球面波に展開し，q も r も非常に小さいとすると，

$$j_l(qr)\approx\sqrt{\frac{\pi}{2qr}}\left\{\frac{1}{\Gamma\left(l+\dfrac{3}{2}\right)}\left(\frac{qr}{2}\right)^{l+\frac{1}{2}}+O\left((qr)^{l+\frac{5}{2}}\right)\right\}$$

$$(2\cdot2\cdot38)$$

ここで，Γ はガンマ関数である。O は，$(qr)^{l+\frac{5}{2}}$ またはそれ以上の小ささの項がつくことをあらわす。$(2\cdot2\cdot38)$ を $(2\cdot2\cdot37)$ に代入する

§2・2 球面波展開と，π中間子核子散乱への応用　　　61

と，

$$A \propto q^l \qquad (2 \cdot 2 \cdot 39)$$

ということがわかる。

π と核子の弾性散乱を考えると，運動量の大きさ q の中間子を吸って，同じ大きさの運動量の中間子を出すから，その散乱振幅は，

$$f(\theta) \propto A^2 \propto q^{2l}$$

ゆえに，q が小さいときの弾性散乱の断面積は，

$$\sigma \propto q^{4l} \qquad (2 \cdot 2 \cdot 40)$$

である。

つぎに，反応の一つの例として，ガンマ線による π 中間子発生，$\gamma + N \to \pi + N$ を考えよう。このとき，ガンマ線のエネルギーは，π 中間子の静止質量より少し大きくないと，発生がおこらない。この発生のおこる最小のエネルギーのことを，エネルギーのしきい値（threshold）という。ガンマ線のエネルギーは，その値から，あまり変化しないが，出る中間子の運動量は，0 から，だんだん増加する。ゆえに，この反応の行列要素は，q^l に比例する。したがって，発生の断面積は，q^{2l} に比例する。さらに，終状態のエネルギー dE_f の間にある状態の数 ρ_f とすると

$$\rho_f \propto q^2 \frac{dq}{dE_f} \propto q \qquad (2 \cdot 2 \cdot 41)$$

ゆえに，ガンマ線による π 中間子発生の断面積は，行列要素の二乗に，ρ_f がかかり，

$$\sigma \propto q^{2l+1} \qquad (2 \cdot 2 \cdot 42)$$

となる。

F．中間子核子散乱と荷電独立

核子および中間子のアイソスピンは，それぞれ，1/2 と 1 で，弾性散乱は強い相互作用でおこるから，アイソスピンの大きさと，その第 3 成分は保存する。ゆえに，いろいろの電荷の組み合わせはあるが，どんな弾性散乱でも，全アイソスピン 3/2 と 1/2 に対応する T 行列，T_3 と T_1 で記述される。その係数は，C 項の角運動量の計算と同じように，射影演算子を使ってもよいし，付録 3 でやるように，Clebsch-Gordan 係数を用いても出せる。結果を，表 2・2 にまとめる。

62　　　　　　　　　　　　　　　　　　　　第2章　強い相互作用

　このうちで，実験を行なうことができるのは，陽子による π^+ および π^- の散乱である。中性子による散乱は，重陽子の標的をつくって実験を行ない，陽子による散乱の断面積を引算して得るので，精度はやや悪い。そして，表 2・2 にあるように，陽子の標的による実験と同じことになるので，やる必要がない。

表 2・2　中間子核子散乱のアイソスピン空間
における行列要素

散　乱　過　程	T　行　列
$\pi^++p \to \pi^++p,$　　$\pi^-+n \to \pi^-+n$	T_3
$\pi^-+p \to \pi^-+p,$　　$\pi^++n \to \pi^++n$	$\dfrac{1}{3}(T_3+2T_1)$
$\pi^-+p \rightleftarrows \pi^0+n,$　　$\pi^++n \rightleftarrows \pi^0+p$	$\dfrac{\sqrt{2}}{3}(T_3-T_1)$
$\pi^0+p \to \pi^0+p,$　　$\pi^0+n \to \pi^0+n$	$\dfrac{1}{3}(2T_3+T_1)$

　この表から，もし，全アイソスピンが純粋に 3/2 の状態であれば，$T_1=0$ だから

$$\sigma(\pi^++p \to \pi^++p):\sigma(\pi^-+p \to \pi^-+p):\sigma(\pi^-+p \to \pi^0+n)=9:1:2$$

(2・2・43)

となる。

G．位相のずれ

　π と核子の弾性散乱で，全アイソスピン I と，全角運動量 J, およびパリティ（または軌道角運動量 l としても同等である）にしたがって分類した T 行列を位相のずれであらわす。状態として，$S_{1/2}$, $P_{1/2}$, $P_{3/2}$ だけとって，表 2・3 のようにあらわす。

表 2・3　π 中間子と核子の弾性散乱の位相のずれ。第一のそえ字は $2I$, 第二のそえ字は，$2J$ をあらわす。

I ＼ J	$S_{1/2}$	$P_{1/2}$	$P_{3/2}$
1/2	δ_1	δ_{11}	δ_{13}
3/2	δ_3	δ_{31}	δ_{33}

　低エネルギーでは，断面積は，(2・2・40) により，

$$\sigma \propto q^{4l}$$

一方，(2・2・20) から，

$$\sigma \propto \frac{1}{q^2}\sin^2\delta_l(q)$$

§2・2 球面波展開と，π中間子核子散乱への応用 　　　　　63

このことから，

$$\sin^2 \delta_l(q) \approx \delta_l{}^2(q) \propto q^{4l+2}$$

ゆえに，

$$\delta_l(q) \propto q^{2l+1} \qquad\qquad (2\cdot2\cdot44)$$

を得る。

S 波については，もう少し高いエネルギーまで使える式として

$$q \cot \delta = -\frac{1}{a} + \frac{1}{2} r q^2 + \cdots\cdots \qquad (2\cdot2\cdot45)$$

という展開式がある。a を散乱の長さ（scattering length）r を有効距離（effective range）という。$q=0$ のところでは，

$$\sigma = 4\pi a^2 \qquad\qquad (2\cdot2\cdot46)$$

となる。

位相のずれは，力が引力のときは，正で，斥力のとき負になる。引力のときは，波が引っぱりこまれるから，位相がすすむのである。

H. 共 鳴 公 式

π 中間子と核子の散乱では，いくつかの共鳴状態が見いだされた。一般に，共鳴現象があらわれるような散乱の S 行列は，**共鳴のエネルギー** E_R の付近では，つぎのようにかくことができる。

$$S = e^{2i\delta} = \frac{E - E_R - \dfrac{i\Gamma}{2}}{E - E_R + \dfrac{i\Gamma}{2}} \qquad (2\cdot2\cdot47)$$

これは，ユニタリー性をみたしている。$E = E_R$ では，

$$S = -1 \qquad\qquad (2\cdot2\cdot48)$$

で，位相のズレは，$\delta = \pi/2$ となっている。E は，

$$E = \mu + T \qquad\qquad (2\cdot2\cdot49)$$

とかくことができる。μ は，π 中間子の質量で，T は，その運動エネルギーである。E_R も同じように

$$E_R = \mu + T_R$$

とかくと，T が十分小さいときは，$\Gamma \ll T_R$ ならば，

$$S \approx 1 + i\frac{\Gamma}{T_R} \approx 1 + 2i\delta \qquad (2\cdot2\cdot50)$$

となるから，（2・2・44）から

$$\delta = \frac{\Gamma}{2T_R} \propto q^{2l+1} \qquad (2 \cdot 2 \cdot 51)$$

共鳴幅 Γ は,

$$\frac{\Gamma}{2} = (aq)^{2l+1}\gamma \qquad (2 \cdot 2 \cdot 52)$$

(P 波の場合, 厳密には, $\Gamma/2 = \dfrac{(aq)^3\gamma}{1+(aq)^2}$ である。)

とおくことができる。 a は, 中間子と核子の間の力のはたらく範囲を与える。この式は, 低エネルギーのときは正しいが, 高いエネルギーまで使えるか, どうかわからない。

散乱の断面積は, (2・2・14) から,

$$\sigma^{tot} = \frac{\pi}{q^2}(2l+1)\frac{\Gamma^2}{(E-E_R)^2 + \dfrac{\Gamma^2}{4}} \qquad (2 \cdot 2 \cdot 53)$$

となるが, スピンをきちんと考慮すると, $(2l+1)$ のかわりに $\dfrac{(2J+1)}{2}$ を用いればよい。 $E = E_R$ では,

$$\sigma^{tot}(E_R) = \frac{4\pi}{q^2}(2l+1)$$

で, $E = E_R \pm \dfrac{\Gamma}{2}$ のところでは, q の変化を無視すると,

$$\sigma^{tot}\left(E_R \pm \frac{\Gamma}{2}\right) = \frac{2\pi}{q^2}(2l+1)$$

となるので,

$$\sigma^{tot}\left(E_R \pm \frac{\Gamma}{2}\right) = \frac{1}{2}\sigma^{tot}(E_R) \qquad (2 \cdot 2 \cdot 54)$$

が得られる。

π と核子の第一共鳴では, いろいろのパラメータは, まず, 重心系での共鳴エネルギーは,

$$\left.\begin{array}{l} T_R = 159 \text{ MeV} \\[4pt] \gamma \approx 58 \text{ MeV} \\[4pt] a \approx 0.88 \times (\pi \text{ のコンプトン波長}) \\[4pt] \Gamma = 90 \text{ MeV} \end{array}\right\} \quad (2 \cdot 2 \cdot 55)$$

その他は,

である。

§2・3 π 中間子核子散乱の実験

π 中間子と核子の弾性散乱のうち，実験ができるのは

$$\pi^+ + p \to \pi^+ + p \quad (2\cdot3\cdot1)$$
$$\pi^- + p \to \pi^- + p \quad (2\cdot3\cdot2)$$
$$\pi^- + p \to \pi^0 + n \quad (2\cdot3\cdot3)$$

の三種類の過程である。中性子による散乱は，重陽子 d を標的として実験し，陽子による散乱を差し引くので，実験はむずかしく，精度もおちる。そして，やる必要がない。

A. 全断面積

$\pi^\pm + p$ 衝突の全断面積は，実験室系の運動量 $p^{lab} = 20\,\text{GeV}/c$ くらいまで，測定されている。$\pi^+ + p$ は，うんと低いエネルギーでは，弾性散乱だけで，運動量が高くなるにしたがって，$\pi^+ + p \to 2\pi + N$ とか，$3\pi + N$ その他の過程が大きな確率でおこるようになる。したがって，全断面積と，弾性散乱の全断面積のちがいが大きくなる。一方，$\pi^- + p$ では，はじめから，(2・3・2) と (2・3・3) が共存するので，弾性散乱の断面積は，全断面積にくらべて小さい。

2 GeV/c 以下での特徴は，大きな山がいくつかあることである。これは，**共鳴現象**とよばれる。共鳴の種類は，次項 B にまとめた。

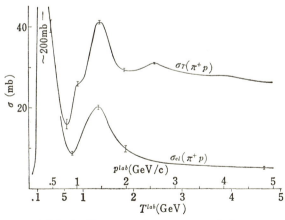

図 2・2 低いエネルギーでの $\pi^+ + p$ 衝突の全断面積と，弾性散乱の断面積

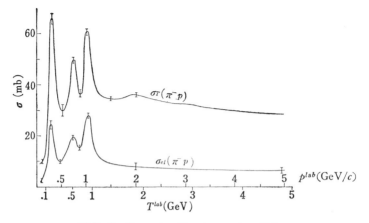

図 2・3 低いエネルギーでの π^-+p 衝突の
全断面積と，弾性散乱の断面積

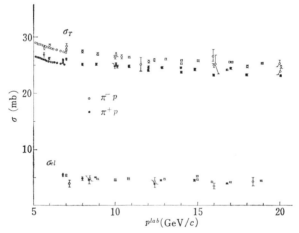

図 2・4 高エネルギーでの $\pi^\pm+p$ の全断面積
と，弾性散乱の断面積

　高いエネルギーでの特徴は，2 GeV/c 以上になると，全断面積は，あまり大きな凸凹はなく，徐々に小さくなっているように見える。そして，どうも，0 でない一定の漸近値に近よっているように思える。また $\sigma^{tot}(\pi^-p)$ と $\sigma^{tot}(\pi^+p)$ の差は，だんだん小さくなっているようである。
　全断面積の実験室系の運動量 p^{lab} による変化を，図 2・2, 2・3, 2・

§2・3　π中間子核子散乱の実験　　67

表 2・4　核 子 の 共 鳴 準 位

共鳴状態	$I(J^P)$ ——=確定	π中間子の運動エネルギーTと運動量p, (ともに実験室系)(GeV)(GeV/c)	質　量 (MeV)	幅 Γ (MeV)
p	$1/2(1/2^+)$		938.3	
n			939.6	
$N(1470)$	$1/2(1/2^+)P_{11}$ ——	$T=0.53$ $p=0.66$	1470	210
$N(1518)$	$1/2(3/2^-)D_{13}$ ——	$T=0.62$ $p=0.75$	1525	115
$N(1550)$	$1/2(1/2^-)S_{11}$ ——	$T=0.66$ $p=0.79$	1550	130
$N(1680)$	$1/2(5/2^-)D_{15}$ ——	$T=0.88$ $p=1.02$	1680	170
$N(1688)$	$1/2(5/2^+)F_{15}$ ——	$T=0.90$ $p=1.03$	1690	130
$N(1710)$	$1/2(1/2^-)S_{11}$ ——	$T=0.94$ $p=1.07$	1710	300
$N(2190)$	$1/2(7/2^-)G_{17}$ ——	$T=1.96$ $p=2.10$	2200	250
$N(2650)$	$1/2(\ ?^-)$ ——	$T=3.12$ $p=3.26$	2650	360
$N(3030)$	$1/2(\ ?\ )$ ——	$T=4.26$ $p=4.40$	3030	400
$\Delta(1236)$	$3/2(3/2^+)P_{33}$ —— $m_0-m_{++}=0.45\pm0.85$	$T=0.195$ $p=0.304$ $m_--m_{++}=7.9\pm6.8$	$(^{++})1236.0\pm0.6$	120 ±2
$\Delta(1640)$	$3/2(1/2^-)S_{31}$ ——	$T=0.81$ $p=0.94$	1640	180
$\Delta(1920)$	$3/2(7/2^+)F_{37}$ ——	$T=1.41$ $p=1.54$	1950	220
$\Delta(2420)$	$3/2(11/2^+)$ ——	$T=2.50$ $p=2.64$	2420	310
$\Delta(2850)$	$3/2(\ ?^+\ )$ ——	$T=3.71$ $p=3.85$	2850	400
$\Delta(3230)$	$3/2(\ ?\ )$ ——	$T=4.94$ $p=5.08$	3230	440

4 に示す。

B. 共 鳴 準 位

入射 π 中間子の運動エネルギーが， 200 MeV のあたりに，まず，大きな山があることに気がつく。その特徴は，山の高さが，

$$\sigma^{tot}(\pi^+p) : \sigma^{tot}(\pi^-p) \approx 200 \text{ mb} : 65 \text{ mb} \approx 3:1 \qquad (2 \cdot 3 \cdot 4)$$

であることである。(2・2・17) と，表 2・2 から，アイソスピンについて，

$$\sigma^{tot}(\pi^+p) : \sigma^{tot}(\pi^-p) = \text{Im } T_3 : \text{Im} \frac{1}{3}(T_3 + 2T_1) \qquad (2 \cdot 3 \cdot 5)$$

であるから， (2・3・4) は，

$$\text{Im } T_1 / \text{Im } T_3 \approx 0 \qquad (2 \cdot 3 \cdot 6)$$

を意味する。実際，第一共鳴のあたりでは， T_3 にくらべて T_1 を無視できるとすると， (2・3・4) および， (2・2・43) が成り立って，実験と一致する。つまり第一共鳴は， $I=3/2$ であることがわかった。

そのつぎの山は， $\pi^- + p$ にのみあらわれるので， $I=1/2$ であることがすぐにわかる。同様にして，共鳴準位のアイソスピンが，かなりの信頼度できまってきた。

つぎに，共鳴状態の角運動量をきめなければならないが，これは，なかなかむつかしい。第一共鳴については，つぎの C 項にあるように，きわめてはっきりと， $P_{3/2}$ 状態であることがわかるけれども，第二共鳴以上になると， π と N の散乱だけではなくて，他のいろいろの過程をもしらべた上で決定する。その結果，共鳴準位の量子数は，表 2・4 のようになる。

表 2・4 で，核子の共鳴準位ということばをつかったが，われわれは， π と N が， N^* という核子の励起状態へ行って，そこから，ふたたび， $\pi + N$ に崩壊すると考える。そのために，核子の共鳴準位というのが適当であろう。

C. 弾性散乱の角分布

図 2・5 に，いろいろのエネルギーでの $\pi^+ + p$ の弾性散乱の微分断面積を示す。まず，うんと低いエネルギーでは，たぶん， S 波がおもな成分で，そのために，角分布は，重心系の散乱角 θ にあまり関係しない。エネルギーが高くなると，後方が高くなる。そして，入射 π^+ の実験室系での運動エネルギーが， 200 MeV あたりでは，だいたい 90° に対して対称で，角分布は $(1+3\cos^2\theta)$ になる。表 2・1 から，この角

§2・3 π中間子核子散乱の実験

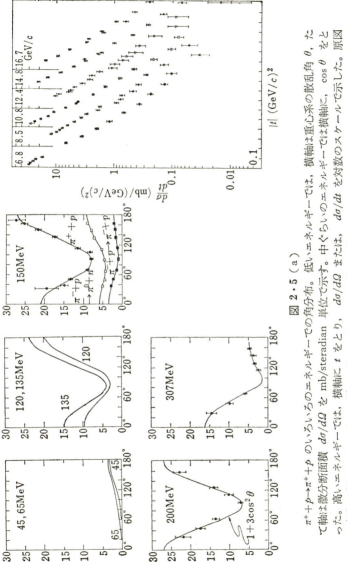

図 2・5 (a)

$\pi^+ + p \to \pi^+ + p$ のいろいろのエネルギーでの角分布。低いエネルギーでは、横軸は重心系の散乱角 θ、たて軸は微分断面積 $d\sigma/d\Omega$ を mb/steradian 単位で示す。中ぐらいのエネルギーでは横軸に、$\cos\theta$ などとった。高いエネルギーでは、横軸に t をとり、$d\sigma/d\Omega$ または、$d\sigma/dt$ を対数のスケールで示した。原図に忠実にするために、あえて統一しなかったので、注意して見てほしい。

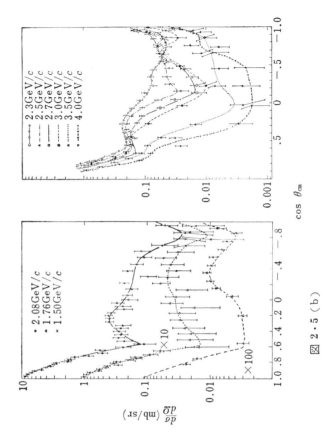
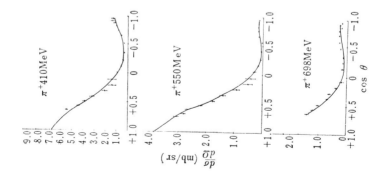

図 2・5 (b)

§2·3 π中間子核子散乱の実験

運動量の状態は, $P_{3/2}$ または, $D_{3/2}$ でなければならない。しかし, D波は, このエネルギーでは, たいしてきかないことが, 他の理由でわかっているので, $P_{3/2}$ であると結論できる。まとめると, 表 2·4 の $\varDelta$ (1236) は, $I=3/2$, $J=3/2$, $P=+1$, (パリティ偶) であることがわかった。

200 MeV をこえると, 今度は, 前方が高くなってくる。このことは, 表 2·1 で, $P_{3/2}$ と $S_{1/2}$ の干渉項が

$$4q^2\frac{d\sigma}{d\Omega}(P_{3/2} \text{ と } S_{1/2} \text{ の干渉項})=4\cos\theta\,\mathrm{Re}\,\{T^*(S_{1/2})T(P_{3/2})\}$$

$$=16\cos\theta\,\sin\delta_3\,\sin\delta_{33}\,\cos(\delta_3-\delta_{33}) \quad (2\cdot3\cdot7)$$

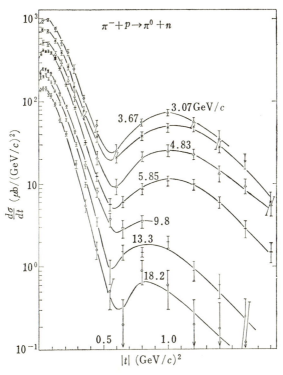

図 2·6 高エネルギーでの $\pi^-+p\to\pi^0+n$ の角分布。
数字 3.07, 3.67 等は, 入射 π^- の実験室系での運動量で GeV/c の単位ではかった。

であるから，δ_{33} が $90°$ をこえて増加し，δ_3 が負で小さいとき，(2·3·7) の $\cos\theta$ の係数は，負から，正に変わる．したがって，(2·3·7) は，δ_{33} が $90°$ をこえる手前では，前方を低くし，後方を高くする．δ_{33} が $90°$ をこえると，この項は，逆に，前方を高くし，後方を低くする．実験の角分布は，200 MeV のあたりで，δ_{33} が $90°$ をこえて増加することを示している．

エネルギーがさらに高くなると，前方にするどい山があらわれる．これは，いわゆる影散乱で，光の回折現象と同じようなものであると考える．このことについては，2·6節にくわしく述べる．そして，数 GeV/c までは，影散乱の山のほかに，大きな角度のところで，いくつかの山があり，$180°$ でふたたび，山がある．エネルギーがさらに高くなると，影散乱以外の山は，だんだんとわかりにくくなるが，凸凹が本当になくなるかどうかは，大きな角度の実験がないのであまりはっきりしない．

一方，高エネルギーでの $\pi^-+p\to\pi^0+n$ の角分布を，図 2·6 に示す．これを見ると，高エネルギーになっても，第二の山があることがわかる．大きな加速器による実験が，どんどんふえているので，高エネルギーでの素粒子の相互作用は，今後の最大の問題点になろう．

最後に，表 2·4 の共鳴が，π^-+p の弾性散乱の，$180°$ での微分断面積に及ぼす影響を，図 2·7 に示す．なぜ核子の共鳴が，後方の断面積に寄与するか

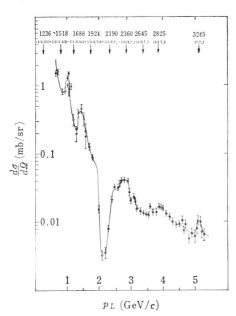

図 2·7　高エネルギーでの $\pi^-+p\to\pi^-+p$ の $180°$ の微分断面積．入射 π^- の実験室系での運動量による断面積の変化を示す．凸凹は上に記した共鳴準位の影響を示す．

§2·3 π中間子核子散乱の実験

は，非常に興味のある問題である。

D. 核子の偏り

一般に，標的の陽子は，スピンが上向きのものと下向きのものは同数ふくまれていて，平均すると，特定の方向をもっていない。そういう標的に，$\pi^{\pm}$ をあてて弾性散乱をおこしたとき，出て行く核子は，一般には散乱の平面に垂直の方向に偏っている。そのことは，2·2節のD項をみればわかる。その測定の仕方は，後の核力の節（2·9節）に述べる。$\pi^{\pm}+p$ の弾性散乱でとび出す陽子の偏りは，かなり低いエネルギーから，かなり高いエネルギーまで，測られた。

一方，標的の陽子のスピンの向きを一定にすること，すなわち，**偏った陽子のまとを作る**ことも工夫されている。一番理想的なことは，スピンのそろった固体水素をつくればよいが，1/100°K 以下の温度や，10万ガウス以上の磁場を必要とするので，まだ実現していない。今使用できるのは，$La_2Mg_3(NO_3)_{12}·24H_2O$ という錯塩の結晶水の中の H のスピンの向きを一定にした標的である。これによって，10 GeV/c 以上までの $\pi^{\pm}+p$ の散乱の実験が行なわれた。はじめの核子が偏っている場合の散乱と，終りの核子の偏りをはかることの間には，簡単な関係があって，得られる知識は同じであることがわかる。偏りの問題に関する実験値は，必要があれば，文献でしらべることができる。

E. 散乱振幅の実部と虚部

高エネルギーでの，$\pi^{\pm}+p$ の弾性散乱の微分断面積は，前方では，回折現象がおこっていることを示す。ところで，その場合，2·6節に述べるように，散乱振幅が純虚数であると考えると都合がよい。これがはたして正しいか，どうかをしらべるために，$\pi^{\pm}$ と p の間にはたらく，クーロ

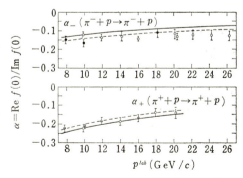

図 2·8　$\pi^{\pm}+p \to \pi^{\pm}+p$ の最前方での，散乱振幅の実数部と虚数部の比と，その入射運動量による変化。実線と点線は理論値。

ン力と，強い相互作用の干渉をしらべる。クーロン力による散乱は，きわめてよくわかっていて，うんと前方では，強い相互作用より大きな役割をはたし，角度がほんの少し増加すると，急に影響が小さくなる。二つの種類の相互作用が同程度になる角度で，角分布をしらべると，強い相互作用による散乱振幅が，純虚数でよいか，どうかわかる。結果を図2・8に示した。すなわち，散乱振幅は純虚数ではなくて，20% 程度の実部をともなうことがわかった。このことについては，2・5 節に述べる分散式で，しらべられているが，本書では述べない。

§2・4　π 中間子核子の散乱の理論

量子電磁力学では，摂動の高次の計算を行なって，でてくる無限大を，くりこみ理論で処理することによって，実験を定量的に説明することができた。その適用限界は，くりこみ理論が生まれた当時予想されたよりも，はるかに広くて，実験で何か問題が出て来ても，修正されるのは実験のほうで，そのたびに理論の正しさが一段とたしかめられている。無限大をくりこみという手段で分離はしたが，最終的には，無限大など出るはずはないので，問題は全部解決したわけではないが，量子電磁力学は，十分の予言能力をもち，最高度に信頼できる形になっている。

ところが，中間子と核子の相互作用については，摂動計算は，高次の補正をとり入れても，定量的説明どころか，定性的にさえ現象を説明できないことがわかった。だから，何か，摂動とちがったことを考えねばならない。第一共鳴の付近では，Chew-Low 理論がいちおう信頼できるけれども，量子電磁力学の体系とくらべると，うんと低い段階までしか行っていない。それ以外のところでは，信頼できる理論というのは，ほとんどないといっても，いいすぎではあるまい。ここでは，Chew-Low 理論にいたる物語をする。Chew-Low 理論そのものは，場の理論にもとづいた準備が必要であるから，考え方を，うんと単純化して，アウトラインを述べるだけにする。

A．相互作用ハミルトニアンの静的近似

π 中間子と核子の相互作用ハミルトニアンは，π がギスカラー粒子であるので，

§2・4 π中間子核子の散乱の理論　　　　　　　　　　75

$$H_{PS} = ig\bar{N}\gamma_5\tau_\alpha N\pi_\alpha \qquad (2\cdot4\cdot1)$$

または,

$$H_{PV} = i\frac{f}{\mu}\bar{N}\gamma_5\gamma_\mu\tau_\alpha N\frac{\partial\pi_\alpha}{\partial x_\mu} \qquad (2\cdot4\cdot2)$$

で与えられる。 μ は中間子の質量である。 二次以上の微分を含むもの
は, 考えないことにする。

　ところで, 核子は, π 中間子の 6.72 倍の重さがあるので, 比較的
低いエネルギーの π 中間子を放出したり吸収したりしても, 核子はあ
まり反動を受けないであろう。だから, 第一近似として, 核子は静止し
ていると仮定する。 当然, 核子がそのまわりにもっている, π 中間子
の雲も, 高いエネルギーはもたないと考える。また, 核子と反核子の対
発生などは全然おこらないものと仮定する。

　(2・4・1)で, 付録2を参照すると,

$$\gamma_5 = \begin{pmatrix} 0 & -1 \\ -1 & 0 \end{pmatrix}, \quad i\gamma_5\gamma_k = \begin{pmatrix} 1 & 0 \\ 0 & -1 \end{pmatrix}\sigma_k, \quad i\gamma_5\gamma_4 = \begin{pmatrix} 0 & i \\ -i & 0 \end{pmatrix}$$

$$(2\cdot4\cdot3)$$

また, 核子の波動関数は, 規格化因子を別にすると,

$$N = \begin{pmatrix} \chi \\ \dfrac{\sigma p}{E+m}\chi \end{pmatrix} \qquad (2\cdot4\cdot4)$$

ここで, p は核子の運動量, E は核子の静止質量 m をふくむ全エネ
ルギーである。 χ は, 核子のスピンをあらわし, スピンの向き, 上お
よび下にしたがって,

$$\chi = \begin{pmatrix} 1 \\ 0 \end{pmatrix} \quad または \quad \chi = \begin{pmatrix} 0 \\ 1 \end{pmatrix} \qquad (2\cdot4\cdot5)$$

をとる。そうすると, (2・4・1) および, (2・4・2) は, p が m に対し
て十分小さいという近似では

$$H_{PS} \approx \frac{g}{2m}i\tau_\alpha\sigma\cdot q\pi_\alpha \qquad (2\cdot4\cdot6)$$

および

$$H_{PV} \approx \frac{f}{\mu}i\tau_\alpha\sigma\cdot q\pi_\alpha \qquad (2\cdot4\cdot7)$$

となってしまう。ただし, q は, π 中間子の運動量である。 H_{PS} と
H_{PV} は, この近似では, 結合定数のかき方がちがうだけで, まったく

同じである。もっとくわしくしらべると，(2・4・1) と (2・4・2) とで，ちがいが出て来る場合はあるけれども，多くの場合に同じ答を与えることがわかる。ここで

$$f = \frac{\mu}{2m} g \qquad (2 \cdot 4 \cdot 8)$$

とおくと，(2・4・6) と (2・4・7) はまったく同じである。(2・4・6)，(2・4・7) はつぎのようにかいてもよい。

$$H = \frac{g}{2m} \tau_\alpha \boldsymbol{\sigma} \cdot \nabla \pi_\alpha \qquad (2 \cdot 4 \cdot 9)$$

これを，静的近似での相互作用ハミルトニアンという。このハミルトニアンによって相互作用のおこる π 中間子は，S 波ではありえない。π はギスカラーであるから，パリティ保存則から，P 波でなければならない。

B. π 中間子核子散乱の Born 近似

まず摂動の最低次で π と N の散乱を計算してみよう。図であらわすと，図 2・9，(a)，(b) の二つが，散乱に寄与する。行列要素は，

$$T_{fi} = \sum_a \frac{H_{fa} H_{ai}}{E_i - E_a} \qquad (2 \cdot 4 \cdot 10)$$

で与えられる。ここで，i は，はじめの状態，f は終わりの状態，a は中間状態をあらわす。H は，相互作用ハミルトニアンで，静的近似では，(2・4・7) を用いることにする。弾性散乱では，q と q' は，方向はちがうが大きさは同じである。エネルギーの原点を，核子の静止質量にとると，エネルギー E は，核子がうごかない近似では，

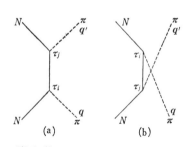

図 2・9　$\pi + N \to \pi + N$ の摂動の最低次に寄与する図

$$E_i = E_f = \omega = \sqrt{q^2 + \mu^2} \qquad (2 \cdot 4 \cdot 11)$$

中間状態では，図 (a) については，中間子が一つもないから

$$E_a^{(a)} = 0$$

一方，図 (b) については，中間子が二つあるから，

§2·4 π中間子核子の散乱の理論 77

$$E_a^{(b)} = 2\omega$$

となる。ゆえに，行列要素，$T_{fi}^{(a)}$ および，$T_{fi}^{(b)}$ は，それぞれ

$$T_{fi}^{(a)} = \left(\frac{f}{\mu}\right)^2 \frac{\boldsymbol{\sigma}\cdot\boldsymbol{q}'\,\boldsymbol{\sigma}\cdot\boldsymbol{q}\,\tau_j\tau_i}{\omega} \qquad (2\cdot4\cdot12)$$

$$T_{fi}^{(b)} = \left(\frac{f}{\mu}\right)^2 \frac{\boldsymbol{\sigma}\cdot\boldsymbol{q}\,\boldsymbol{\sigma}\cdot\boldsymbol{q}'\,\tau_i\tau_j}{-\omega} \qquad (2\cdot4\cdot13)$$

合計すると

$$T_{fi} = \left(\frac{f}{\mu}\right)^2 \frac{1}{\omega}[\boldsymbol{\sigma}\cdot\boldsymbol{q}'\,\boldsymbol{\sigma}\cdot\boldsymbol{q}\,\tau_j\tau_i - \boldsymbol{\sigma}\cdot\boldsymbol{q}\,\boldsymbol{\sigma}\cdot\boldsymbol{q}'\,\tau_i\tau_j] \qquad (2\cdot4\cdot14)$$

となる。

この式の内容をよく理解するために，つぎの行列を考える。

$$Q_{ij} = \tau_j\tau_i = \begin{pmatrix} \tau_1\tau_1 & \tau_2\tau_1 & \tau_3\tau_1 \\ \tau_1\tau_2 & \tau_2\tau_2 & \tau_3\tau_2 \\ \tau_1\tau_3 & \tau_2\tau_3 & \tau_3\tau_3 \end{pmatrix} \qquad (2\cdot4\cdot15)$$

τ の性質をつかって

$$Q = \begin{pmatrix} 1 & -i\tau_3 & i\tau_2 \\ i\tau_3 & 1 & -i\tau_1 \\ -i\tau_2 & i\tau_1 & 1 \end{pmatrix} = 1 - \boldsymbol{\tau}\cdot\boldsymbol{\theta} \qquad (2\cdot4\cdot16)$$

ここで

$$\theta_1 = \begin{pmatrix} 0 & 0 & 0 \\ 0 & 0 & i \\ 0 & -i & 0 \end{pmatrix}, \quad \theta_2 = \begin{pmatrix} 0 & 0 & -i \\ 0 & 0 & 0 \\ i & 0 & 0 \end{pmatrix}, \quad \theta_3 = \begin{pmatrix} 0 & i & 0 \\ -i & 0 & 0 \\ 0 & 0 & 0 \end{pmatrix} \qquad (2\cdot4\cdot17)$$

と定義した。この θ は，固有値，$+1$，0，-1 をもつので，これを π 中間子のアイソスピン演算子と考える。そうすると，核子と π 中間子の系の全アイソスピンは

$$\boldsymbol{I} = \frac{1}{2}\boldsymbol{\tau} + \boldsymbol{\theta} \qquad (2\cdot4\cdot18)$$

で与えられ，角運動量と同じようにして，

$$\boldsymbol{I}^2 = I(I+1) = \frac{3}{4} + 2 + \boldsymbol{\tau}\cdot\boldsymbol{\theta}$$

となる。$I = 1/2$ および $3/2$ に対して，

$$I = 1/2 \text{ のとき，} \quad \boldsymbol{\tau}\cdot\boldsymbol{\theta} = -2 \qquad (2\cdot4\cdot19)$$

$$I = 3/2 \text{ のとき，} \quad \boldsymbol{\tau}\cdot\boldsymbol{\theta} = 1 \qquad (2\cdot4\cdot20)$$

このことを考慮すると

$$QΨ(3/2)=0$$
$$QΨ(1/2)=3$$

(2·4·21)

したがって, $I=1/2$ の状態の射影演算子として

$$P_{2I=1}=\frac{1}{3}τ_jτ_t$$

(2·4·22)

が得られた。したがって, $I=3/2$ の射影演算子は

$$P_{2I=3}=δ_{jt}-\frac{1}{3}τ_jτ_t$$

(2·4·23)

である。同様にして, $J=1/2$ および $3/2$ の射影演算子は,

$$P_{2J=1}=\frac{1}{3}σ_jσ_t$$
$$P_{2J=3}=δ_{jt}-\frac{1}{3}σ_jσ_t$$

(2·4·24)

で与えられる。これでは, (2·4·14) には使いにくいので, われわれは,

$$P_{2J=1}=\frac{1}{q^2}\boldsymbol{σ}\cdot\boldsymbol{q}'\boldsymbol{σ}\cdot\boldsymbol{q}$$

(2·4·25)

$$P_{2J=3}=\frac{1}{q^2}(3\boldsymbol{q}'\cdot\boldsymbol{q}-\boldsymbol{σ}\cdot\boldsymbol{q}'\boldsymbol{σ}\cdot\boldsymbol{q})$$

(2·4·26)

という形のものをとることにする。アイソスピンと, 角運動量をあわせると, すべての状態の射影演算子は

$$P_{11}=\frac{1}{3q^2}τ_jτ_t\boldsymbol{σ}\cdot\boldsymbol{q}'\boldsymbol{σ}\cdot\boldsymbol{q},$$
$$P_{13}=\frac{1}{3q^2}τ_jτ_t(3\boldsymbol{q}'\cdot\boldsymbol{q}-\boldsymbol{σ}\cdot\boldsymbol{q}'\boldsymbol{σ}\cdot\boldsymbol{q}),$$
$$P_{31}=\frac{1}{q^2}\Big(δ_{jt}-\frac{1}{3}τ_jτ_t\Big)\boldsymbol{σ}\cdot\boldsymbol{q}'\boldsymbol{σ}\cdot\boldsymbol{q},$$
$$P_{33}=\frac{1}{q^2}\Big(δ_{jt}-\frac{1}{3}τ_jτ_t\Big)(3\boldsymbol{q}'\cdot\boldsymbol{q}-\boldsymbol{σ}\cdot\boldsymbol{q}'\boldsymbol{σ}\cdot\boldsymbol{q})$$

(2·4·27)

できまる。

行列要素 (2·4·14) を, この射影演算子をつかって展開すると,

$$T_{ft}=\Big(\frac{f}{μ}\Big)^2\frac{q^2}{ω}\Big[\frac{8}{3}P_{11}+\frac{2}{3}P_{13}+\frac{2}{3}P_{31}-\frac{4}{3}P_{33}\Big]$$

(2·4·28)

となり, この T_{ft} と微分断面積の関係式, (1·8·24) と, 表 2·1, (2·2·32) および, (2·2·19) を比較することによって, たとえば $δ_{11}$ は,

§2・4 π中間子核子の散乱の理論　　　　　　　　　　　　79

$$\frac{\sin \delta_{11} e^{i\delta_{11}}}{q^3} = -\frac{8}{3}\frac{f^2}{4\pi}\frac{1}{\mu^2 \omega} \qquad (2\cdot4\cdot29)$$

を得る．　δ_{11} が小さいとすると，これは

$$\delta_{11} < 0 \qquad (2\cdot4\cdot30)$$

で，11，13，31 状態は，　π と N の間の力はすべて斥力であることが
わかる．一方，33 状態だけが引力である．これだけのことから，まず，
33 状態以外には，共鳴がありえないことがわかる．このことは，Chew-
Low 理論できちんと計算しても同じ結論を得る．

　（2・4・29）は矛盾をふくむ式である．左辺の絶対値は，　q が一定のと
き，　$1/q^3$ をこえることはないが，右辺の絶対値は，　f が大きくなる
と，いくらでも大きくなる．これは，Born 近似が，S 行列のユニタリ
ー性をやぶるからであって，Born 近似が矛盾をもっていることを明白
に示している．

　また，（2・4・28）から散乱断面積を計算して，実験と比較すると，計
算値が大きすぎて，全然合わない．したがって，摂動にかわる新しい理
論が必要になってきた．

C. Chew-Low 理 論

　摂動の高次の項は，無数にたくさんあるけれども，全部を計算するこ
とはできない．量子電磁力学では，　e に関する展開で，最低次のもの
で実験を説明できないときは，そのつぎの近似をすれば，定量的一致を
みた．ところが，　π と N の弾性散乱については，　f^2 で全然合わない
ので，f^4 を計算すると，それでもだめである．（実際には，（2・4・1）
をつかって，　g^4 まで計算した結果がある．）そこで，結合定数で展開し
て，ある次数のところまで計算することはやめて，大きな寄与をしそう
なものばかりを集めることを考えてみよう．

　図 2・9 が摂動の最低次を与えるが，それのくりかえしとして，図
2・10 を考えよう．それを，摂動論で計算すると

$$T_{fi} = \sum_{a,b,\dots,n} \frac{H_{fa} H_{ab} \cdots H_{ni}}{(E_i - E_a)(E_i - E_b)\cdots(E_i - E_n)} \qquad (2\cdot4\cdot31)$$

の形にかける．このうち，大きな寄与をするものは，分母が 0 になる可
能性のあるもので，$E_i = E_a$，E_b，$\cdots$，E_n となりうる図2・10のような
ものであろう．場の理論にもとづいた厳密な議論をすると，　π と N の
散乱の T 行列を計算する基礎方程式は，つぎにかく Low 方程式である．

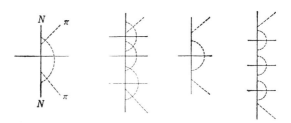

図 2・10 π と N の弾性散乱の摂動の高次の図の例。ここでは、とくに、大きな寄与をするものを選んだ。横に引いた線は、そこで、(2・4・31) の分母が 0 になる場所を示す。

$$T_{fi} = -\sum_n \left[\frac{T_{ni}^* T_{nf}}{E_n + \omega} + \frac{T_{nf}^* T_{ni}}{E_n - \omega - i\varepsilon} \right] \quad (2 \cdot 4 \cdot 32)$$

ここで、n は中間状態で、可能なすべての n について和をとらねばならぬ。ここで、第二項の分母は、図 2・10 に示すような、分母が 0 になる場合をふくむために、$i\varepsilon$ という小さい虚部をつけて、

$$\frac{1}{E_n - \omega - i\varepsilon} = P \frac{1}{E_n - \omega} + i\pi \delta(E_n - \omega) \quad (2 \cdot 4 \cdot 33)$$

という演算を行なう。ところで、すべての n をとることは不可能だから、(2・4・32) で、n として、中間状態に中間子を一つもふくまないものと、一つだけふくむものに限ることにする。中間子が一つもないのは、まさに、Born 近似そのもので、したがって、静的近似では

$$T_{fi} = B_{fi} - \sum_k \left[\frac{T_{ki}^* T_{kf}}{\omega_k + \omega} + \frac{T_{kf}^* T_{ki}}{\omega_k - \omega - i\varepsilon} \right] \quad (2 \cdot 4 \cdot 34)$$

となる。k は中間状態の中間子の運動量とする。このうち、$1/(\omega_k + \omega)$ をふくむ項は、分母が 0 にならないので、最後の項にくらべて小さいであろう。したがってその項をおとすと

$$T_{fi} = B_{fi} - \sum_k \frac{T_{kf}^* T_{ki}}{\omega_k - \omega - i\varepsilon} \quad (2 \cdot 4 \cdot 35)$$

この最後の項は、中間の π 中間子の運動量に関する積分をふくむので、(2・4・35) は T_{fi} に関する、非線型積分方程式になる。これは、とてもとけないので、T_{ki} を Born 近似 B_{ki} でおきかえ、しかも、T_{ki} の中では、k の値を、一番よくきくところの値、すなわち、$k=q$ でおきかえてしまう。つまり、(2・4・35) を

§2・4 π中間子核子の散乱の理論

$$T_{fi} = B_{fi} - B_{fi} T_{fi} \sum_k \frac{f(\omega_k)}{\omega_k - \omega - i\varepsilon} \quad (2\cdot4\cdot36)$$

という代数方程式にして，T_{fi} を求める。ここで $f(\omega_k)$ は，いろいろ乱暴な近似をしたときに，調整を行なうが，そのために導入した関数である。このみちすじを図 2・11 に示す。

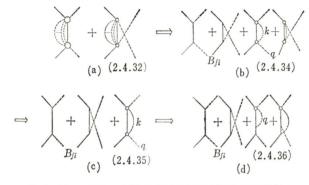

図 2・11 $\pi+N \to \pi+N$ の T 行列の計算における近似のやり方。（a）では，厳密な Low 方程式 (2・4・32) の考え方を示す。中間状態に，π 中間子が一つもないのが，Born 項 B_{fi} で，中間状態の中間子が一個あるのが，（b）の右側の二つの図である。その右端の図はきかないので，それを無視したのが（c）図である。（c）で下半分の q から k になる散乱の行列要素をBorn 近似でおきかえ，k が q に等しいところだけとった式 (2・4・36) を（d）に示した。

(2・4・36) から，T_{fi} をとくと，

$$T_{fi} = \frac{B_{fi}}{1 + B_{fi} \sum_k \frac{f(\omega_k)}{\omega_k - \omega - i\varepsilon}} \quad (2\cdot4\cdot37)$$

の解が得られる。これをきちんと計算すると，33 状態でのみ共鳴がおこり，δ_{33} が，$\pi/2$ をこえて増加することがわかる。$\sum_k$ は，k に関する積分になり，正直にやると発散するので，$0 \to \infty$ の積分を，$0 \to k_{max}$ までの積分におきかえる。これを切断法という。そうすると，第一共鳴の少し上のエネルギーのあたりまで，実験とよく一致する答を出しうる。計算のくわしいことは，Chew-Low の原論文を参照されたい。

第一共鳴の付近では，Chew-Low 理論で，何とか，実験を説明する

ことはできるが，同じような論法では，第二共鳴以上は，まったく説明ができない．また，K と N の散乱に対しても，まったく無力で，それらに対しては，われわれは，理論的説明をする能力をもっていない．

§2·5 分 散 公 式

A. Kramers-Kronig の分散公式

世の中には，Cauchy の定理なるものがあって，$f(\omega)$ というある関数が，ω の複素平面の上半面で正則で，$|\omega|\to\infty$ のとき，おとなしくふるまうならば，

$$f(\omega+i\varepsilon)=\frac{1}{2\pi i}\int_{-\infty}^{\infty}\frac{f(\omega')}{\omega'-\omega-i\varepsilon}d\omega' \qquad (2\cdot5\cdot1)$$

とかくことができる．ここで，われわれは，Cauchy の定理を図 2·12 のような閉曲線について適用した．ここで，ε は無限小の正の量である．さらに，

$$\frac{1}{\omega'-\omega-i\varepsilon}=P\frac{1}{\omega'-\omega}+i\pi\delta(\omega'-\omega) \qquad (2\cdot5\cdot2)$$

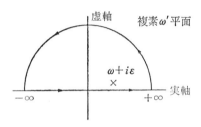

図 2·12 複素 ω' 平面上での，積分 (2·5·1) を出すための閉曲線

をつかって，(2·5·1) を実数部と虚数部にわけると，

$$\begin{aligned}\operatorname{Re}f(\omega)&=\frac{1}{\pi}P\int_{-\infty}^{+\infty}\frac{\operatorname{Im}f(\omega')}{\omega'-\omega}d\omega'\\ \operatorname{Im}f(\omega)&=-\frac{1}{\pi}P\int_{-\infty}^{+\infty}\frac{\operatorname{Re}f(\omega')}{\omega'-\omega}d\omega'\end{aligned} \qquad (2\cdot5\cdot3)$$

ここまでは，数学だけの問題で，物理の概念は，どこにも入っていない．

いま，$f(\omega)$ を，光の物質による弾性散乱の前方での散乱振幅にとる．すなわち，$f(\theta)$ で $\theta=0$ としたものである．ω は，光の振動数である．その実部と虚部を

$$\begin{aligned}\operatorname{Re}f(\omega)&=d(\omega)\\ \operatorname{Im}f(\omega)&=a(\omega)\end{aligned} \qquad (2\cdot5\cdot4)$$

とかいて，$d(\omega)$ を分散部分，$a(\omega)$ を吸収部分とよぶことがある．こ

§2・5 分 散 公 式　　　　　　　　　　　　　　　83

れを，（2・5・3）に適用するのだが，そのときに物理の概念として，因
果律ということを使う。$f(\omega)$ を時間でフーリエ展開すると

$$f(\omega)=\int_{-\infty}^{+\infty}g(t)e^{i\omega t}dt \qquad (2\cdot5\cdot5)$$

になるが，光がまとにとどくまでは，散乱がおこるはずはない の で，
$t=0$ を光がまとにとどいた時間とすると，

$$
\begin{aligned}
g(t)&=0 \qquad t<0\\
g(t)&\neq0 \qquad t>0
\end{aligned} \qquad (2\cdot5\cdot6)
$$

となるはずである。ゆえに，（2・5・5）は実は，

$$f(\omega)=\int_0^{\infty}g(t)e^{i\omega t}dt \qquad (2\cdot5\cdot7)$$

となる。$g(t)$ は電磁場に関する量で，実数にとれるので

$$
\begin{aligned}
d(\omega)&=\int_0^{\infty}g(t)\cos\omega t dt\\
a(\omega)&=\int_0^{\infty}g(t)\sin\omega t dt
\end{aligned} \qquad (2\cdot5\cdot8)
$$

で与えられる。そうすると，当然

$$
\begin{aligned}
d(-\omega)&=d(\omega)\\
a(-\omega)&=-a(\omega)
\end{aligned} \qquad (2\cdot5\cdot9)
$$

したがって，

$$f(-\omega)=f^*(\omega) \qquad (2\cdot5\cdot10)$$

をみたす。

さて，（2・5・3）から，

$$
\begin{aligned}
d(\omega)&=\frac{1}{\pi}P\int_{-\infty}^{\infty}\frac{a(\omega')}{\omega'-\omega}d\omega'=\frac{1}{\pi}P\int_0^{\infty}\left\{\frac{a(\omega')}{\omega'-\omega}+\frac{a(\omega')}{\omega'+\omega}\right\}d\omega'\\
&=\frac{2}{\pi}P\int_0^{\infty}\frac{a(\omega')\omega'}{\omega'^2-\omega^2}d\omega'
\end{aligned} \qquad (2\cdot5\cdot11)
$$

$a(\omega)$ は，2・2 節 B 項，（2・2・17）の光学定理により，

$$\sigma(\omega)=\frac{4\pi}{\omega}a(\omega)$$

によって，全断面積 σ に関係している。したがって，σ がわかれば，
a がわかり，分散公式（2・5・11）をつかうと，d もわかってしまう。
そして，前方散乱の微分断面積がわかる。

こういう考え方は，最初，Kramers と Kronig が光学の場合に，見

いだした。物質による光の前方散乱振幅の虚数部は吸収率 α に関係し，実数部は屈折率 n に関係する。適当な量 N を導入すると，

$$\left.\begin{aligned} n &= 1 + \frac{2\pi d}{\omega^2} N \\ \alpha &= \frac{4\pi a}{\omega} N \end{aligned}\right\} \quad (2\cdot5\cdot12)$$

(2・5・11) で $d(\omega)-d(0)$ という量をつくると，

$$d(\omega)-d(0) = \frac{2\omega^2}{\pi} P \int_0^\infty \frac{a(\omega')}{\omega'(\omega'^2-\omega^2)} d\omega' \quad (2\cdot5\cdot13)$$

これを，n と α でかきかえると

$$n(\omega) = 1 + \frac{1}{\pi} P \int_0^\infty \frac{\alpha(\omega')}{\omega'^2 - \omega^2} d\omega' \quad (2\cdot5\cdot14)$$

という **Kramers-Kronig** の**分散公式**を得る。

B. π と N の弾性散乱への応用

$\pi^+ + p$ と $\pi^- + p$ の弾性散乱の前方散乱振幅をそれぞれ

$$\left.\begin{aligned} F_+(\omega) &= D_+(\omega) + i A_+(\omega) \\ F_-(\omega) &= D_-(\omega) + i A_-(\omega) \end{aligned}\right\} \quad (2\cdot5\cdot15)$$

とする。D と A は，それぞれ，(2・5・4) に対応している。これらを組み合わせて，

$$\left.\begin{aligned} F_E(\omega) &= \frac{1}{2}(F_-(\omega) + F_+(\omega)) \\ F_0(\omega) &= \frac{1}{2}(F_-(\omega) - F_+(\omega)) \end{aligned}\right\} \quad (2\cdot5\cdot16)$$

という量をつくる。

光の散乱のときは，散乱振幅に対して，(2・5・10) という関係式があった。π 中間子と核子の散乱については，

$$\left.\begin{aligned} F_+(-\omega) &= F_-{}^*(\omega) \\ F_-(-\omega) &= F_+{}^*(\omega) \end{aligned}\right\} \quad (2\cdot5\cdot17)$$

が成り立つ。この性質を**交叉関係** (crossing symmetry) という。この証明はここでは行なわないが，図 2・13 のように，エネルギーが ω の π^- の波動関数で，ω を $-\omega$ とおきかえる

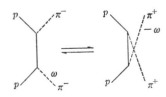

図 2・13　摂動の最低次で，互いに交叉関係にあるダイアグラム

§ 2・5 分 散 公 式　　　　　　　　　　　　　　85

と，π^- 中間子をけす演算子が，エネルギー $-\omega$ の π^+ 中間子をつくる演算子と解釈できることから，（2・5・17）という関係式は成立するものと予想される。（2・5・17）から，（2・5・9）と同様に

$$\left.\begin{array}{l} D_+(-\omega)=D_-(\omega) \\ A_+(-\omega)=-A_-(\omega) \end{array}\right\} \quad (2\cdot5\cdot18)$$

を得る。また，（2・5・16）から，

$$\left.\begin{array}{l} F_E(-\omega)=F_E{}^*(\omega) \\ F_0(-\omega)=-F_0{}^*(\omega) \end{array}\right\} \quad (2\cdot5\cdot19)$$

であることから，これを，（2・5・11）のように分散公式にのせることができる。

$$D_E(\omega)=\frac{2}{\pi}P\int_0^\infty \frac{\omega' A_E(\omega')}{\omega'^2-\omega^2}d\omega' \qquad (2\cdot5\cdot20)$$

$$D_0(\omega)=\frac{2\omega}{\pi}P\int_0^\infty \frac{A_0(\omega')}{\omega'^2-\omega^2}d\omega' \qquad (2\cdot5\cdot21)$$

（2・5・20）は，（2・5・21）とくらべると，分子に ω' があるので，積分の収束がよくない。それで，つぎのように引き算をする，

$$D_E(\omega)-D_E(\mu)=\frac{2}{\pi}P\int_0^\infty \omega' A_E(\omega')\left\{\frac{1}{\omega'^2-\omega^2}-\frac{1}{\omega'^2-\mu^2}\right\}d\omega'$$

ここで，$\omega'^2-\mu^2=q'^2$，$\omega^2-\mu^2=q^2$ という関係を用いると

$$D_E(\omega)-D_E(\mu)=\frac{2q^2}{\pi}P\int_0^\infty \frac{\omega' A_E(\omega')}{q'^2(\omega'^2-\omega^2)}d\omega' \qquad (2\cdot5\cdot22)$$

これは，明らかに，（2・5・20）より積分の収束がよい。

　ここで，非常にめんどうな問題が出て来る。それは，積分の範囲は 0 から ∞ までであるのに，物理的に意味のあるのは，$\omega=\mu$ から ∞ までであることである。これを，**物理的領域**といい，$\omega=0$ から μ までを，**非物理的領域**という。物理的領域では，光学定理（2・2・17）により

$$A_\pm(\omega)=\frac{q}{4\pi}\sigma_\pm(\omega) \qquad \omega\geqq\mu \qquad (2\cdot5\cdot23)$$

がつかえる。そして，（2・5・21），（2・5・22）の積分の中の $A(\omega)$ を，全断面積 $\sigma_\pm(\omega)$ でおきかえることができる。そこで全断面積の実験値をつかえば，物理的領域については，右辺の積分計算が可能になる。

　非物理的領域では，別の考察が必要である。2・4 節 B 項では，静的近似で，π と核子の散乱を Born 近似で計算した。ここでは，相対論

的な理論をつかって，Born 近似で散乱振幅を計算し，それで非物理的領域の様子をしらべることにする。図 2・9（76 ページ）において，π^- と p の弾性散乱には，（a）だけが寄与する。p の 4 次元運動量を p_μ，π^- のほうを q_μ とすると，Feynman-Dyson の計算法によって，この散乱振幅 F_- は，

$$F_- = 2\frac{g^2}{4\pi}\bar{p}(p')\pi^*(q')\gamma_5\frac{-i\gamma(p+q)+m}{(p+q)^2+m^2}\gamma_5 p(p)\pi(q)$$

$$= 2\frac{g^2}{4\pi}\bar{p}(p')\pi^*(q')\frac{i\gamma q}{2pq-\mu^2}p(p)\pi(q) \qquad (2\cdot5\cdot24)$$

ここで，p' および q' は，p と π^- の散乱後の 4 次元運動量で，相互作用は，$(2\cdot4\cdot1)$ の PS 型をえらんだ。$(2\cdot5\cdot24)$ を計算する場合に，運動方程式

$$\left.\begin{array}{c}(i\gamma p+m)p(p)=0\\(p^2+m^2)p(p)=0\\(q^2+\mu^2)\pi(q)=0\end{array}\right\} \qquad (2\cdot5\cdot25)$$

を利用して，散乱振幅を簡単化した。ここで，われわれは，この場合に限って，実験室系をとると，

$$\begin{array}{c}p_\mu=(0,\ m)\\q_\mu=(q,\ \omega)\end{array} \qquad (2\cdot5\cdot26)$$

とかけるので，これを $(2\cdot5\cdot24)$ に代入すると，

$$F_- = 2\frac{g^2}{4\pi}\bar{p}(p')\pi^*(q')\frac{-i\gamma q}{2m\omega+\mu^2}p(p)\pi(q)$$

ところで，前方散乱の振幅を考えているので，

$$p'=p,\qquad q'=q$$

である。また，陽子は静止しているので，

$$\bar{p}(p)i\gamma qp(p)=\bar{p}(p)(i\gamma_3 q_3+i\gamma_4 q_4)p(p)$$

$$=\bar{p}(p)i\gamma_4 q_4 p(p)=-\omega$$

であることを利用すると，結局

$$F_- = 2\frac{g^2}{4\pi}\frac{\omega}{2m\omega+\mu^2} \qquad (2\cdot5\cdot27)$$

同様にして，図 2・9（b）は，π^+ と p の弾性散乱に寄与し，

$$F_+ = 2\frac{g^2}{4\pi}\frac{\omega}{2m\omega-\mu^2} \qquad (2\cdot5\cdot28)$$

§2·5 分 散 公 式　　　　　　　　　　　　　　　　87

を与える。（2·5·27）は，$\omega=-\dfrac{\mu^2}{2m}$ に極があり，（2·5·28）は，

$\omega=\dfrac{\mu^2}{2m}$ に極がある。ゆえに，非物理的領域を計算する場合に，0から

μ までの領域に，（2·5·28）は極をもつので，その影響をきちんと取り

入れなければいけない。これまでは，計算のかんたんな，PS 結合を

とったが，PV 結合にかき直すと，（2·5·28）は，

$$F_+(\omega)=2\left(\frac{2m}{\mu}\right)^2\frac{f^2}{4\pi}\frac{1}{2m}\frac{\omega}{\omega-\dfrac{\mu^2}{2m}}\qquad(2\cdot5\cdot29)$$

となり，$\omega=\mu^2/2m$ のところが寄与するので，その虚部は，

$$A_+(\omega)=2\frac{f^2}{4\pi}\pi\delta\!\left(\omega-\frac{\mu^2}{2m}\right)\qquad(2\cdot5\cdot30)$$

とすればよい。

（2·5·22）にもどって，

$$D_E(\omega)-D_E(\mu)=\frac{1}{4\pi^2}P\!\int_\mu^\infty\frac{q^2\omega'}{q'(\omega'^2-\omega^2)}[\sigma_+(\omega')+\sigma_-(\omega')]d\omega'$$
$$+\frac{f^2}{4\pi}\frac{q^2}{m[\omega^2-(\mu^2/2m)^2]}\qquad(2\cdot5\cdot31)$$

となる。また，（2·5·21）は，

$$D_0(\omega)=\frac{\omega}{4\pi^2}P\!\int_\mu^\infty\frac{q'}{\omega'^2-\omega^2}[\sigma_-(\omega')-\sigma_+(\omega')]d\omega'$$
$$+\frac{f^2}{4\pi}\frac{2\omega}{[\omega^2-(\mu^2/2m)^2]}\qquad(2\cdot5\cdot32)$$

なることがわかる。この式で，うんと低いエネルギーの場合，すなわ

ち，$\omega=\mu$ のときどうなるかをしらべよう。$\omega'^2=q'^2+\mu^2$ を利用する

と，

$$D_0(\mu)=\frac{\mu}{4\pi^2}P\!\int_\mu^\infty\frac{1}{q'}[\sigma_-(\omega')-\sigma_+(\omega')]d\omega'+\frac{f^2}{4\pi}\frac{2}{\mu}\quad(2\cdot5\cdot33)$$

で，一方，（2·2·9）から，$\theta=0$ の場合を考えると，$q=0$ の場合に

は，S 波だけが寄与するから，

$$D_+(\mu)=\frac{1}{q}\cos\delta_3\sin\delta_3$$

になる。これを，散乱の長さ，（2·2·45）であらわすと，

$$D_+(\mu)=-a_3\qquad(2\cdot5\cdot34)$$

$D_-(\mu)$ は，表 2·2 を参照し，

88   第 2 章　強 い 相 互 作 用

$$D_-(\mu) = \frac{1}{3}(-a_3 - 2a_1) \qquad (2\cdot5\cdot35)$$

である。結局，（2・5・33）は，

$$\frac{1}{3}(a_3 - a_1) = \frac{f^2}{4\pi}\frac{2}{\mu} + \frac{\mu}{4\pi^2}P\int_\mu^\infty \frac{1}{q'}\big[\sigma_-(\omega') - \sigma_+(\omega')\big]d\omega'$$

$$(2\cdot5\cdot36)$$

右辺の積分で，ω がうんと大きいとき，$\sigma_-(\omega) = \sigma_+(\omega)$ になると仮定しても，実験とも矛盾しないし，理論的にも都合がよい。実験データのあるところは，全断面積の実験値をつかって積分を計算すると，$f^2/4\pi$ $=0.08$ に対して，

$$a_3 - a_1 = 0.27 \times \frac{1}{\mu} \qquad (2\cdot5\cdot37)$$

となる。これは，S 波の位相のずれの実験値

$$\delta_3 = -0.11q/\mu$$
$$\delta_1 = 0.16q/\mu \qquad (2\cdot5\cdot38)$$

と非常によく一致している。

　これは，話のすじみちを逆にして，$\sigma_+(\omega)$, $\sigma_-(\omega)$, δ_3, δ_1 の実験値を，（2・5・36）に代入して，$f^2/4\pi$ きめることに利用してもよい。$D_E(\omega)$ の分散式（2・5・31）も同様にして，位相のずれを計算して，実験値とくらべることができる。このようにして，分散公式は，理論として，信頼度がきわめて高いことがわかった。ただ，右辺の積分の計算で，全断面積の実験値をつかわねばならないために，予言能力をもつ理論とはいえず，いくつかの実験が矛盾のないものであるか，どうかをたしかめるのに有用である，というべきであろう。

　分散公式は，π と核子の散乱のみならず，きわめて一般的に成り立ち，限りない成果をもたらした。素粒子論を専攻される方は，分散公式について，うんと勉強されるようにおすすめしたい。

§2・6　光　学　模　型

　2・3 節に述べたように，エネルギーが高い場合の，弾性散乱の微分断面積は，前方にするどい山がある。これは，図 2・5 を見ればよくわかる。この現象は光の**回折現象**と同じ原理でおこるのではないかと思われるので，それをしらべてみよう。

§2·6 光 学 模 型　　　　　　　　　　　　　89

　半径 R の不透明な円板に，平面波があたるとする。この標的は，ピカピカ光っていないので弾性散乱は，反射という形では，まったくおこらない。その場合，S 行列 (2·2·21) で $\delta_l=0$ になる。ゆえに，散乱振幅 (2·2·9) は，

$$f(\theta)=\frac{1}{2iq}\sum_l (2l+1)(\eta_l-1)P_l(\cos\theta) \qquad (2\cdot6\cdot1)$$

となる。ここで，角運動量 l については，

$$l_{\max}=L=qR \qquad (2\cdot6\cdot2)$$

までは，入射波と標的の間に相互作用があって吸収がおこるが，それより大きい l については，波は素通りして，何もおこらないと考える。そのとき，S 行列は，

$$\left.\begin{array}{ll} \eta_l=a & 0\leqq l\leqq L \\ \eta_l=1 & l>L \end{array}\right\} \qquad (2\cdot6\cdot3)$$

であると仮定する。ここで，a は l によらない定数で，a が 1 ならば透明で，a が 0 ならば真黒ということになる。a を**透明度**という。(2·6·1) は

$$f(\theta)=\frac{(a-1)}{2iq}\sum_{l=0}^{L}(2l+1)P_l(\cos\theta) \qquad (2\cdot6\cdot4)$$

ここで，球関数の関係式

$$(2l+1)P_l(x)=P_{l+1}{}'(x)-P_{l-1}{}'(x) \qquad (2\cdot6\cdot5)$$

をつかうと

$$f(\theta)=\frac{a-1}{2iq}[P_{L+1}{}'(\cos\theta)+P_L{}'(\cos\theta)] \qquad (2\cdot6\cdot6)$$

を得る。θ が，うんと小さいところを考えると，

$$\cos\theta=1-\frac{1}{2}\theta^2+\cdots\cdots$$

であり，球関数の公式をつかうと，θ が小さいところでは，

$$P_{L+1}{}'(\cos\theta)+P_L{}'(\cos\theta)=L^2\Big(1-\frac{L^2\theta^2}{8}+\frac{L^4\theta^4}{192}-\cdots\cdots\Big)$$

$$(2\cdot6\cdot7)$$

と展開できる。これと，ベッセル関数の展開式

$$J_1(L\theta)=\frac{L\theta}{2}\Big(1-\frac{L^2\theta^2}{8}+\frac{L^4\theta^4}{192}-\cdots\cdots\Big) \qquad (2\cdot6\cdot8)$$

をくらべて，

$$f(\theta) = \frac{a-1}{2i} \frac{2R}{\theta} J_1(qR\theta) \tag{2・6・9}$$

とかいてもよい. これは純虚数であることに注意しておく.

ところで, (2・6・9) で, $f(0)$ を求めると,

$$f(0) = \frac{a-1}{2iq}(qR)^2 \tag{2・6・10}$$

であるから, 光学定理 (2・2・17) から,

$$\sigma^{tot} = 2\pi R^2(1-a) \tag{2・6・11}$$

となる. 透明度 $a=0$ のとき, すなわち, 標的が真黒のときは

$$\sigma^{tot} = 2\pi R^2 \tag{2・6・12}$$

で弾性散乱は, (2・2・22) で, $\delta_l=0, \eta_l=a$ とすると,

$$\sigma^{el} = \pi R^2(1-a)^2 \tag{2・6・13}$$

したがって, 非弾性散乱の断面積は, (2・2・24) から

$$\sigma^{ab} = \pi R^2(1-a^2)$$

$a=0$ のとき,

$$\sigma^{el} = \sigma^{ab} = \pi R^2 \tag{2・6・14}$$

となる. 標的が真黒であるのに, 幾何学的断面積 πR^2 に等しい弾性散乱の断面積があるのはちょっと考えるとおかしいように思える. 実は, まとにあたった波が吸収されて, そのうしろに影ができるが, 外側の波がそこにまわりこんで, 図 2・14 のように, うずめてしまう効果がある. いいかえると, 後に影ができるということは, まとにあたった波だけ, その位相を π だけずらせて放出すると考えてもよい. そうすると, 入射波と出て行く波が干渉して, 波がなくなり, 影ができる. 円板という限られた大きさのものから出て行く波は, 平面波ではありえないので, 位相のずれは, いつまでも π ではなく, まとから遠くなるにつれて, いくぶんかの波が出て行くことになる. これは, 光の回折現象とまったく同じである. こうしておこ

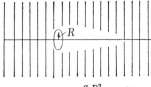

図 2・14 平面波が真黒の円板のまとにあたったときおこる影散乱. まとのすぐ後では, 出て行く波は全然ないが, qR^2 くらいのところでは, 弾性散乱による波が出て行く.

§2·6 光 学 模 型　　　　　　　　　　　　　　　　　　91

る弾性散乱を，**影散乱** (shadow scattering) または，**回折散乱** (diffraction scattering) という。

弾性散乱については，(2·6·9) から

$$\frac{d\sigma}{d\Omega} = (1-a)^2 R^4 q^2 \left[\frac{J_1(qR\theta)}{qR\theta}\right]^2 \qquad (2\cdot6\cdot15)$$

となる。q が粒子の質量にくらべて十分大きいとき，π/q^2 をかけると，$d\sigma/dt$ を得る。

$$\frac{d\sigma}{dt} = \frac{\pi}{4}(1-a)^2 R^4 \left(1 - \frac{L^2\theta^2}{8} + \frac{L^4\theta^4}{192} - \cdots\cdots\right)^2$$

$$= \frac{\pi}{4}(1-a)^2 R^4 \left(1 + \frac{R^2}{4}t + \frac{5R^4}{192}t^2 + \cdots\cdots\right) \qquad (2\cdot6\cdot16)$$

ところで，

$$e^{\frac{R^2}{4}t} = 1 + \frac{R^2}{4}t + \frac{R^4}{32}t^2 + \cdots\cdots$$

と，(2·6·16) とくらべると，t が小さいところでは，強引に，

$$\frac{d\sigma}{dt} = \frac{\pi}{4}(1-a)^2 R^4 e^{\frac{R^2}{4}t} \qquad (2\cdot6\cdot17)$$

とかいても，悪いことはないであろう。つまり，図 2·5 で，高いエネルギーでは，角分布は，小さい t に対して，

$$\frac{d\sigma}{dt} = \left(\frac{d\sigma}{dt}\right)_0 e^{bt} \qquad (2\cdot6\cdot18)$$

という形になるが，b が，まとの大きさ R に関係している。すなわち，まとが大きければ大きいほど，角分布の変化が大きくなる。また，(2·6·15) で，ベッセル関数 J_1 は，振動する関数であり，いくつかの θ の値に対して，零点をもつ。だから，角分布は，山と谷が交互にあらわれる。そして，実験値と比較すると，図 2·15 のようになる。

つぎに，$\theta = 180°$ 付近も比較的しらべやすい。(2·6·6) で，$\theta = \pi - \theta'$ とすると，

$$f(\pi - \theta') = \frac{a-1}{2iq}(-1)^L [P_{L+1}'(\cos\theta') - P_L'(\cos\theta')]$$

$$(2\cdot6\cdot19)$$

となる。θ' が小さいとき，球関数の公式を使うと，

$$f(\pi - \theta') = \frac{a-1}{2iq}(-1)^L qR \left[1 - \frac{L^2\theta'^2}{4} + \frac{L^4\theta'^4}{64} - \cdots\cdots\right]$$

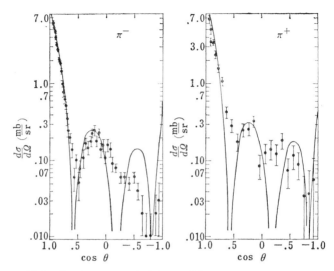

図 2・15 (2・6・15) の角分布の理論値と，2 GeV/c の $\pi^{\pm}-p$ 弾性散乱の角分布との比較。パラメータ R および a は，実験と理論ができるだけよくあうようにきめた。

(2・6・20)

したがって，

$$\frac{d\sigma}{d\Omega}(180°) = \frac{(1-a)^2}{4q^2}(qR)^2 \qquad (2\cdot6\cdot21)$$

となり，(2・6・10) から前方の微分断面積を求めて，比較すると，

$$\frac{d\sigma}{d\Omega}(0°) = \frac{(1-a)^2}{4q^2}(qR)^4 \qquad (2\cdot6\cdot22)$$

これから

$$\frac{d\sigma(180°)}{d\Omega} \Big/ \frac{d\sigma(0°)}{d\Omega} = \frac{1}{(qR)^2} \approx \frac{4}{R^2 s} \qquad (2\cdot6\cdot23)$$

後方は，前方に比して，だいたい $1/s$ に比例して，エネルギーとともに小さくなる。このことは，実験の傾向には一致するが，実験では s のより高いべきに反比例しているように見える。また，θ' が小さいところの微分断面積は，

$$\frac{d\sigma}{d\Omega}(\pi-\theta') = \frac{(1-a)^2}{4}R^2\left[1 - \frac{1}{2}L^2\theta'^2 + \frac{3}{32}L^4\theta'^4 - \cdots\cdots\right]$$

§2・7 高エネルギー極限 93

$$\approx \frac{(1-a)^2}{4} R^2 e^{-\frac{1}{2}L^2\theta'^2} \tag{2・6・24}$$

と，むりに指数関数の形にかく。前方では，

$$\frac{d\sigma}{d\Omega}(\theta) = \frac{(1-a)^2}{4} R^4 q^2 e^{-\frac{1}{4}L^2\theta^2} \tag{2・6・25}$$

であったことに注意すると，180°に山があるが，その勾配は，前方よりうんときついことがわかる。

このようにして，もっとも単純な光学模型も，高エネルギー散乱に対して，まんざら捨てたものでもないことがわかった。光学模型に，もう少し手を加えて，η_l を，l とともに，Gauss 型で変化させる考え方や，いろいろの方法が研究されている。

§2・7 高エネルギー極限

$\pi^\pm$ と p と衝突，$K^\pm$ と p，p と p，等の全断面積の実験値をながめると，数 GeV/c 以上のところでは，だんだんとなだらかになっている。そして，入射粒子の実験室系の運動量が大きくなると，漸近値に近づいている傾向を示している。ここでは，そういう**漸近的領域**の議論をする。

A. Pomeranchuk の定理

1958 年に，Pomeranchuk および，宮沢弘成博士は，独立に，つぎの定理を与えた。

エネルギーがうんと高いところで，全断面積が一定の有限値に近づくならば，粒子 A と標的 B の衝突の全断面積と，A の反粒子 $\overline{A}$ と B の全断面積は等しい。

これを，$\pi^- + p$ と，$\pi^+ + p$ の場合に証明しよう。π^+ と π^- は，互いに，粒子と反粒子の関係にある。この散乱の全断面積を議論するには，弾性散乱の前方の散乱振幅を利用するのが便利である。**交叉関係**（2・5・17）から

$$F_+(-\omega) = D_+(-\omega) + iA_+(-\omega) = F_-^*(\omega) = D_-(\omega) - iA_-(\omega) \tag{2・7・1}$$

が成り立つ。ところで，仮定により，$\omega \to \infty$ の極限で，全断面積が一定であるので，

$$\sigma^{tot}(\omega) = \frac{4\pi}{k} A(\omega) \approx \frac{4\pi}{\omega} A(\omega) = a^{(1)} \quad (\text{定数}) \qquad (2\cdot 7\cdot 2)$$

とかくことができる．それゆえに，

$$A(\omega) = a^{(1)}\omega + a^{(0)} + a^{(-1)}\frac{1}{\omega} + \cdots\cdots \qquad (2\cdot 7\cdot 3)$$

という展開ができる．(2・7・1)から，

$$A_+(-\omega) = -a_+^{(1)}\omega + a_+^{(0)} - \cdots\cdots$$
$$= -A_-(\omega) = -a_-^{(1)}\omega - a_-^{(0)} - \cdots\cdots$$

が成り立つので，

$$a_+^{(1)} = a_-^{(1)} \qquad (2\cdot 7\cdot 4)$$

を得る．ゆえに，$\pi^{\pm} + p$ の全断面積は，$\omega \to \infty$ のとき，(2・7・2) より，

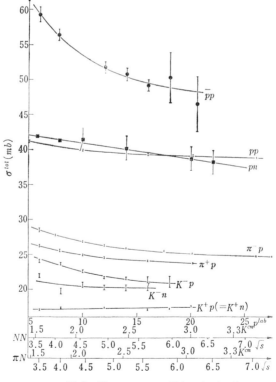

図 2・16 いろいろの衝突の全断面積

§2·7 高エネルギー極限 95

$$\sigma_+^{tot}(\omega) = 4\pi a_+^{(1)}$$
$$\sigma_-^{tot}(\omega) = 4\pi a_-^{(1)}$$

となり，（2·7·4）から

$$\sigma_+^{tot}(\omega) = \sigma_-^{tot}(\omega) \qquad (2·7·5)$$

が証明できた。ここでは，$A(\omega)$ が（2·7·3）のように，展開可能であることは，目をつぶって，議論しなかった。

実験値をみると，Pomeranchuk の定理は，図 2·16 のように，エネルギーが高いほど，よく成り立っているように見える。

B. アイソスピンと全断面積の関係

Pomeranchuk の定理で，$\pi^+ + p$ と $\pi^- + p$ の全断面積が等しいが，この問題を，別の見方で考え直してみよう。$\pi^+ + p$ は，アイソスピン 3/2 の状態だけであるが，$\pi^- + p$ では，$I = 1/2$ と 3/2 の二つの状態がまじりあっている。表 2·2 で，弾性散乱の振幅が与えられているので，光学定理から

$$\left.\begin{aligned}\sigma_+^{tot} &= \sigma_3 \\ \sigma_-^{tot} &= \frac{1}{3}\sigma_3 + \frac{2}{3}\sigma_1\end{aligned}\right\} \qquad (2·7·6)$$

ここで，添字 1 および 3 は，$I = 1/2$ および，$I = 3/2$ の状態を示す。Pomeranchuk の定理（2·7·5）から，直ちに，

$$\sigma_3 = \sigma_1 \qquad (2·7·7)$$

を得る。つまり，全断面積を，アイソスピンの大きさにわけてかいたとき，I の値に関係なしに，同じ値になるという事実である。このことを一般化して，**アイソスピン独立の仮定**という。$\pi^\pm + p$ の場合には，このことと，Pomeranchuk の定理とは，まったく同じであるけれども，一般には，まったく独立の結果を与える。たとえば，Pomeranchuk の定理からは，

$$\sigma^{tot}(\bar{p}p) = \sigma^{tot}(pp) \qquad (2·7·8)$$

を与え，いま考えた，アイソスピン独立の仮定からは

$$\sigma^{tot}(np) = \sigma^{tot}(pp) \qquad (2·7·9)$$

を得る。K 粒子と核子の問題では，Pomeranchuk の定理から

$$\left.\begin{aligned}\sigma^{tot}(K^-p) &= \sigma^{tot}(K^+p) \\ \sigma^{tot}(K^-n) &= \sigma^{tot}(K^+n)\end{aligned}\right\} \qquad (2·7·10)$$

を得るし，アイソスピン独立の仮定からは，

$$\left.\begin{array}{l}\sigma^{tot}(K^-n)=\sigma^{tot}(K^-p)\\ \sigma^{tot}(K^+n)=\sigma^{tot}(K^+p)\end{array}\right\} \quad (2\cdot 7\cdot 11)$$

を得る。

図 2・17 をみると，アイソスピン独立のほうが，Pomeranchuk の定理より，よく実験と一致している。

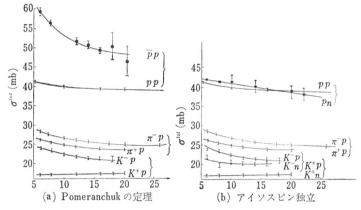

図 2・17 アイソスピン独立の結果と，Pomeranchuk の定理とを実験値と比較する

つぎに述べる Regge 理論によれば，Pomeranchuk の定理と，アイソスピン独立とは，同じ段階の問題であるが，本当に，それでよいのかどうか，私は，疑問をもっている。

弾性散乱の断面積を，表 2・2 を用いてかくと，

$$\left.\begin{array}{l}\sigma(\pi^+p\to\pi^+p)=a|T_3|^2\\ \sigma(\pi^-p\to\pi^-p)=\dfrac{a}{9}|T_3+2T_1|^2\\ \sigma(\pi^-p\to\pi^0n)=\dfrac{2a}{9}|T_3-T_1|^2\end{array}\right\} \quad (2\cdot 7\cdot 12)$$

ここで，アイソスピン独立をもっときびしく考えて，

$$T_3=T_1 \qquad (2\cdot 7\cdot 13)$$

と仮定すると，

および，
$$\left.\begin{array}{l}\sigma(\pi^+p\to\pi^+p)=\sigma(\pi^-p\to\pi^-p)\\ \sigma(\pi^-p\to\pi^0n)=0\end{array}\right\} \quad (2\cdot 7\cdot 14)$$

§2・7 高エネルギー極限　　　　　　　　97

を得る。 $\pi^-+p \to \pi^0+n$ の断面積は，弾性散乱の約 1/20 くらいであるから，（2・7・14）は，それほどまとはずれではない。

C. Regge 理 論

1959 年に Regge があまり明解ではない形ではじめた，複素角運動量平面での S 行列の理論は，Chew や Gell-Mann がとり上げるに及んで，大木に成長した。約 10 年にわたって，一時は，だめだといわれたこともあったが，素粒子物理学の一つの大きな流れであった。今後の見通しは，どうなるかわからないが，高エネルギーの理論のうちでは，もっとも大切なものであるといっても，いいすぎではないであろう。本書では，スピンのない場合について，一番はじめの，素朴な Regge 理論を紹介することしかできないので，専門的に勉強したい人は，Regge 理論の教科書をよんでいただきたい。

さて，スピンのない場合の散乱振幅は，（2・2・9）で与えられる。

$$f(\theta) = \frac{1}{2iq} \sum_l (2l+1)[S_l(q)-1]P_l(\cos \theta) \qquad (2\cdot7\cdot15)$$

ここで，

$$F(q, \theta) \equiv 2iqf(\theta) = \sum_l (2l+1)[S_l(q)-1]P_l(\cos \theta)$$

$$(2\cdot7\cdot16)$$

という量を考えると，

$$F(q, \theta) = \frac{1}{2i} \oint_{C_0} (2l+1) P_l(-\cos \theta) \frac{S_l(q)-1}{\sin \pi l} dl \quad (2\cdot7\cdot17)$$

という l 平面の複素積分でかくことができる。ここで，積分路 C_0 を図 2・18 のようにとると，l の実軸上，$l=0$，1，2，……に極がある。その留数は，

$$\lim_{l \to n} \frac{l-n}{\sin \pi l} = (-1)^n/\pi$$

であることと，$P_l(x)$ は，

$$P_l(-x) = (-1)^l P_l(x)$$

に注意すると，（2・7・17）が成り立つことは明らかである。

Regge によると，S 行列 $S_l(q)$ は，複素 l 平面の上半面に極をもつ。このことは，限られた場合にしか，証明できないので，一般にいえるかどうか，よくわかっていない。ここでは，そのことを仮定する。そ

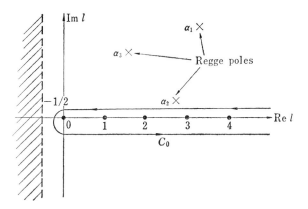

図 2・18 積分 (2・7・17) の複素 l 平面上での積分路

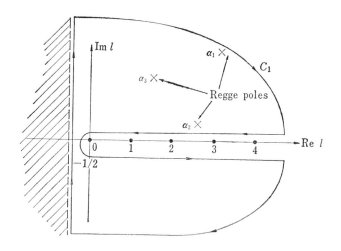

図 2・19 積分路 C_0 を変形して C_1 にする

の極を考慮しながら，積分路 C_0 を，図 2・19 のように，C_1 に変える。実は，虚軸に平行な $-\frac{1}{2}+i\infty$ から $-\frac{1}{2}-i\infty$ の部分を，無限に大きな円にしてしまいたいのであるが，$l=-1/2$ の左側には，不正則点がどういう工合にあるのか，よくわからないので，C_1 でやってみた。そうすると，(2・7・17) は，

§2・7 高エネルギー極限　　　　　　　　　　　　　　　　　　　99

$$F(q, \theta) = -\frac{1}{2i} \int_{-\frac{1}{2}-i\infty}^{-\frac{1}{2}+i\infty} [S_l(q) - 1] P_l(-\cos\theta) \frac{2l+1}{\sin \pi l} dl$$

$$+ \sum_n b_n \frac{P_{\alpha_n}(-\cos\theta)}{\sin \pi \alpha_n} \qquad (2\cdot7\cdot18)$$

となる。$l = \alpha_n$ のところで，$S_l(q)$ は極をもち，b_n はその留数に，定数をかけたものである。この極のことを **Regge** 極という。

$(2\cdot7\cdot18)$ の積分項で，変数を，$l = -\frac{1}{2} + ix$ と変換すると，

$$-\frac{1}{2i} \int_{-\infty}^{+\infty} [S_l(q) - 1] P_{-\frac{1}{2}+ix}(-\cos\theta) \frac{2x}{\cosh \pi x} dx \quad (2\cdot7\cdot19)$$

これは，$\cos\theta \to \infty$ の極限では，（θ が複素数であれば，こういうことはおこりうる!!）

$$\lim_{z\to\infty} P_{-\frac{1}{2}+ix}(-z) \approx (-z)^{-\frac{1}{2}} \times (-z)^{ix} = \frac{e^{ix\log z} e^{-\pi x}}{i\sqrt{z}}$$

となるから，この積分は，$1/\sqrt{z}$ に比例して0になる。

$(2\cdot7\cdot18)$ は，スピン0の粒子の散乱振幅であるが，話をかんたんにするために，たまと標的が同じであるとしよう。たとえば，π^+ と π^+ の弾性散乱を頭にうかべるとよい。粒子の重心系の運動量 q と，散乱角 θ を変数にとっていたが，高エネルギーでは，s と t を変数にするほうが便利である。いまの場合，1・7 節から

$$\left.\begin{array}{l} s = 4(q^2 + \mu^2) \\ t = -2q^2(1 - \cos\theta) \end{array}\right\} \quad (2\cdot7\cdot20)$$

という関係がある。これを，$(2\cdot7\cdot18)$ に代入すると，

$$\lim_{t\to\infty} F(t, s) = \sum_n \beta_n(s) \frac{t^{\alpha_n(s)}}{\sin \pi \alpha_n(s)} \qquad (2\cdot7\cdot21)$$

ここで，$\beta_n(s)$ は，$b_n(s)$ に比例し，$P_{\alpha_n}(-\cos\theta)$ を，$\cos\theta \to \infty$ の極限で $(-\cos\theta)^{\alpha_n}$ と近似し，それを t でかき直したとき出てくる定数を組み合わせたものである。もう一つ，注意するべきことは，S 行列の複素 l 平面における極 $l = \alpha_n$ は，q すなわち s の関数であり，したがって，留数も s の関数である。それを，はっきりさせるために，$(2\cdot7\cdot21)$ のように，s の関数であることを，正確にかいておく。

$\cos\theta \to \infty$，すなわち，$t \to \infty$ では，物理的に意味がない。けれども，1・7 節の s と t の定義にもどると，粒子 a と b が衝突して，c と

d になって出て行くとき，s と t の定義は，(2·7·20) であったが，a と $\bar{c}$ が入射して，$\bar{b}$ と d が出て行く過程を考えると，s と t の役割は逆転する。したがって，そういう過程を考えると，$t \to \infty$ ということは，高エネルギー極限を意味する。その場合，s と t の文字を入れかえると，

$$\lim_{s \to \infty} F(s,t) = \sum_n \beta_n(t) \frac{s^{\alpha_n(t)}}{\sin \pi \alpha_n(t)} \qquad (2\cdot7\cdot22)$$

となって，これは物理的に意味のある散乱振幅である。実は，これだけでは不十分で，α_n が整数になるときの問題があるが，別の考察から，(2·7·22) の右辺に $\frac{1}{2}(1 \pm e^{-i\pi\alpha_n(t)})$ という因子がかかることがわかる。$\pm$ は α_n によってきまる。この因子のことを，**符号因子**といって，Regge 理論では，重要な役割をはたすけれども，本書では，この因子のことまでは立入らない。最終的な結果として，散乱振幅は

$$\lim_{s \to \infty} F(s,t) = \sum_n \beta_n(t) \frac{(1 \pm e^{-i\pi\alpha_n(t)})}{2 \sin \pi \alpha_n(t)} s^{\alpha_n(t)} \qquad (2\cdot7\cdot23)$$

で与えられる。

全断面積は，光学定理 (2·2·17) から

$$\lim_{s \to \infty} \sigma^{tot}(s) = \frac{8\pi}{s} \operatorname{Re} F(s,0)$$

$$= 4\pi \sum_n \operatorname{Re} \frac{\beta_n(0)(1 \pm e^{-i\pi\alpha_n(0)})}{\sin \pi \alpha_n(0)} s^{\alpha_n(0)-1} \qquad (2\cdot7\cdot24)$$

もし，$s \to \infty$ で全断面積が有限な漸近値に近づくとすると，

$$\alpha_P(0) = 1 \qquad (2\cdot7\cdot25)$$

のような Regge 極が必ず一つあり，その他の極については，

$$\alpha_n(0) < 1 \qquad n \neq P \qquad (2\cdot7\cdot26)$$

でなければならない。$\alpha_n(t)$ の物理的な意味は，後で述べるが，素粒子と関係しているので，P のことを，**Pomeranchuk 粒子**という。

つぎに，弾性散乱の微分断面積は，

$$\frac{d\sigma}{dt} = \frac{4\pi}{s} \left| \frac{1}{i\sqrt{s}} \sum_n \frac{\beta_n(t)(1 \pm e^{-i\pi\alpha_n(t)})}{2 \sin \pi \alpha_n(t)} s^{\alpha_n(t)} \right|^2$$

であるが，t が 0 の付近では

$$\frac{d\sigma}{dt} = \frac{d\sigma(t=0)}{dt} e^{2(\alpha_p(t)-1)\log s} \qquad (2\cdot7\cdot27)$$

§2·7 高エネルギー極限　　　　　101

と近似しても，それほど悪くないであろう。また，$\alpha_P(t)$ は $t=0$ の付近では

$$\alpha_P(t) = \alpha_P(0) + t\alpha'_P(0) = 1 + t\alpha_P'(0) \qquad (2\cdot7\cdot28)$$

と展開する。

これを，（2·7·27）に代入すると，

$$\frac{d\sigma}{dt} = \frac{d\sigma}{dt}(t=0) e^{2\alpha_P'(0)t\log s} \qquad (2\cdot7\cdot29)$$

実験の角分布は，図 2·5 のように，t の小さいところでは，

$$\frac{d\sigma}{dt} = A e^{bt} \qquad b>0 \qquad (2\cdot7\cdot30)$$

の形であるので，（2·7·29）で，$\alpha_P'(0)>0$ であれば，（2·7·30）と一致するであろう。しかし，（2·7·29）の最大の特徴は，$\log s$ という因子があることで，（2·7·30）の b が，s とともに，$\log s$ で大きくなることである。回折現象と比較すると，s とともに，前方の山の幅がせまくなることに対応する。ところが，これは，実験と矛盾するので，Regge 理論は，失敗したかに見えた。

弾性散乱の断面積は，散乱振幅を近似的に純虚数であると考えれば

$$\frac{d\sigma}{dt} \propto (\sigma^{tot})^2 e^{2\alpha_P'(0)t\log s} \qquad (2\cdot7\cdot31)$$

とかける。非常に雑な話であるが，t が大きいところでも，角分布が（2·7·31）で与えられるとして，弾性散乱の全断面積は，

$$\sigma^{el} = \int_0^{t_{max}} \frac{d\sigma}{dt} dt$$

となる。ここで，$t_{max} = -s$ であることは，（2·7·20）からわかる。ゆえに，

$$\sigma^{el} \propto (\sigma^{tot})^2 \times \frac{1}{\log s}(1 - e^{-2\alpha_P'(0)s\log s})$$

σ^{tot} は一定だから，うんと大きい s に対して，

$$\frac{\sigma^{el}}{\sigma^{tot}} \propto \frac{1}{\log s} \qquad (2\cdot7\cdot32)$$

となって，弾性散乱の全断面積は，s とともに，$1/\log s$ で小さくなる。これも，実験と一致しているとはいえない。

これまでは，スピンのない粒子の散乱を考えたが，π と核子，核子と核子の場合にも，同じような理論が展開できて，角分布や，全断面積に

ついて，本質的には同じ結果を得る。また，（2·7·29）で，弾性散乱の角分布は，s が大きくなると，前方の山の傾きが急になるという問題があったが，たとえば，$\pi^- + p \to \pi^0 + n$ では図 2·6 のように，そういう傾向があらわれていて，実験と一致しているといってよい。Regge 理論が再び生きかえり，いろいろの現象をかなりよく説明できるようになったが，本書ではこれ以上述べない。現在では，Regge 理論は，まだ，枠だけしかできていない未完成の理論で，これが完成するためには，量子力学からはみ出した新しい力学が必要であるかも知れない。未知のものへの期待をも含めて，将来がたのしみである。

ところで，散乱振幅（2·7·23）にもどって，これと，図 2·20 のような，質量 μ の粒子の交換による散乱振幅とを比較しよう。その場合 $F(s,t)$ は，普通の摂動計算では

$$F(s,t) = g_a g_b h(s) \frac{1}{t - \mu^2} \qquad (2\cdot7\cdot33)$$

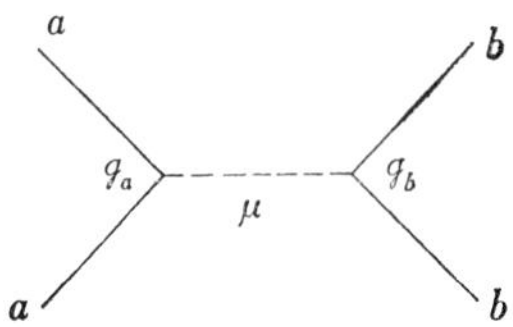

となる。つまり，（2·7·23）との対応を考えると

$$\left.\begin{array}{c} \dfrac{1}{t - \mu^2} \to \dfrac{1 \pm e^{-i\pi\alpha_n(t)}}{2 \sin \pi\alpha_n(t)} \\[2mm] g_a g_b \to \beta_n(t) \end{array}\right\} \qquad (2\cdot7\cdot34)$$

図 2·20 二粒子散乱を，質量 μ の粒子の交換で記述する場合。g は結合定数。

と考えてよいであろう。逆に，Regge 理論も，二つの粒子の間を，粒子のようなものが交換されていると考えることができる。たとえば，$\alpha_P(0) = 1$ の場合，われわれは，これを Pomeranchuk 粒子とよんだが，その理由は，いまのような解釈にもとづいている。Pomeranchuk 粒子は，いかなる量子数をもはこばないので，$\pi^- + p \to \pi^0 + n$ というような，非弾性散乱にはきかない。また，アイソスピンをはこばないので，アイソスピン独立が成り立つ。それから，図 2·20 のように，a と b の結合定数 g_a と g_b の積が β_n に対応するので，全断面積 σ_{ab} は

$$\sigma_{ab} \propto \beta_n(0) \propto g_a g_b \qquad (2\cdot7\cdot35)$$

と考えられる。したがって，全断面積について，

$$\sigma_{ab}\sigma_{cd} = \sigma_{ac}\sigma_{bd} \propto g_a g_b g_c g_d \qquad (2\cdot7\cdot36)$$

§2・8 ガンマ線によるπ中間子発生　　　　　　　　　　　103

という関係を得る。これは，まだ直接実験とくらべにくいが，矛盾はな
いようである。

Regge 理論のさらに興味のあるところは，素粒子の分類の一つの方向
を与えていることである。それは第4章に述べる。素粒子の分類と，高
エネルギーの散乱とが関係づけられているところが，Regge 理論の最
大の魅力であり，将来への期待のもてる点であろう。

最後に，2・6 節の光学模型と，Regge 理論が，いかにちがうかを
表 2・5 にまとめる。表のいくつかの結果は，本文に述べていないが，
いろいろと想像をめぐらしていただきたい。

表 2・5 光学模型と Regge 理論の比較。話は，高エネルギー
極限に限り，光学模型では，完全吸収の場合に限る。

	光 学 模 型	Regge 理 論
標 的 の 色	真 黒	だんだん透明になる。
標的の大きさ	半径 R（一定）	$\sqrt{\log s}$ に比例して，だんだん大きくなる。
全 断 面 積	$\sigma^{tot}=2\pi R^2$	一定にできる。
σ^{el}/σ^{tot}	$1/2$	$1/\log s \to 0$
弾性散乱の前方の角分布	前方の山の幅は一定	前方の山の幅は $1/\log s$ でちぢまる
全 断 面 積の 関 係 式	$\sqrt{\sigma_{ab}}+\sqrt{\sigma_{cd}}=\sqrt{\sigma_{ac}}+\sqrt{\sigma_{bd}}$	$\sigma_{ab}\sigma_{cd}=\sigma_{ac}\sigma_{bd}$
核による散乱	σ核$\propto A^{2/3}\sigma$核子	σ核$=A\sigma$核子

§2・8 ガンマ線による π 中間子発生

これまでは，主として，π 中間子と核子の散乱について，議論して
きたが，以後，それ以外の過程について，かんたんに述べてみよう。

ガンマ線による π 中間子発生は，わが国においても，原子核研究所
の電子シンクロトロンによって観測されている。この過程はつぎの四つ
を意味する。

$$\gamma+p\to\pi^++n \qquad (2\cdot8\cdot\text{I})$$

$$\gamma+p\to\pi^0+p \qquad (2\cdot8\cdot\text{II})$$

$$\gamma+n\to\pi^-+p \qquad (2\cdot 8\cdot \text{III})$$
$$\gamma+n\to\pi^0+n \qquad (2\cdot 8\cdot \text{IV})$$

このうち，(2・8・IV) 以外については，いろいろの量が測定されているので，まず，実験をまとめてみよう。

A. 実　験

まず，ガンマ線のエネルギーがうんと低いところでは，この過程はおこらない。π中間子が発生しうる，最低のエネルギーのことを，**しきい値**（threshold）といい，重心系での値を k とすると，エネルギー保存から，

$$k+\sqrt{k^2+m^2}=m+\mu \qquad (2\cdot 8\cdot 1)$$

となる。これから，

$$k\approx\mu\left(1-\frac{\mu}{2m}\right) \qquad (2\cdot 8\cdot 2)$$

これを，実験室系に変換すると

$$k^{lab}\approx\mu\left(1+\frac{\mu}{2m}\right)\approx 150\text{ MeV} \qquad (2\cdot 8\cdot 3)$$

になる。このあたりでの重心系の断面積は，(2・2・42) から，

$$\sigma\propto q^{2l+1} \qquad (2\cdot 8\cdot 4)$$

となる。ここで，q は，重心系の π 中間子の運動量である。ところで，実験によると，

$$\sigma(\gamma+p\to\pi^0+p)\propto q^3$$
$$\sigma(\gamma+p\to\pi^++n)\propto q \qquad (2\cdot 8\cdot 5)$$

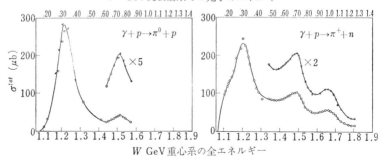

図 2・21　$\gamma+p\to\pi^0+p$ と $\gamma+p\to\pi^++n$ の全断面積。山がいくつかあるが，それは，図 2・2, 2・3, 表 2・4 に対応している。

§2·8 ガンマ線によるπ中間子発生

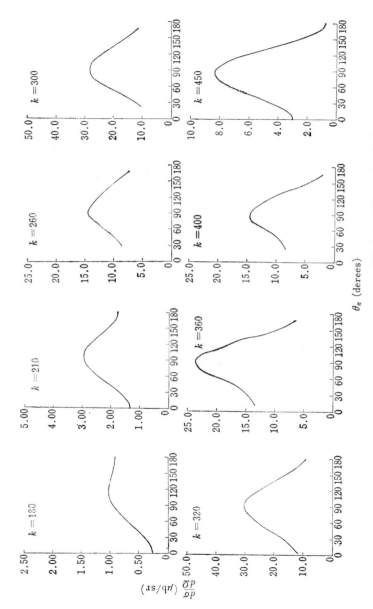

図 2·22 (a) $\gamma + p \rightarrow \pi^0 + p$ の角分布, k は実験室系の光子のエネルギー

106　　　　　　　　　　　　　　　　　　　　第2章　強い相互作用

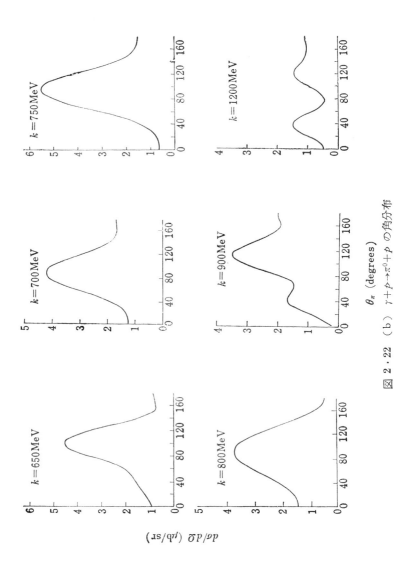

図 2・22　(b)　$\gamma+p\to\pi^0+p$ の角分布

§2·8 ガンマ線によるπ中間子発生

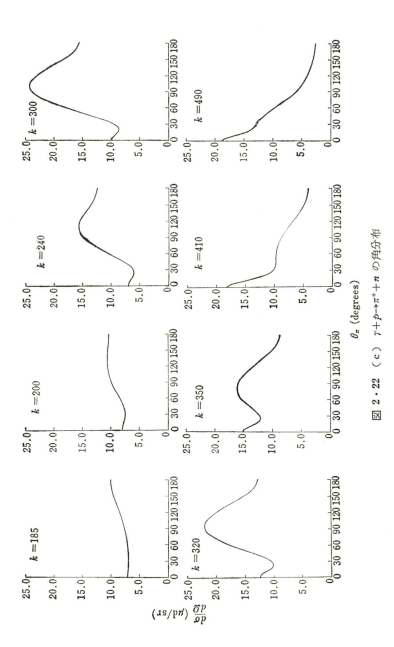

図 2·22 (c) $\gamma+p\to\pi^++n$ の角分布

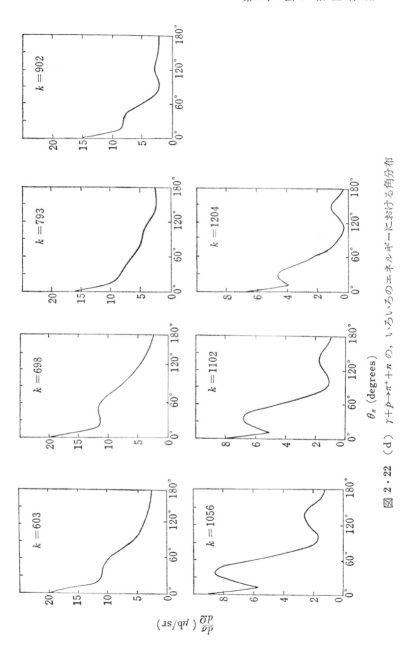

図 2・22 (d) $\gamma+p \rightarrow \pi^++n$ の，いろいろのエネルギーにおける角分布

§ 2・8 ガンマ線によるπ中間子発生

となって，π^0 は P 波でつくられ，π^+ は S 波であることがわかった。このように，相互作用の機構がちがっていることは，後で述べる。

全断面積は，図 2・21 のように，いくつかの共鳴状態がある。これは，π と核子の弾性散乱の場合の図 2・2，2・3，表 2・4 にみられる共鳴の山とだいたい対応している。図 2・21 からわかるように，第一共鳴では，

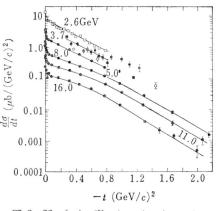

図 2・22 (e) 高エネルギーでの $\gamma+p \to \pi^+ + n$ の角分布

$$\sigma(\gamma+p \to \pi^0+p) \approx 260 \mu b$$
$$\sigma(\gamma+p \to \pi^++n) \approx 220 \mu b$$
$(k \approx 320 \text{ MeV})$ (2・8・6)

の大きさである。これは，$\pi^+ - p$ 弾性散乱の第一共鳴の全断面積の約 1/1000 の大きさである。

微分断面積は，第一共鳴では，明瞭な形をしている。

$$\frac{d\sigma}{d\Omega}\genfrac{(}{)}{0pt}{}{\gamma+p \to \pi^++n}{\to \pi^0+p} \propto (2+3\sin^2\theta) \qquad (2・8・7)$$

これは，図 2・22 を見ていただきたい。この角分布から，終状態，すなわち，π−N 系は，$P_{3/2}$ 状態で，それをひきおこすガンマ線は，磁気双極子放射（magnetic dipole radiation）$M1$ であることがわかる。くわしくは，後に述べる。また，$\gamma+p \to \pi^0+p$ については，第二共鳴付近でも，(2・8・7) の角分布であることがわかった。$\gamma+p \to \pi^++n$ の角分布は，しきい値付近のエネルギーでは，だいたい平らである。このことは，π^+ が $S_{1/2}$ 状態にあることを示し，(2・8・5) と一致している。だんだんと，エネルギーが上がるにつれて角分布は後方が高くなり，第一共鳴では，90°に対して前後方対称，それ以上のエネルギーでは，前が高くなる。最近は，$k \approx 18$ GeV にいたる実験が報告され，高エネルギーのガンマ線による角分布等が，高い精度で測定できるようになっ

た。この分野は，今後急速に発展すると考えられるので，理論面でも注目されている。

このほかに，$\gamma + p \rightarrow \pi^0 + p$ では，出て来た p のスピンの偏りの測定がなされた。これは，第二共鳴のスピンと，パリティをきめる決定的な役割をはたし，第二共鳴は $D_{3/2}$ であることがわかった。今では，かなり広いエネルギー範囲にわたって，このスピンの偏りが報告されている。

さらに，振動面が一定なガンマ線，すなわち，偏光したガンマ線による π 発生の実験もなされている。日本でも，これらの実験が多面的に行なわれている。

B. 行 列 要 素

この反応の行列要素は，π の波動関数をふくめて，スカラー量でなければならない。π の波動関数をのぞいた部分は，ギスカラー量である。ところで，ガンマ線が入射するので，その偏りのベクトル $\boldsymbol{\varepsilon}$ が行列要素にふくまれる。$\boldsymbol{\varepsilon}$ はガンマ線の動運量方向の単位ベクトル $\hat{\boldsymbol{k}}$ に垂直である。

$$\boldsymbol{\varepsilon} \cdot \hat{\boldsymbol{k}} = 0 \qquad (2 \cdot 8 \cdot 8)$$

このことは，光は横波であることによる。そのほかに，π の運動量方向の単位ベクトル $\hat{\boldsymbol{q}}$ と，核子のスピン $\boldsymbol{\sigma}$ の，二種類のベクトルが行列要素に顔を出しうる。このことをすべて考慮すると，ガンマ線による π 発生の，もっとも一般的な行列要素は，つぎの形になる。

$$M = ai\boldsymbol{\sigma} \cdot \boldsymbol{\varepsilon} + b\hat{\boldsymbol{k}} \times \boldsymbol{\varepsilon} \cdot \hat{\boldsymbol{q}} + ci\boldsymbol{\sigma} \cdot (\hat{\boldsymbol{k}} \times \boldsymbol{\varepsilon}) \times \hat{\boldsymbol{q}} + di\boldsymbol{\sigma} \cdot \hat{\boldsymbol{q}} \boldsymbol{\varepsilon} \cdot \hat{\boldsymbol{q}} \quad (2 \cdot 8 \cdot 9)$$

ここで，a, b, c, d は，k^2, q^2, $k \cdot q$ の関数である。k は光子の運動量，q は π の運動量である。この第三項のかわりに，$\boldsymbol{\sigma} \cdot \hat{\boldsymbol{k}} \boldsymbol{\varepsilon} \cdot \hat{\boldsymbol{q}}$ としてもよい。

光の関係する反応を議論するには，**多重極放射**の話をせねばならぬが，本書で詳細を述べることはできないので，この反応に関係する部分だけを表 2・6 にまとめる。$E1$, $M1$ は，それぞれ，電気双極子放射，磁気双極子放射，$E2$, $M2$ は，四重極放射をあらわす。表 2・6 の，行列要素にふくまれる q のベキは，$(2 \cdot 2 \cdot 42)$ で説明される。一方，k のベキは，光の平面波 $\boldsymbol{\varepsilon} e^{ikr}$ を，ベキ級数に展開した第一項が，電気双極子放射に対応し，第二項が，電気四重極および，磁気双極子放射に対応することから得られる。そうすると，$(2 \cdot 8 \cdot 9)$ で，第一項は，$E1 \rightarrow$

§2・8 ガンマ線による π 中間子発生 111

表 2・6 $\gamma+N\to\pi+N$ の行列要素と，低い次数の
多重極放射の性質

多重極放射	$E1$		$M1$		$E2$		$M2$	
多重極放射のパリティ	-1		$+1$		$+1$		-1	
多重極放射の角運動量	1		1		2		2	
$\gamma+N$ の全角運動量	1/2	3/2	1/2	3/2	3/2	5/2	3/2	5/2
$\pi+N$ の 状 態	$S_{1/2}$	$D_{3/2}$	$P_{1/2}$	$P_{3/2}$	$P_{3/2}$	$F_{5/2}$	$D_{3/2}$	$D_{5/2}$
行列要素の k の依存度	k^0	k^0	k^1	k^1	k^1	k^1	k^2	k^2
行列要素の q の依存度	q^0	q^2	q^1	q^1	q^1	q^3	q^2	q^2

$S_{1/2}$ をあらわし，第四項が，$E1\to D_{3/2}$ であることが，すぐにわかる。
すなわち，$E1\ S_{1/2}$ の射影演算子は，

$$P(E1\ S_{1/2})=i\sigma\cdot\varepsilon \qquad (2\cdot8\cdot10)$$

つぎに，$P(M1\ P_{1/2})$ は，Maxwell の方程式に，電場と磁場とが，対
称的にあらわれることを考慮すると，$E1\to M1$ の入れかえは，$\boldsymbol{E}\to\boldsymbol{H}$
の入れかえ，すなわち，$\varepsilon\to i\boldsymbol{k}\times\varepsilon$ のおきかえによって得られる。当然，
終わりの状態も，$S_{1/2}\to P_{1/2}$ になるので，パリティを逆にする演算子
$\sigma\cdot\hat{q}$ をかけなければならぬ。$\sigma\cdot\hat{q}$ は，helicity 演算子ともよばれる。
ゆえに

$$P(M1\ P_{1/2})=-(\sigma\cdot\hat{q})(\sigma\cdot\hat{\boldsymbol{k}}\times\varepsilon)=-\hat{\boldsymbol{k}}\times\varepsilon\cdot\hat{q}+i\sigma\cdot(\hat{\boldsymbol{k}}\times\varepsilon)\times\hat{q}$$
$$(2\cdot8\cdot11)$$

これによって，角分布を計算すると，$(2\cdot8\cdot10)$，$(2\cdot8\cdot11)$ は，ともに，
θ に関係しない平らな角分布を与える。$P(M1\ P_{3/2})$ も，$(2\cdot8\cdot9)$ の第
二項，第三項の組み合わせになるべきはずである。しかも，$P(M1\ P_{1/2})$
とは，

$$\int P^*(M1\ P_J)P(M1\ P_{J'})d\Omega_\pi=\delta_{JJ'}$$

でなければいけないので，このことから

$$P(M1\ P_{3/2})=2\hat{\boldsymbol{k}}\times\varepsilon\cdot\hat{q}+i\sigma\cdot(\hat{\boldsymbol{k}}\times\varepsilon)\times\hat{q} \qquad (2\cdot8\cdot12)$$

となり，

$$P(E1\ D_{3/2})=i\sigma\cdot\varepsilon-3i\sigma\cdot\hat{q}\varepsilon\cdot\hat{q} \qquad (2\cdot8\cdot13)$$

とともに，$2+3\sin^2\theta$ という角分布を与える。この角分布は，図 2・

112   第 2 章 強 い 相 互 作 用

22 の第一共鳴付近の実験と一致している。

C． Chew-Low 理論

π と核子の散乱については，第一共鳴のあたりで Chew-Low 理論は，実験を定量的に説明できた。だから，ガンマ線による π 発生も，うまく行くと期待できる。まず，摂動計算で， $\gamma+p\rightarrow\pi^0+p$ をしらべると，実験よりうんと小さな値になって，まるであわない。この反応では，(2·8·5) および，角分布から， $P_{3/2}$ 状態が，とくに強く寄与していることがわかる。しかも，核子の磁気能率は非常に大きいので， $M1$ に注目せねばならない。この場合，核子とガンマ線の相互作用ハミルトニアンとしては， $-J_\mu A_\mu$ 型のものよりも，磁気能率による相互作用

$$H=-\boldsymbol{\mu}\cdot\boldsymbol{H} \qquad (2\cdot8\cdot14)$$

が大切である。これをきちんとかくと，

$$H=-\left[\frac{\mu_p+\mu_n}{2}+\frac{\mu_p-\mu_n}{2}\tau_3\right]\frac{e}{2m}\boldsymbol{\sigma}\cdot\boldsymbol{H} \qquad (2\cdot8\cdot15)$$

ここで， μ_p と μ_n は，陽子と中性子の磁気能率である。 $\frac{1}{2}(\mu_p+\mu_n)$ は，アイソスピン空間のスカラー量， τ_3 をふくむ項は，ベクトル量である。全アイソスピン $I=3/2$ に関係するのは， τ_3 をふくむ項だけで，大きさも大きい。磁場 $\boldsymbol{H}$ は，

$$\boldsymbol{H}=\text{rot}\,\boldsymbol{A}=i\boldsymbol{k}\times\boldsymbol{\varepsilon}e^{i\boldsymbol{k}\boldsymbol{r}} \qquad (2\cdot8\cdot16)$$

であるから，結局， $I=3/2$ 状態に寄与するハミルトニアンは

$$H=-\frac{\mu_p-\mu_n}{2}\tau_3\frac{e}{2m}i\boldsymbol{\sigma}\cdot\boldsymbol{k}\times\boldsymbol{\varepsilon}e^{i\boldsymbol{k}\boldsymbol{r}} \qquad (2\cdot8\cdot17)$$

である。これと， π^0 と陽子の相互作用ハミルトニアン

$$H=\frac{f}{\mu}i\boldsymbol{\sigma}\cdot\boldsymbol{q}\tau_3\varphi_3 \qquad (2\cdot8\cdot18)$$

とを比較すると，

$$\left.\begin{array}{l}\varphi_3\rightarrow e^{i\boldsymbol{k}\boldsymbol{r}}\\[2mm]\dfrac{f}{\mu}\rightarrow-\dfrac{\mu_p-\mu_n}{2}\dfrac{e}{2m}\\[2mm]\boldsymbol{q}\rightarrow\boldsymbol{k}\times\boldsymbol{\varepsilon}\end{array}\right\} \qquad (2\cdot8\cdot19)$$

という対応がある。ところで， $\pi^0+p\rightarrow\pi^0+p$ を第一共鳴のあたりで，Chew-Low 理論で計算すると，

§2·8 ガンマ線によるπ中間子発生

$$\frac{d\sigma}{d\Omega}(\pi^0+p \to \pi^0+p) = \frac{1}{4q^2} \cdot \frac{4}{9}(1+3\cos^2\theta) \cdot 4\sin^2\delta_{33}$$
(2·8·20)

ここで，4/9 は，表 2·2 の最下段からくる，アイスピンの因子で，$(1+3\cos^2\theta)$ は，$P_{3/2}$ 状態の角分布を示す。δ_{33} の値を与えるのが，Chew-Low 理論で，(2·4·37) から計算すればよい。

ここで，(2·8·19) の対応を考慮すると，

$$\frac{d\sigma}{d\Omega}(\gamma+p \to \pi^0+p) = \frac{4}{9}\frac{1}{q^2}\sin^2\delta_{33}(1+3\cos^2\xi)\frac{e^2\mu^2}{f^2}\left(\frac{\mu_p-\mu_n}{4m}\right)^2$$
$$\times \left(\frac{k}{q}\right)^2 \times \left(\text{位相空間の因子 } \frac{q}{k}\right) \quad (2\cdot 8\cdot 21)$$

となる。ここで，ξ は，q と $k \times \varepsilon$ というベクトルのなす角で図 2·23 のようになっている。これから，すぐに，

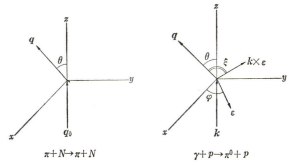

図 2·23 $\pi+N \to \pi+N$ と，$\gamma+p \to \pi^0+p$ の角度のとり方の比較

$$\cos\xi = -\sin\theta\sin\varphi \quad (2\cdot 8\cdot 22)$$

がわかる。光の偏りの角度 φ について平均をとり，位相空間の因子を考慮すれば，最終的に，

$$\frac{d\sigma}{d\Omega}(\gamma+p \to \pi^0+p) = \frac{2}{9}\left[\frac{\mu}{4m}(\mu_p-\mu_n)\right]^2\frac{e^2}{f^2}\frac{k}{q^3}\sin^2\delta_{33}(2+3\sin^2\theta)$$
(2·8·23)

を得る。これは，実験によく一致している。

D. $\gamma+p \to \pi^++n$ の理論

$\gamma+p \to \pi^++n$ では，摂動で計算するとき，図 2·24 を考慮すればよい。(a) の行列要素は，摂動では，よい答が出せないのは，π と N

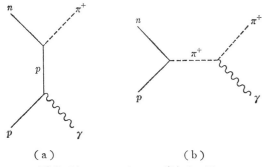

図 2・24　$\gamma + p \to \pi^+ + n$ に寄与する図

の散乱や，C 項の場合からすぐにわかるので，Chew-Low 理論を用いればよい．(b) は，摂動でよい答を与え，その振幅は，

$$F_b \approx \sqrt{2}\, e \cdot \frac{f}{\mu} \frac{2i\boldsymbol{\sigma}\cdot(\boldsymbol{k}-\boldsymbol{q})}{\mu^2+(\boldsymbol{k}-\boldsymbol{q})^2} \boldsymbol{\varepsilon}\cdot\boldsymbol{q} \qquad (2\cdot 8\cdot 24)$$

で与えられる．分母は，中間子が，運動量 $\boldsymbol{k}-\boldsymbol{q}$ で伝播することをあらわし，$i\boldsymbol{\sigma}\cdot(\boldsymbol{k}-\boldsymbol{q})$ は核子と中間子の相互作用，$2\boldsymbol{\varepsilon}\cdot\boldsymbol{q}$ は，中間子と光子の相互作用，$-j_\mu A_\mu$ をあらわす．ところで，このほかに，π と核子の相互作用の中に，∇ という微分演算子があったが，電磁場のゲージ不変性を保証するには，電荷をもつ粒子の演算子について

$$\nabla \to \nabla - ieA \qquad (2\cdot 8\cdot 25)$$

というおきかえをせねばならない．これから，図 2・25 のような，余分の図を考慮せねばならない．そしてそのハミルトニアンは，

$$H = i\frac{ef}{\mu}\boldsymbol{\sigma}\cdot\boldsymbol{A}\tau_\alpha\varphi_\alpha \qquad (2\cdot 8\cdot 26)$$

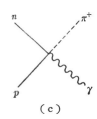

図 2・25　ハミルトニアン (2・8・26) による π^+ の光発生

となる．これによる振幅は

$$F_c = \sqrt{2}\, e \frac{f}{\mu} i\boldsymbol{\sigma}\cdot\boldsymbol{\varepsilon} \qquad (2\cdot 8\cdot 27)$$

で明らかに，S 波の π^+ しか与えない．q が小さいときは，Chew-Low 型のものおよび，(2・8・24) は小さいので，しきい値付近では，断面積は，

$$\frac{d\sigma}{d\Omega} = \frac{q}{k\mu^2}\frac{2e^2 f^2}{(4\pi)^2} \qquad (2\cdot 8\cdot 28)$$

§2·8 ガンマ線による π 中間子発生　　　　　　　　　　　115

となり，実験とくらべると，

$$f^2/4\pi = 0.08 \qquad (2\cdot8\cdot29)$$

となる。この値は，つぎの Kroll-Ruderman の定理から，きわめて信頼度が高い。

つぎに，π 中間子の速度を v とすると，

$$\left(1 - \frac{v}{c}\cos\theta\right)^2 \frac{d\sigma}{d\Omega} \qquad (2\cdot8\cdot30)$$

という量を考える。$(2\cdot8\cdot24)$ の分母は，変形すると，$2\left(1 - \frac{v}{c}\cos\theta\right)$ になるが，Chew-Low 項および，F_c は，分母に，こういう因子をふくまない。それゆえに，

$$\lim_{\frac{v}{c}\cos\theta \to 1} \left(1 - \frac{v}{c}\cos\theta\right)^2 \frac{d\sigma}{d\Omega} = \frac{e^2}{4\pi} \frac{f^2}{4\pi} \frac{q}{k^3} (1 - v^2/c^2) \quad (2\cdot8\cdot31)$$

となる。つまり，右辺は，$|F_b|^2$ からのみ有限の項があらわれる。v/c <1 であるから，$\cos\theta$ が -1 と $+1$ の間の物理的に実現できる領域での $d\sigma/d\Omega$ の実験値をつかって，$\left(1 - \frac{v}{c}\cos\theta\right)^2 \frac{d\sigma}{d\Omega}$ のグラフをかき，それを，$\cos\theta = \frac{c}{v}$ のところまで，曲線を延長する。それから，右辺の値とくらべると，再び $f^2/4\pi = 0.08$ を得る。これも，また，信頼できる f の決定法である。

E. Kroll-Ruderman の定理

世の中には，近似なしに解ける問題がある。たとえば，低エネルギー極限では，Compton 散乱の断面積は，**Thomson** 極限とよばれ，摂動というような近似法に関係しない厳密な解である。$\gamma + p \to \pi^+ + n$ については，$(2\cdot8\cdot28)$ は，同じような意味で，厳密な解になっていることを，Kroll と Ruderman が証明した。ただ，この場合は，$q \to 0$ 以外に，$\mu/m \to 0$ という場合にのみ厳密解になっている。これを，**Kroll-Ruderman** の定理という。証明はここでは述べない。Compton 散乱については，光子の運動量について，全断面積が，

$$\sigma = \sigma_T + k\sigma_1 + k^2\sigma_2 + \cdots\cdots \qquad (2\cdot8\cdot32)$$

という展開になっていると考えると，σ_T は Thomson 極限で，σ_1 も，Gell-Mann その他の人によって，近似なしに求められた。こういうこと

は，将来の理論への一つの足がかりになるので，注意するべき であろ
う。

F．第 二 共 鳴

$k \approx 760$ MeV 付近で，第二共鳴があらわれる。このあたりでは，予言
能力をもつ理論は全然ない。しかし，第一共鳴の山を図にかくと，この
あたりでは，相当大きな影響が残っているだろう。そこでの角分布は，
$(2+3 \sin^2 \theta)$ であるが，それを与える可能性があるのは， $(2 \cdot 8 \cdot 12)$，
$(2 \cdot 8 \cdot 13)$ から，$P_{3/2}$ または $D_{3/2}$，または，その共存状態である。$P_{3/2}$
がないとは考えられないので，その振幅を A_P，$D_{3/2}$ のほうを A_D と
しておく。共存しているとすると，その角分布は，

$$\frac{d\sigma}{d\Omega}(\gamma+p \to \pi^0+p) = \{|A_P|^2 + |A_D|^2\}(2+3 \sin^2 \theta)$$

$$-4 \operatorname{Re} A_P{}^* A_D \cos \theta$$

ここで，$A_P \neq 0$ は当然であろう。したがって，可能性としては，

ⅰ）第一，第二共鳴がともに，$M1$ $P_{3/2}$ で，$A_D = 0$

ⅱ）第一共鳴が $P_{3/2}$，第二共鳴が $D_{3/2}$，そして，$\cos \theta$ の項がな
いので，たとえば，

$$A_P = i\alpha, \qquad A_D = \beta, \qquad \alpha, \ \beta \ \text{は実数,}$$

この二つの場合がある。このちがいを見るには，出て行く p のスピン
の偏りをはかればよい。計算の結果は，

ⅰ）$P(\theta) = 0$

ⅱ）$P(\theta) = 8 \operatorname{Im} A_P A_D{}^* \sin \theta \Big/ \dfrac{d\sigma}{d\Omega}$　　　　　　$(2 \cdot 8 \cdot 33)$

$(2 \cdot 8 \cdot 33)$ に上の A_P，A_D を代入すると，

$$P(\theta) = \frac{8\alpha\beta \sin \theta}{(\alpha^2+\beta^2)(2+3 \sin^2 \theta)} \qquad (2 \cdot 8 \cdot 34)$$

ここで，$\alpha \approx \beta$ としてみると，

$$P(90°) \approx 80\% \qquad (2 \cdot 8 \cdot 35)$$

となり，大きな偏りが期待される。1957 年に行なわれた，Cornell 大
学の実験によると，だいたい 60% の偏りが測定され，**第二共鳴は**，
$E1$ $D_{3/2}$ と決った。これは，当時としては，非常にむつかしく，費用の
かかる実験であったが，大きな収穫があったので，ゼニのとれる実験と
いうべきであろう。

§2・9 核力

歴史的にいえば,核力の問題は,中間子論の発祥地であり,全素粒子物理学の源といってもいい過ぎではないであろう。湯川博士は,核力の働く範囲が 10^{-13} cm くらいで,その内部では,陽子間のクーロン力を打ち消して,核子をとじこめるほど強く,その外側では,急に弱くなるので,核力のポテンシャルとして

$$V(r) = \frac{g^2}{4\pi} \frac{e^{-\mu r}}{r} \tag{2・9・1}$$

を考えた。これから,$\mu \approx 200 \sim 300 m_e$ くらいの中間子の存在を予言した。湯川博士の原論文は,核力,ベータ崩壊,宇宙線の問題にいたるまで,今日の研究の原動力となった,卓越した示唆にみちているので,ぜひ一読されることを望む。

A. 中間子論による核力ポテンシャル

まず,核力の定性的な話をするために,一個の π 中間子を交換して得られる核力ポテンシャルをみちびこう。図 2・26 にしたがって,摂動計算で,ポテンシャルを出す。

$$V = \sum_n \frac{H_{fn}{}^{(2)} H_{ni}{}^{(1)}}{E_i - E_n} + \sum_n \frac{H_{fn}{}^{(1)} H_{ni}{}^{(2)}}{E_i - E_n} \tag{2・9・2}$$

$H^{(1)}$ は第1番目の核子と π 中間子との相互作用ハミルトニアンで,その形は,(2・4・9)で与えられる。E_i は,最初の状態のエネルギーであるが,核子は静止しているという近似をとるために,$E_i = 0$ ととることができる。これは,二核子の静止質量を,エネルギーの原点にとることである。E_n は中間状態のエネルギーで,実は,中間子のエネルギー ω である。また,(2・9・2)の第一項と第二項は,同じものである。結局,

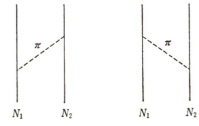

図 2・26 一個の π 中間子の交換による核力

$$V = -\frac{2f^2}{\mu^2} \int \tau_\alpha{}^{(1)} \tau_\alpha{}^{(2)} (\boldsymbol{\sigma}^{(1)} \boldsymbol{\nabla}^{(1)})(\boldsymbol{\sigma}^{(2)} \boldsymbol{\nabla}^{(2)}) \frac{1}{\omega} e^{iq(r_1 - r_2)} \frac{dq}{(\sqrt{2\omega})^2} \tag{2・9・3}$$

ここで，q は中間子の運動量で，この項は，(2・9・2) の第一項を2倍したものに相当する。ここで

$$\frac{1}{(2\pi)^3}\int \frac{e^{iqr}}{q^2+\mu^2}dq=\frac{1}{4\pi}\frac{e^{-\mu r}}{r} \qquad (2\cdot9\cdot4)$$

を用いると

$$V=\frac{f^2}{4\pi}\frac{\tau^{(1)}\tau^{(2)}}{3}\Big[\boldsymbol{\sigma}^{(1)}\cdot\boldsymbol{\sigma}^{(2)}+S_{12}\Big(1+\frac{3}{\mu r}+\frac{3}{(\mu r)^2}\Big)\Big]\frac{e^{-\mu r}}{r}$$
$$(2\cdot9\cdot5)$$

を得る。S_{12} は，テンソル演算子とよばれ

$$S_{12}=3\frac{(\boldsymbol{\sigma}^{(1)}\boldsymbol{r})(\boldsymbol{\sigma}^{(2)}\boldsymbol{r})}{r^2}-\boldsymbol{\sigma}^{(1)}\cdot\boldsymbol{\sigma}^{(2)} \qquad (2\cdot9\cdot6)$$

で定義される。(2・9・5) の S_{12} の関係するポテンシャルを，**テンソルポテンシャル**，S_{12} のかからない部分を**中心力ポテンシャル**という。演算子 $\boldsymbol{\sigma}^{(1)}\cdot\boldsymbol{\sigma}^{(2)}$ は，二核子のスピンの合計が0の場合，すなわち，スピン一重項のとき，および，合計が1で，その z 成分が m のとき，つぎの値を与える。

$$\left.\begin{array}{l}\boldsymbol{\sigma}^{(1)}\cdot\boldsymbol{\sigma}^{(2)}\chi_0{}^0=-3\chi_0{}^0\\[4pt]\boldsymbol{\sigma}^{(1)}\cdot\boldsymbol{\sigma}^{(2)}\chi_1{}^m=\chi_1{}^m\end{array}\right\} \quad (2\cdot9\cdot7)$$

ポテンシャル (2・9・5) は1個の π を交換して得られる力であるから，**OPEP** (One Pion Exchange Potential) という。この力の特徴は，$r>1/\mu$ では，急に弱くなることである。つまり，力の及ぶ範囲が，だいたい π のコンプトン波長程度である。

OPEP の補正として，当然，2個の中間子の交換，および，それ以上のたくさんの π 中間子の交換が考えられる。一般に，n 個の π 中間子の交換によるポテンシャルは，おおざっぱにいえば，$e^{-n\mu r}$ に比例する。だから，交換する π の個数が多ければ多いほど，力の及ぶ範囲が短くなり，核子が接近した場合にしか，重要な役割をはたさない。他の中間子の交換や，核子の共鳴状態も見のがすわけにはいかないが，話がこまかくなるので，ふれないでおこう。とくに，(2・4・9) の型のハミルトニアンをとる限り，核子から出てくる π 中間子は，すべて P 波である。π と N の散乱からも，S 波は大きくきいていることがわかっているので，これだけでは不十分なことは明らかである。S 波の問題は，どんな場合にでも，もっとも取り扱いにくい難物である。

§2・9 核　　　力

B． 核力の領域による分け方

a） **外側** $r>1.5\times(\pi$ のコンプトン波長）

ここでは，核力は OPEP で完全に表わされていて，すべての現象が定量的に計算できる。

b） **中間領域** $0.7<r<1.5\times(\pi$ のコンプトン波長）

OPEP および，二個の π による力が主であるけれども，それ以外のいろいろの影響のために，定性的な議論はできても，定量的なことは，部分的にしかいえない。

c） **内側** $r<0.7\times(\pi$ のコンプトン波長）

ここでは，場の理論的な議論はむずかしく，二つの核子が，あまり近づかないように，hard core（鉄のかたまりのような，無限に強い斥力ポテンシャル）というような，現象論的な仮定をして，便宜的に処理している。なるべく，この領域に関係しないような現象をえらび出して，外の領域の正確な議論をするのが正しい方向であろう。

いろいろな種類の力を，各領域にわけて，表 2・7 にまとめる。ここで，テンソル力が引力であるとか，斥力であるとかいうのは，S_{12} の係

表 2・7　各領域の核力ポテンシャル

状　　態	力の種類	外側 $\mu r>1.5$	中間領域 $0.7<\mu r<1.5$	内側 $\mu r<0.7$
triplet even(^3E)	中　心　力	中位の引力	強い引力	強い引力？
	テンソル力	強い引力	強い引力	？
	LS　力	弱　い	？	？
singlet even(^1E)	中　心　力	中位の引力	強い引力	斥力の core あり
triplet odd(^3O)	中　心　力	弱い斥力	弱い引力	弱　い
	テンソル力	斥　力	斥　力	弱　い
	LS　力	弱　い	引　力	？
singlet odd(^1O)	中　心　力	強い斥力	斥　力	たぶん強い斥力

数が負であるとき引力，正のとき斥力と表現する。LS 力というのは，後に述べるが，引力の意味は同様である。LS 力は，OPEP では出て来ないが，ベクトル中間子の交換等から出て来て，重要な役割をはたす。

C． 核子核子散乱の完全実験

陽子の加速器が，低いエネルギーから高いエネルギーまでつくられてきたので，陽子・陽子散乱の実験が，ひろい範囲にわたって行なわれて

いる。中間子の実験とちがって，陽子の散乱は，加速されたビームその
ものがつかえるので，実験は，よい精度で行ないやすい。つまり，中間
子より一段高い段階まで実験ができる。したがって，ここで述べる，完
全実験も，陽子陽子散乱が最初に実行できた。

一般に，核子核子散乱の弾性散乱の行列要素は，もっとも一般的な形
としてつぎのように与えられる。

$$M(q', q) = a + b(\sigma^{(1)} - \sigma^{(2)})N + c(\sigma^{(1)} + \sigma^{(2)})N$$
$$\qquad + d(\sigma^{(1)}N)(\sigma^{(2)}N) + e[(\sigma^{(1)}P)(\sigma^{(2)}P) + (\sigma^{(1)}K)(\sigma^{(2)}K)]$$
$$\qquad + f[(\sigma^{(1)}P)(\sigma^{(2)}P) - (\sigma^{(1)}K)(\sigma^{(2)}K)] + g(\sigma^{(1)}P)(\sigma^{(2)}K)$$
$$\qquad + h(\sigma^{(1)}K)(\sigma^{(2)}P) \qquad\qquad (2\cdot9\cdot8)$$

ここで，q, q' は，はじめと，終わりの状態の重心系の運動量で，三つ
のベクトル N, K, P は，つぎのような方向の単位ベクトルである。

$$\left.\begin{array}{l} N \parallel q \times q' \\ P \parallel (q + q') \\ K \parallel (q - q') \end{array}\right\} \qquad (2\cdot9\cdot9)$$

N はギベクトルで，K, P はベクトルであることに注意する。行列要
素は，独立な八つの項からなり，a, b, $\cdots$, h は，q^2, q'^2, $q \cdot q'$ の関
数である。

（$2\cdot9\cdot8$）は，八つの項からなるが，よく考えると，もっと数が減
る。p-p 散乱はもちろん，n-p 散乱でもアイソスピンを考慮すると，
第一と第二の粒子の入れかえに対して，M は対称でなければならない
から，

$$\left.\begin{array}{l} b = 0 \\ g = h \end{array}\right\} \qquad (2\cdot9\cdot10)$$

となり，独立な項は，六つになる。さらに，時間反転に対して，M は
不変でなければならない。T 変換に対して，

$$\sigma \to -\sigma$$
$$q \rightleftarrows -q'$$

と変換されるので，

$$g = h = 0 \qquad\qquad (2\cdot9\cdot11)$$

となり，独立な項は，五つになる。a, c, d, e, f は，任意の複素数
であるから，独立なパラメータは，10 個ふくまれる。けれども，核子

§2・9 核　　　力　　　　　　　　　　　　121

核子が弾性散乱はするが，非弾性散乱がおこらないか，または，無視し
うるような，低いエネルギーのところでは，S 行列のユニタリー性か
ら，パラメータの間に，5 個の関係式が成り立ち，結局，独立なパラメ
ータの個数は，5 になる。だから，独立な実験を 5 通り行なえば，a,
c, d, e, f はすべて完全にきまり，行列要素を一義的にきめることが
できる。そういう実験を完全実験という。非弾性散乱が無視できないよ
うなところでは，S 行列のユニタリー性は，弾性散乱の行列要素には
たいした制限を与えず，10 通りの実験をしなければ完全実験にはなら
ない．このうち，一つは，全部に共通な位相に関係して，それを決める
必要はないので，合計 9 通りの実験をすれば十分である．

　完全実験は，$p+p \rightarrow p+p$ については，いくつかのエネルギーで行な
われ，核力の性質をしらべるのに，重要な役割をはたした。日本でも，
東京大学原子核研究所のサイクロトロンで，50 MeV あたりの実験のい
くつかがなされている。完全実験は，具体的には，非常に複雑な話にな
るので，興味のある方は，専門の参考書をみてほしい。強調したいこと
は，エネルギーをより高くする方向とともに，測定をより精密にするこ
とが大切だということである。

D．核子のスピンの偏りの測定

　核力のポテンシャルで，中心力，テンソル力のほかに，(2・9・8) をみ
ると，運動量の 1 乗，および，2 乗に比例する項がある。そのうちで，
もっとも興味あるものは，LS 力である。LS 力ポテンシャルは，

$$V = V_{LS}(r_1 - r_2) \boldsymbol{L} \cdot \boldsymbol{S} \qquad\qquad (2 \cdot 9 \cdot 12)$$

$$= V_{LS}(r_1 - r_2) \Big[(r_1 - r_2) \times \frac{q_1 - q_2}{2} \Big] \cdot \frac{1}{2} (\boldsymbol{\sigma}^{(1)} + \boldsymbol{\sigma}^{(2)})$$

ここで，r_i, q_i は i 番目の核子の座標と運動量である。とくに面白い
点は，原子核の中では，その構造の研究から，かなり強い LS 力がある
ことがわかっているので，核子核子間にも LS 力があるのか，または，
核子間には，LS 力はなくて，多体の影響として，別の種類の力から LS
力がでて来るか，問題になった時期があった。今では，核力にも，かな
りの程度の LS 力があることがわかっている。

　ところで，核子のスピンが偏っている場合に，それをどうしてはかる
かが問題になる。説明をかんたんにするために，スピン 1/2 の粒子の，
ポテンシャル $V(r)\boldsymbol{\sigma}\cdot\boldsymbol{l}$ による散乱を考えよう。いま，かりに，$V(r)$

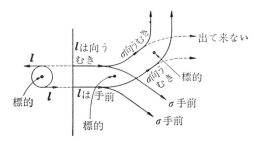

図 2・27 スピン 1/2 の粒子のポテンシャル $V(r)$ $\boldsymbol{\sigma}\cdot\boldsymbol{l}$ による散乱。標的はスピンが手前にむいているものと，向うにむいているものを分離し，polarizer としてはたらく。第二の標的は，スピンが向うむきのものを特定の方向にまげて，analyser として作用する。

>0 とする。図 2・27 のように，標的の上方を通る粒子に対しては，角運動量ベクトル $\boldsymbol{l}$ は，$\boldsymbol{l}=\boldsymbol{r}\times\boldsymbol{q}$ だから，紙面に垂直で向かうむきになる。だから，$\boldsymbol{\sigma}$ が手前にむいている粒子については，$\boldsymbol{\sigma}$ と $\boldsymbol{l}$ が反平行になり，ポテンシャル $V(r)\boldsymbol{\sigma}\cdot\boldsymbol{l}$ は負になる。すなわち引力になって，下へまがる。$\boldsymbol{\sigma}$ が向うむきならば，$V(r)\boldsymbol{\sigma}\cdot\boldsymbol{l}$ は斥力になって，上へまがる。また標的の下を通る粒子については，$\boldsymbol{l}$ は紙面に垂直で，手前に向いているので，図のように，$\boldsymbol{\sigma}$ が手前のときは，下にまがり，$\boldsymbol{\sigma}$ が向うむきのときは，すべて上へまがる。このように，第一の標的は，$\boldsymbol{\sigma}$ が手前のものと，向うむきのものを，分離してしまうので，polarizer とよんでよいであろう。これに対して，第一のと同じ性質の第二の標的は，$\boldsymbol{\sigma}$ が向うむきであれば，実線の方向にのみ散乱し，けっして点線のようにならない。だから，スピンの偏った粒子が入射するとき，このようなポテンシャルを与える標的にあてて，粒子が，どの方向にまげられるかを測定すれば，スピンの偏りの方向がわかる。すなわち，analyser になる。

この原理をつかって，p-p 弾性散乱によって，とび出した p の偏りをはかる方法を，図 2・28 に示す。実験室系で，陽子 p_1 が，標的の陽子 p_2 によって散乱され，p_3 と p_4 が出て行く。p_3 のスピンの偏りをはかるために，$V(r)\boldsymbol{\sigma}\cdot\boldsymbol{l}$ というポテンシャルを与える標的 T をお

§2·10 核子のひろがり

く。普通 T は，C^{12} または，He^4 が，よくつかわれる。これらは，あるエネルギー範囲で，良質の $V(r)\sigma\cdot l$ を与える。そして，右と左へ散乱される粒子数をかぞえて，スピンの偏りをはかる。

これとは別に，スピンの偏った陽子の標的をつくることも行なわれている。一番理想的なのは，スピンの偏った固

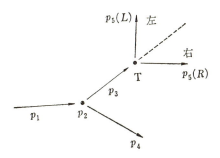

図 2・28 $p+p \to p+p$ によって散乱された陽子のスピンの偏りをはかる略図

体水素の標的をつくることであるが，将来の課題である。現在は，$La_2 Mg_3(NO_3)_{12}\cdot 24 H_2O$ の結晶水の H の陽子のスピンを，極低温の技術をつかって偏らせ，素粒子の実験の標的として，有効に使用されている。

核力の完全実験は，こういう技術を利用して，いくつかのエネルギーで行なわれ，核力ポテンシャルの性質が明らかにされている。

核力の問題は，湯川理論にはじまり，それをひきついだ，武谷博士らのすぐれた指導によって，日本の核力グループが，多くの問題を解明した。一方，実験も，早くから，高い段階に進んでいたために，成果は大きかったのである。ここでは，その内容を紹介するひまがないので，いろいろの総合報告をみていただきたい。

§2·10 核子のひろがり

A. 形 状 因 子

素粒子が点であるという仮定は，はじめから近似的なもので，何らかの意味でひろがりを考えねばならぬことは，誰もが痛感していた。素粒子が剛体球のようなものであるという直接の証拠があれば，直観的にわかりやすいのだが，そういう具合にはなっていないようである。ここでは，核子と電子の弾性散乱によって，核子の荷電分布，および，磁気能率の分布を正確にしらべる方法について述べる。

核子と電磁場の相互作用ハミルトニアンのもっとも一般的な形は，運動量空間でかくと，

124　　　　　　　　　　　　　　　　　　　　　　第 2 章　強 い 相 互 作 用

$$H = -i\overline{N}(p_2)\Big[e\gamma_\mu F_1((p_2-p_1)^2) - \frac{e}{2m}\sigma_{\mu\nu}(p_2-p_1)_\nu F_2((p_2-p_1)^2)\Big]$$
$$\times N(p_1)A_\mu(p_2-p_1) \qquad (2\cdot10\cdot1)$$

となる。ゲージ不変性，ローレンツ不変性等を破らない限り，これ以外の形はない。静的電磁場のときこの第一項は核子の電荷を与え，第二項は，核子の異常磁気能率を与える。式でかくと

$$F_1(0) = \frac{1+\tau_3}{2} \qquad (2\cdot10\cdot2)$$

$$F_2(0) = \frac{\mu_p' + \mu_n}{2} + \frac{\mu_p' - \mu_n}{2}\tau_3 \qquad (2\cdot10\cdot3)$$

ここで，μ_p' と μ_n は，陽子と中性子の異常磁気能率である。F_1 と F_2 は形状因子（form factor）とよばれるもので，運動量の変化が大きいほど，小さくなっていることがわかった。形状因子は，(2·10·2)，(2·10·3) をみてわかるように，アイソスピン空間のスカラー量と，τ_3 に比例した，アイソスピン空間のベクトル量の和からなる。だから，

$$F = F^S + F^V\tau_3 \qquad (2\cdot10\cdot4)$$

と分けて，F^S をアイソスカラー形状因子，F^V をアイソベクトル形状因子とよぶことにする。

　F が形状因子とよばれる理由をみるために，F のフーリエ変換を考えよう。そして，それを時間について積分する。

$$\rho(\boldsymbol{x}) \equiv \frac{1}{(2\pi)^4}\int e^{ikx}F(k^2)\,d^4k\,dx_0$$
$$= \frac{1}{(2\pi)^3}\int e^{i\boldsymbol{k}\boldsymbol{x}}F(\boldsymbol{k}^2)\,d^3k \qquad (2\cdot10\cdot5)$$

$\rho(\boldsymbol{x})$ は，静的近似で，電荷または，磁気能率の分布を与えることを示す。$\rho(\boldsymbol{x})$ を積分すると

$$\int \rho(\boldsymbol{x})\,d^3x = F(0) \qquad (2\cdot10\cdot6)$$

となり，全電荷，全磁気能率になっている。

　(2·10·5) を逆変換し，ベキ級数に展開すると，

$$F(\boldsymbol{k}^2) = \int e^{-i\boldsymbol{k}\boldsymbol{x}}\rho(\boldsymbol{x})\,d^3x$$
$$= \int \sum_n \frac{(-i)^n(\boldsymbol{k}\boldsymbol{x})^n}{n!}\rho(\boldsymbol{x})\,d^3x$$

$\rho(\boldsymbol{x})$ は，$|\boldsymbol{x}|$ にのみ関係し，方向には無関係だから，$\rho(r)$ とかくこ

§2·10 核子のひろがり　　　　　　　　　　　　125

とができる。 n が奇数の場合はきえて，

$$F(k^2) = \int \sum_n \frac{(-1)^n k^{2n} r^{2n} \rho(r) \cos^{2n}\theta}{(2n)!} r^2 dr \sin\theta d\theta d\varphi$$

$$= \int \sum_n \frac{(-1)^n k^{2n} r^{2n} \rho(r)}{(2n+1)!} d^3 x$$

ここで，　　　　$\int r^{2n}\rho(r)d^3x / \int \rho(r)d^3x \equiv \langle r^{2n}\rangle$ 　　　(2·10·7)

と定義すると，

$$F(k^2) = F(0)\Big[1 + \sum_n \frac{(-1)^n k^{2n}}{(2n+1)!}\langle r^{2n}\rangle\Big] \qquad (2\cdot10\cdot8)$$

k^2 がそれほど大きくないとき，

$$F(k^2) = F(0)\Big(1 - \frac{1}{6}\langle r^2\rangle k^2\Big) \qquad (2\cdot10\cdot9)$$

重心系の弾性散乱では，エネルギーの変化はないので，これを4次元運動量変化に対する式と考えてもよい。以後，$F(k^2)$ を

$$F(k^2) = F(0)\Big(1 - \frac{1}{6}\langle r^2\rangle k^2\Big) \qquad (2\cdot10\cdot10)$$

ととることにする。 $\langle r^2\rangle$ は核子の荷電のひろがりの半径の二乗という意味をもつ。

　この形状因子は核子による電子の散乱の微分断面積を精密にはかることによって得られる。スピンがないときの散乱断面積は，よく知られた，Rutherford の公式であるが，電子のスピンを考慮すると，Rutherford の公式を補正した，**Mott の公式**を得る。

$$\left(\frac{d\sigma_M}{d\Omega}\right)^{lab} = \left(\frac{e^2}{8\pi E}\right)^2 \frac{\cos^2\frac{\theta}{2}}{\sin^4\frac{\theta}{2}} \frac{1}{1 + \frac{2E}{m}\sin^2\frac{\theta}{2}} \qquad (2\cdot10\cdot11)$$

ここで，すべての量は，実験室系ではかった。θ は散乱角，E は入射粒子のエネルギーである。しかし，E が大きくなると，断面積は，Mott の公式からずれて，つぎのようになる。Rosenbluth が計算したので，その名でよばれている。ここでも，すべての量は実験室系である。

$$\left(\frac{d\sigma_R}{d\Omega}\right)^{lab} = \left(\frac{d\sigma_M}{d\Omega}\right)^{lab} \times \Big[F_1^2(k^2) + \frac{k^2}{4m^2}\{2[F_1(k^2) + F_2(k^2)]^2\tan^2\frac{\theta}{2}$$

$$+ F_2^2(k^2)\}\Big] \qquad (2\cdot10\cdot12)$$

k は，運動量の変化である。これから，F_1 と F_2 がわかり，$\langle r^2\rangle$ が

得られる。陽子に対しては,

$$\langle r_1{}^2 \rangle_p = \langle r_2{}^2 \rangle_p \approx (0.77 \times 10^{-13} \text{cm})^2 \qquad (2 \cdot 10 \cdot 13)$$

中性子に対しては,

$$\left. \begin{aligned} \langle r_1{}^2 \rangle_n &\approx (0.00 \times 10^{-13} \text{cm})^2 \\ \langle r_2{}^2 \rangle_n &\approx \langle r_2{}^2 \rangle_p \end{aligned} \right\} \quad (2 \cdot 10 \cdot 14)$$

であることがわかった。 これは, π 中間子のコンプトン波長よりはるかに短い。

B. 核子の磁気能率

古くからよく知られているように, 核子の磁気能率は, よい精度ではかられている。

$$\left. \begin{aligned} \mu_p &= 1 + \mu_p' = 2.792763 \pm 0.000030, \\ \mu_n &\qquad\;\; = -1.913148 \pm 0.000066 \end{aligned} \right\} \quad (2 \cdot 10 \cdot 15)$$

ここで, 一番の難題は, 異常磁気能率がものすごく大きいことである。電子や μ 中間子のように, 強い相互作用の影響を受けない素粒子は, 異常磁気能率は非常に小さい。磁気能率の実験値は,

$$\left. \begin{aligned} \mu_e &= 1.001159596 \pm 0.000000023, \\ \mu_\mu &= 1.0011666 \pm 0.0000005 \end{aligned} \right\} \quad (2 \cdot 10 \cdot 16)$$

であって, 1に非常に近い。1からのずれは, 朝永理論によって, きちんと計算ができて, すばらしい精度で答が得られる。

および

$$\left. \begin{aligned} \mu_e &= 1 + \frac{\alpha}{2\pi} - 0.328 \frac{\alpha^2}{\pi^2} + \cdots = 1.0011596 \cdots \\ \\ \mu_\mu &= 1 + \frac{\alpha}{2\pi} + 0.766 \frac{\alpha^2}{\pi^2} + \cdots = 1.0011655 \end{aligned} \right\} \quad (2 \cdot 10 \cdot 17)$$

ここで, $\alpha = e^2/4\pi$ である。すなわち,実験値との一致はすばらしくよい。

このまねをして, 核子の異常磁気能率を, 摂動計算でしらべてみよう。摂動の最低次では, 図 2・29 の二つのダイヤグラムが問題になる。くりこみの処理をした後で, 図 (a) および (b) の寄与を, それぞれ, a および b とすると,

$$\left. \begin{aligned} \mu_p' &= \frac{1}{4\pi} \frac{g^2}{4\pi} (2a - b) \\ \\ \mu_n &= -\frac{1}{4\pi} \frac{g^2}{4\pi} (2a + 2b) \end{aligned} \right\} \quad (2 \cdot 10 \cdot 18)$$

§2·10 核子のひろがり

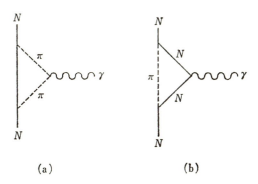

(a)　　　　　　　(b)

図 2・29　摂動計算の最低次で，核子の異状磁気
　　　　　能率に関係するダイヤグラム

となる。そして，数値
$$g^2/4\pi = 15, \quad a = 0.70, \quad b = 0.95$$
を代入すると，
$$\mu_p' = 0.53, \quad \mu_n = -3.9 \qquad (2\cdot10\cdot19)$$
となって，実験値と全然あわない。しかし，何が悪いのかを見るために，

$$\left.\begin{array}{l} 2\mu_p' - \mu_n = \dfrac{1}{4\pi}\dfrac{g^2}{4\pi}\cdot 6a = 5.0 \ (\text{実験値}\ 5.5) \\[4pt] \mu_p' + \mu_n = \dfrac{1}{4\pi}\dfrac{g^2}{4\pi}\cdot(-3b) = -3.4 \ (\text{実験値}\ -0.12) \end{array}\right\}$$

$$(2\cdot10\cdot20)$$

という比較をしてみると，a は，それほど悪くなく，b がけしからんということがわかる。a は，核子のまわりに，π 中間子が，軌道角運動量1をもってまわっていて，その電流のためにおこる磁気能率であるという解釈ができる。陽子は π^+，中性子は π^- を出すので，それによる磁気能率は大きさが同じで符号が逆である。その大きさは，核子の磁気能率の $m/\mu \approx 6.7$ 倍になるので，時間的に，ほんの短い間だけ，核子が中間子を出していれば十分である。これで，核子の異常磁気能率が大ざっぱに説明できる。これを，場の理論で計算したのが a である。

　一方，b は，形状因子のアイソスカラー部分にきいて来るので，アイソスカラー部分は，はじめから，困難が予想される。事実，理論的に満足のいく説明はできていない。

C. 形状因子の理論

核子の形状因子が1からずれるのは，強い相互作用の影響である．陽子に対する F_1 と F_2 の実験値を図 2・30 に示す．それは，電子と陽子の散乱から得られ，Rosenbluth の式 (2・10・12) で，$F=1$ としたときと，どのようにずれるかを測定することによって知ることができる．それは，図 2・31 をみればよい．

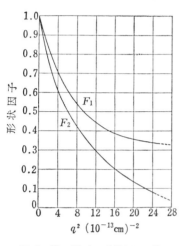

図 2・30　陽子の形状因子 F_1 と F_2 の実験値

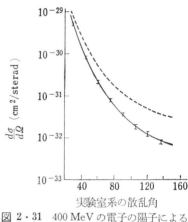

図 2・31　400 MeV の電子の陽子による散乱の微分断面積．点線は，Rosenbluth の公式で $F=1$ とした場合．

これを理論的に説明する準備として，G-変換を考える．G の定義は

$$G = Ce^{i\pi I_2} \qquad (2\cdot 10\cdot 21)$$

で，C は，荷電共役，$e^{i\pi I_2}$ はアイソスピン空間の第2軸のまわりの 180° 回転をあらわす．π 中間子に対しては，波動関数 ($\pi_1 \pm i\pi_2$) は C によって ($\pi_1 \mp i\pi_2$) になり，$e^{i\pi I_2}$ によって，($-\pi_1 \mp i\pi_2$) になる．π_3 も $-\pi_3$ になるので，π 中間子は，G 変換に対して，奇である．

$$G\pi = -\pi \qquad (2\cdot 10\cdot 22)$$

また，電流

$$\bar{N}\gamma_\mu \frac{1+\tau_3}{2} N$$

については，

$$G\bar{N}\gamma_\mu \frac{1+\tau_3}{2} N = \bar{N}\gamma_\mu \frac{-1+\tau_3}{2} N \qquad (2\cdot 10\cdot 23)$$

§2・10 核子のひろがり

となるので，アイソスカラー部分と，アイソベクトル部分は，G 変換に対して，変換性を異にする．この変換性に注目すると，アイソスカラー部分は，図 2・32 のように，1π, 3π, 5π, ……が形状因子に関係し，アイソベクトル形状因子は，2π, 4π, ……が寄与するであろうという予想ができる．ところで，アイソスカラー部分では，1π 状態は，スピン，アイソスピンがうまくつながらないために，1π は結局きいていない．一方，アイソベクトル部分は，2π 状態が一番かんたんな構成であ

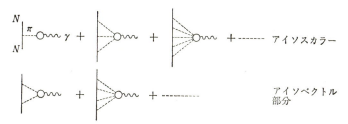

図 2・32 G 変換の性質で分類した，アイソスカラー部分と，アイソベクトル部分の形状因子の構成

り，とくに，$I=1$, $J=1$ の ρ 共鳴が重要な役割をはたすと考えられる．アイソスカラー部分は，3π 状態が，もっともかんたんな形で，$I=0$, $J=1$ の ω 共鳴が大切である．このことを定式化して，形状因子を説明する試みが，精力的になされてきたが，まだ満足できる状態ではない．とくに，ρ や ω のみでは，片づかない問題があるので，より複雑な状態を考えねばならず，一筋縄で行きそうもない．

第3章 弱い相互作用

§3・1 弱い相互作用とパリティ非保存

　素粒子の相互作用の うちで，弱い相互作用が はじめて 認識されたの
は原子核のベータ崩壊である。その基本形は，核内の中性子が陽子と電
子とニュートリノになる相互作用である。すなわち

$$n \to p + e^- + \bar{\nu} \qquad (3\cdot1\cdot1)$$

自由な中性子のベータ崩壊の寿命は，約 10 分である。この寿命は，た
とえば，$\Lambda^0 \to p + \pi^-$ という崩壊の寿命，10^{-10} 秒にくらべて，ものすご
く長いように見えるが，実は，同じ種類の弱い相互作用によっておこる
のであって，共通したいろいろの特徴をもっている。

　そのもっともいちじるしい点は，空間反転に対する性質が，崩壊の前
後でまるでちがっていることである。すなわち，パリティ保存がやぶれ
ている。弱い相互作用の理論は，古くから展開されてきたけれども，
1956 年に Lee と Yang が，パリティ非保存の疑問を提出し，それが
Wu 達によって実証されてからは，まったく形をあらためた。1958 年
までに，目ざましい展開があって，ある部分については決定版に近い理
論体系ができたといってよいであろう。とくに，ベータ崩壊の相互作用
の型の決定は，推理小説を読むようなたのしさがあった。それについて
は，次節にくわしく述べよう。

　Lee と Yang が，弱い相互作用で，パリティ保存が破れているのでは
ないかという疑問をもったのは，ベー
タ崩壊ではなくて，K^+ 中間子の崩壊
についてで あった。K^+ 中間子 は，
$\pi^+ \pi^0$ にもこわれるし，$\pi^+ \pi^+ \pi^-$ にもこ
われる（表3・1参照）。π 中間子の波
動関数は，ギスカラー，すなわち，π
のパリティは -1 である。K も π も
ともにスピンは 0 であるので，$\pi^+ \pi^0$
の重心系における軌道角運動量も 0 に

表 3・1 K^+ 粒子の崩壊の分岐
比（％以下 4 捨 5 入）

崩　　壊　　型	分岐比(%)
$K^+ \to \mu^+ + \nu$	64
$\pi^+ + \pi^0$	21
$\pi^+ + \pi^+ + \pi^-$	6
$\pi^+ + \pi^0 + \pi^0$	2
$\mu^+ + \nu + \pi^0$	3
$e^+ + \nu + \pi^0$	5

§3・1 弱い相互作用とパリティ非保存

なり，結局 $\pi^+\pi^0$ 系のパリティは $+1$ になる。一方，$\pi^+\pi^+\pi^-$ 系を考えると，その全軌道角運動量は，二つの π^+ 間の角運動量と，それらの重心と π^- の間の角運動量の和になる。その和が K のスピン，すなわち 0 に等しくなるためには，この二つの角運動量が等しくなければならない。したがって，角運動量だけを考えたときの空間反転性は $+1$ である。しかし，π が3個あるので，$\pi^+\pi^+\pi^-$ 系のパリティは，結局 $(-1)^3 = -1$ になる。したがって，これらの崩壊に対して，パリティ保存を要求するならば，$\pi^+\pi^0$ にこわれる K^+ はパリティが $+1$ で，$\pi^+\pi^+\pi^-$ にこわれるものは，パリティが -1 でなければならない。すなわち，K^+ は2種類あることになってしまう。それにしては，K^+ の質量も，寿命も，スピンも，同じであるのは偶然でありすぎる。そこで，Lee と Yang は，二つの π に崩壊する K と，三つの π に崩壊する K とは同じ粒子であり，弱い相互作用については，崩壊過程の前後で，パリティが保存していないのだと考えた。

パリティ非保存が弱い相互作用に広く共通した性質だとすると，当然，ベータ崩壊にもその効果があらわれるはずである。Lee と Yang が提案した実験は，スピンをそろえた Co^{60} という同位元素のベータ崩壊をしらべて，ベータ線の出る方向と，Co^{60} のスピンの方向の関係をしらべることである。その過程は

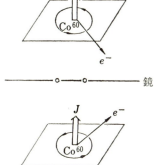

図 3・1 スピンをそろえた Co^{60} の崩壊。下の図で J はスピンの方向，e が右斜上に出る。これを鏡にうつしたのが上の図である。

$$Co^{60}(\text{スピン}5, \text{パリティ}+) \rightarrow Ni^{60}(4, +) + e^- + \bar{\nu} \quad (3\cdot1\cdot2)$$

であらわされる。まず Co^{60} のスピンをそろえる。図3・1のように，スピンの方向が J であらわされる Co^{60} から，電子 e が斜上に出たとする。この実験室の天井が鏡でできているとすると，その鏡像は，上半分のように，J の方向はそのままで，電子が斜下に出る。スピンは，地球の自転のようなものだから，それは，図で時計の針と逆方向の回転であ

らわしてある。これを鏡でうつしても，回転は同じ向きだから，J の方向も変わらない。もし，この崩壊過程が，空間反転に対して不変ならば，電子が J と θ なる角度で出る確率と，$\pi-\theta$ に出る確率は等しいはずである。それゆえ，実験で，電子が J と同方向に出る現象と，J と反対方向に出る現象のおこる割合がうんとちがえば，パリティ保存が成り立たないと結論を下すことができる。Wu 達の実験によれば，電子は J と逆方向に出る確率のほうが，同方向に出る確率よりうんと大きいことがわかった。

このことを式でかくために，Co^{60} のスピン J と電子の運動量 p_e の角相関を考える。電子が θ の方向に出る確率は

$$I(\theta) \sin \theta d\theta = \{F_1+F_2(\boldsymbol{J}\cdot\boldsymbol{p}_e)\} \sin \theta d\theta$$
$$= \{F_1+F_2 J p_e \cos \theta\} \sin \theta d\theta \qquad (3\cdot1\cdot3)$$

で与えられる。F_1，F_2 は，ニュートリノの運動量 p_ν と p_e のスカラー積をふくむ，スカラー量である。$(3\cdot1\cdot3)$ に空間反転をすると

$$I(\pi-\theta) \sin \theta d\theta = \{F_1-F_2 J p_e \cos \theta\} \sin \theta d\theta \qquad (3\cdot1\cdot4)$$

となる。ゆえに空間反転に対して不変なるためには，$F_2=0$ でなければならない。そのときには

$$I(\theta) = I(\pi-\theta)$$

がみたされている。不変性がこわれているときは，$I(\theta)$ の式に，ギスカラー量 $(\boldsymbol{J}\cdot\boldsymbol{p}_e)$ があらわれることに注意してほしい。

§3・2 ベータ崩壊の相互作用の型の決定

A. Fermi 相互作用

ベータ崩壊は $n \rightarrow p+e^-+\bar{\nu}$ が基本的な相互作用である。この過程を記述する現象論的な相互作用ハミルトニアンは

$$H = \sum_i G_i(\bar{p}O_i n)(\bar{e}O_i \nu) + \text{h.c.} \qquad (3\cdot2\cdot1)$$

とかくことができる。ここで G_i は i という型の結合定数，p とか n とかは，陽子，中性子の波動関数で，4成分のスピノール量である。正しくかけば，ψ_p，ψ_n とかくべきものであるが，以下，ψ を略す。$\bar{p} = p^+\gamma_4 = p^+\beta$ で，h.c. は前項のエルミット共役量のことである。O_i は相互作用の型をきめる大切な量で，つぎの5種類のものがある。

§ 3・2　ベータ崩壊の相互作用の型の決定　　　　　　　　　133

$$O_S = 1 \qquad \text{スカラー}\ (S)$$
$$O_V = \gamma_\mu \qquad \text{ベクトル}\ (V)$$
$$O_T = \frac{1}{2i}(\gamma_\mu\gamma_\nu - \gamma_\nu\gamma_\mu) \quad \text{テンソル}\ (T) \qquad (3\cdot2\cdot2)$$
$$O_A = i\gamma_\mu\gamma_5 \quad \text{ギベクトル}\ (A)^*$$
$$O_P = \gamma_5 \qquad \text{ギスカラー}\ (P)$$

ベータ崩壊は今のところ，時間反転に対する不変性をやぶっていないようである。そうすると，G_i は実数と考えてよい。この4体の Fermion の相互作用は，最初に Fermi によって導入されたので，**Fermi 相互作用**とよぶ。

この節の問題は，$(3\cdot2\cdot2)$ の5種類のうち，どの型が実際のベータ崩壊にあらわれるかを実験的にきめることである。

B．Helicity

電子や陽子に対する波動方程式は Dirac 方程式で，つぎの形で与えられることは，よく知っている。

$$(\gamma\partial + m)\psi = 0 \qquad (3\cdot2\cdot3)$$

m はその粒子の質量である（付録2. 参照）。ニュートリノは質量が0であるから，方程式は

$$\gamma\partial\psi = 0 \qquad (3\cdot2\cdot4)$$

電子の方程式を

$$(\boldsymbol{\alpha}\boldsymbol{p} + \beta m)\psi = E\psi \qquad (3\cdot2\cdot5)$$

というかき方にすると，それに対応してニュートリノの方程式は

$$\boldsymbol{\alpha}\boldsymbol{p}\psi = E\psi = p\psi \qquad (3\cdot2\cdot6)$$

となる（付録2. 参照）。$\boldsymbol{\alpha} = \rho_1\boldsymbol{\sigma} = -\gamma_5\boldsymbol{\sigma}$ および $\gamma_5{}^2 = 1$ に注意すると，ニュートリノの方程式は

$$\frac{\boldsymbol{\sigma}\boldsymbol{p}}{p}\psi = -\gamma_5\psi \qquad (3\cdot2\cdot7)$$

γ_5 と $\boldsymbol{\sigma}$ は可換であるので

$$\frac{\boldsymbol{\sigma}\boldsymbol{p}}{p}\frac{1+\gamma_5}{2}\psi = -\frac{1+\gamma_5}{2}\psi \qquad (3\cdot2\cdot8)$$

および

---

* 付録2. および，第2章では $i\gamma_5\gamma_\mu$ を A とかいたが，$i\gamma_5\gamma_\mu = -i\gamma_\mu\gamma_5$ であるから，どちらでも本質的には同じである。

$$\frac{\boldsymbol{\sigma p}}{p}\,\frac{1-\gamma_5}{2}\,\phi=\frac{1-\gamma_5}{2}\,\phi \tag{3・2・9}$$

を得る。この式から $\frac{1}{2}(1+\gamma_5)\phi$ は，$\boldsymbol{\sigma p}/p$ の -1 という固有値をもつ固有関数で，スピンが運動量と完全に逆平行であることを意味している。また $\frac{1}{2}(1-\gamma_5)\phi$ は，スピンと運動量が完全に平行な状態の固有関数である。

演算子 $\boldsymbol{\sigma p}/p$ のことを helicity とよぶ。helicity が，-1 の状態は，運動方向に対して，スピンが逆向きになっている。すなわち，左ネジのようになっている。helicity が $+1$ の状態は，右ネジに対応する。また演算子 $\frac{1}{2}(1+\gamma_5)$ は，helicity が -1 の状態に作用すると，そのままで，helicity が $+1$ の状態に作用すると 0 になる。これを，helicity -1 の状態の射影演算子という。$\frac{1}{2}(1-\gamma_5)$ は helicity $+1$ の状態の射影演算子である。

ニュートリノのときは質量がないので，すべての議論がかんたんになったが，電子に対して $\frac{1}{2}(1\pm\gamma_5)$ はどういう役割をしているかをしらべねばならない。運動量が $\boldsymbol{p}$ の自由な電子の波動関数は

$$\phi=N\begin{pmatrix}\chi\\[4pt]\dfrac{\boldsymbol{\sigma p}}{E+m}\chi\end{pmatrix} \tag{3・2・10}$$

で与えられる（付録 2. 参照）。ここで χ は $\chi_{\mathrm{up}}=\begin{pmatrix}1\\0\end{pmatrix}$ または $\chi_{\mathrm{down}}=\begin{pmatrix}0\\1\end{pmatrix}$ で，スピンの z 成分が，上向きと下向きに対応している。また，E は電子の全エネルギーで，$E=\sqrt{p^2+m^2}$ である。いま

$$\phi'=\frac{1}{2}(1\pm\gamma_5)\phi \tag{3・2・11}$$

とおく。γ_5 の表現を

$$\gamma_5=-\rho_1=\begin{pmatrix}0&-1\\-1&0\end{pmatrix}$$

とえらぶと

$$\phi'=\frac{N}{2}\begin{pmatrix}\left(1\mp\dfrac{\boldsymbol{\sigma p}}{E+m}\right)\chi\\[8pt]\mp\left(1\mp\dfrac{\boldsymbol{\sigma p}}{E+m}\right)\chi\end{pmatrix} \tag{3・2・12}$$

となる。かんたんのために，$\boldsymbol{p}$ が z 軸の正の方向にむいているとする

§3・2 ベータ崩壊の相互作用の型の決定　　　　135

と，helicity 演算子 $\sigma p/p$ の ψ' による期待値は

$$P=\frac{\langle\psi'^+\dfrac{\sigma p}{p}\psi'\rangle}{\langle\psi'^+\psi'\rangle}=\mp\frac{p}{E}=\mp\frac{v}{c} \qquad\text{(3・2・13)}$$

となる。c は光の速度，v は電子の速度である。このことから，速度 v が十分大きいときは，P はほとんど ∓1 である。いいかえると，$\frac{1}{2}(1\pm\gamma_5)$ は近似的に helicity ∓1 の状態の射影演算子になっていることがわかった。

C. 電子の helicity の測定

Frauenfelder 達は，ベータ崩壊の電子の helicity を測定した。Co^{60} からの e^- は helicity -1，すなわち，たての偏りの値が $-v/c$ である。その測定の方法は述べないが，e^- のスピンが運動方向に偏っていたとすると，それを物質にあてておこる制動輻射は，円偏光である。それをはかれば e^- のスピンの偏りがわかる。他の方法もあるけれども，とにかく，実験結果は，よい精度で一致している。また，陽電子を出すようなベータ崩壊については，e^+ の helicity は $+1$ であることがわかった。

したがって，Fermi 相互作用ハミルトニアン (3・2・1) で，$(\bar{e}O_i\nu)$ という部分は，e^- の helicity が -1 であることから

$$\bar{e}O_i\nu=e^+\gamma_4O_i\nu=e^+\frac{1}{2}(1+\gamma_5)\gamma_4O_i\nu$$

と変形してよい。γ_5 と γ_4 は反可換，すなわち $\gamma_5\gamma_4=-\gamma_4\gamma_5$ であるから

$$\bar{e}O_i\nu=e^+\gamma_4\frac{1}{2}(1-\gamma_5)O_i\nu \qquad\text{(3・2・14)}$$

となるが，さらに，γ_5 が γ_1, γ_2, γ_3 とも反可換であることに注意すると

$$\bar{e}O_i\nu=\bar{e}O_i\frac{1}{2}(1\pm\gamma_5)\nu \qquad \begin{array}{l}+:V,\ A\\-:S,\ T,\ P\end{array} \qquad\text{(3・2・15)}$$

となる。この式は，ベータ崩壊の型をきめる決定的な式になる。もしニュートリノの helicity が測定できて，-1 ならば V と A 型であり，$+1$ ならば S, T, P 型の適当な組み合わせである。

＊ P は計算をすると $P=\dfrac{|\psi'_{up}|^2-|\psi'_{down}|^2}{|\psi'_{up}|^2+|\psi'_{down}|^2}$ になることがわかる。ここで ψ'_{up} は，(3・2・12) で χ を χ_{up} とおいたものである。

D. ニュートリノの helicity の測定

ニュートリノは弱い相互作用しかしないために，これをつかまえることは，事実上不能である。だから，その helicity をはかることなど，できない相談だと思われていた。ところが，Goldhaber 達は，絶妙の方法でそれをはかることに成功した。彼らは，Eu^{152} がその原子中の電子を吸収して，Sm^{152} の励起状態にうつる現象をしらべた。この際，電子は，K 軌道から吸収されるので，K-capture とよばれる。Sm^{152} の励起状態は，ガンマ線を出して，Sm^{152} の基底状態にうつる。この過程を，図 3・2 に示す。式でかくと

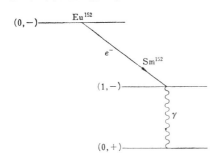

図 3・2 Eu^{152}(0, −) 状態から e^- を吸収することによって，Sm^{152}(1, −) と ν になる。Sm^{152}(1, −) は，ガンマ線を放出して Sm^{152}(0, +) になる。

$$\mathrm{Eu}^{152}(0,-)+e^- \to \mathrm{Sm}^{152}(1,-)+\nu \to \mathrm{Sm}^{152}(0,+)+\gamma+\nu$$
$$(3\cdot 2\cdot 16)$$

ここで，ν と逆方向にすすむ γ のみをしらべよう。ν はみつからないから，Sm^{152}(0, +) と γ 線が平行に走る場合だけをとり上げる。ν の方向を z 軸にえらぶと，スピンの関係は次式のようになる。

$$\mathrm{Eu}^{152}(0,-)+e^- \to \mathrm{Sm}^{152}(0,+)+\gamma+\nu \quad (3\cdot 2\cdot 17)$$

スピン

$$J \quad 0 \quad 1/2 \quad 0 \quad 1 \quad 1/2$$

その z 成分

$$J_z \begin{cases} 0 & +1/2 & 0 & +1 & -1/2 \\ 0 & -1/2 & 0 & -1 & +1/2 \end{cases}$$

要するにこれだけの組み合わせしかない。つまり，ν の helicity が $+1$ のとき，すなわち $J_z=+1/2$ のとき，γ の $J_z=-1$ である。γ は $-z$ 方向にすすむので，$J_z=-1$ ということは，右まきの円偏光であることを意味する。逆に，ν の helicity が -1 のとき，γ 線は左まきの円偏光である。手品のたねは，ニュートリノの helicity を，ガンマ線の円偏

§3・2 ベータ崩壊の相互作用の型の決定

光にすりかえたことである。実験の結果は，ニュートリノの helicity は，-1 であることがわかった。

この過程は，Gamow-Teller 型とよばれ，T か A かしか寄与しないので，いまの実験の結論は，A はあるが，T はあってはならないということである。

E. 電子とニュートリノの角相関

Allen 達は，$A^{35} \rightarrow Cl^{35} + e^+ + \nu$ の陽電子とニュートリノの角相関をはかった。ニュートリノは測定できないが，Cl^{35} のうごきから，ν の方向がわかる。この崩壊は，**Fermi 型**とよばれ（Gamow-Teller 型に対して），e^+ と ν のスピンの合計が 0 であることがわかっている。そして，(3・2・2) のうちの，V または S で崩壊がおこることが証明されている。

e^+ と ν のなす角度を θ とし，まず，$\theta = 0$ の場合を考える。すなわち，e^+ と ν が平行にとび出す場合である。その方向を z 軸にえらぶと，スピンの z 成分は，図 3・3 (a) の組み合わせが可能である。ところ

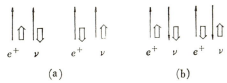

図 3・3　$A^{35} \rightarrow Cl^{35} + e^+ + \nu$ 過程における e^+ と ν の角相関とスピンの関係
　　(a)　e^+ と ν が平行に出る場合
　　(b)　e^+ と ν が反平行に出る場合
　　ここで矢印は運動量の方向，太い矢印はスピンの方向を示す

が，本節 C の項で述べたように，e^+ の helicity は $+1$ で，したがって，e^+ については $J_z = +1/2$ のみが可能である。それに対応して，ν については，$J_z = -1/2$ となり，helicity は -1 になる。(3・2・15) から V 型の場合には，こういう組み合わせは可能であるが，S 型だとすると，e^+ も ν も，ともに helicity が $+1$ でなければならない。いいかえると，S 型の場合には，e^+ と ν は，平行でとび出すことが禁止される。

つぎに，$\theta = \pi$ の場合，すなわち，e^+ と ν が反平行に出る場合を考える。図 3・3 (b) のように，e^+ の運動方向を z 軸にとると，スピンの z 成分は，図に示したように，2 通りの組み合わせがあるが，e^+ の helicity は，$+1$ であるから，ν のスピンの z 成分は，一意的に $J_z =$

138   第3章　弱い相互作用

−1/2 になってしまう。ν は z 軸の負の方向にうごくので，$J_z = -1/2$
は，helicity +1 に対応する。この組み合わせは，S 型のときのみおこ
り，V 型のときにはおこらない。いいかえると，もし V 型ならば，e^+
と ν が反平行に出ることは禁止される。

　Allen 達の結果は，e^+ と ν は平行にはなれるが，反平行にはなれな
いことを示した。したがって，S 型の相互作用はあってはならないこと
がわかり，Fermi 型の過程は，V 型で記述されるという結論を得た。

　そのほかのいろいろの現象から，ベータ崩壊の相互作用は，V と A
の組み合わせで，他の型はあらわれないことがたしかめられた。したが
って，(3・2・1) は

$$H = \frac{1}{2} G_V (\bar{p} \gamma_\mu n) (\bar{e} \gamma_\mu (1 + \gamma_5) \nu) - \frac{1}{2} G_A (\bar{p} \gamma_\mu \gamma_5 n) (\bar{e} \gamma_\mu (1 + \gamma_5) \nu)$$

(3・2・18)

となる。

F．G_V と G_A の値

　(3・2・18) のように，ベータ崩壊の相互作用の型がきまったので，つぎ
の問題は，相互作用定数 G_V と G_A を，実験的にきめることである。G_V
は，$O^{14}(0, +) \rightarrow N^{14}(0, +) + e^+ + \nu$ という崩壊からわかる。$N^{14}(0, +)$
は，基底状態ではないが，崩壊は，このようにおこる。そして，くわし
くしらべると，(3・2・18) の第一項だけが，この崩壊に関係し，第二項
はきかないことがわかる。この場合，核のスピンの変化も，パリティの
変化もない。また，e^+ と ν のスピンの合計は，当然 0 である。すなわ
ち，E 項で述べた，Fermi 型である。Fermi 型の崩壊は，G_V だけがき
く。O^{14} の寿命から，G_V がわかり

$$G_V = \sqrt{2} f$$

(3・2・19)

とおくとき

$$f = (1.4029 \pm 0.0022) \times 10^{-49} \, \text{erg} \cdot \text{cm}^3$$

(3・2・20)

である。これを Fermi 相互作用の強さという。

　G_A の大きさは，中性子のベータ崩壊からわかる。この過程は，Fermi
型と，Gamow-Teller 型の両方が共存する。Gamow-Teller 型では，e^-
と ν のスピンの和が 1 である。そして，(3・2・18) の第二項が寄与す
る。結果は，まだ必ずしもよい精度で得られていないし，最近も，値が

§3・2 ベータ崩壊の相互作用の型の決定　　　139

少しずつ変っている。いまのところ

$$g_A = |G_A|/|G_V| = 1.20 \sim 1.24 \qquad (3 \cdot 2 \cdot 21)$$

の間らしく思われる。

ところで，$(3 \cdot 2 \cdot 20)$ の f は erg・cm³ の次元をもっている。これを，次元のない数にするには，たとえば，核子の質量 m をもってきて

$$f \times \left(\frac{mc}{\hbar}\right)^2 \times \frac{1}{\hbar c}$$

という組み合わせにすればよい。われわれの単位系では，プランク定数 $\hbar$，光速度 c を 1 にした単位をとっているので

$$fm^2 = 1.01 \times 10^{-5} \qquad (3 \cdot 2 \cdot 22)$$

とするのが普通である。

G.　$V+A$ か $V-A$ かの決定

F項で述べたように，$|G_A|/|G_V|$ は 1 から，それほどにはずれていない。おおざっぱにいって，$|G_A| \approx |G_V|$ と考えてよいであろう。そうすると，残った問題は，$G_A \approx G_V$ であるか，$G_A \approx -G_V$ であるかを実験的にきめることである。

そのために，スピンをそろえた中性子のベータ崩壊を考える。中性子のスピンの方向を $\boldsymbol{\sigma}$，電子の運動量を $\boldsymbol{p}_e$，ニュートリノの運動量を $\boldsymbol{p}_\nu$ とする。まず，$(3 \cdot 2 \cdot 18)$ の第一項，すなわち Fermi 型の部分を変形してみよう。中性子と陽子の質量の差が小さいので，陽子の運動量は，その質量にくらべて非常に小さい。したがって，核子に関しては，非相対論的近似で十分である。$(\bar{p}\gamma_\mu n)$ の $\mu = 1, 2, 3$ という成分は，たとえば，$\mu = 1$ として

$$(\bar{p}\gamma_1 n) = (p^+ \gamma_4 \gamma_1 n) = -i(p^+ \rho_1 \sigma_1 n) \qquad (3 \cdot 2 \cdot 23)$$

ここで

$$\gamma = -i\rho_3 \rho_1 \boldsymbol{\sigma}, \qquad \gamma_4 = \rho_3 \qquad (3 \cdot 2 \cdot 24)$$

をつかった。また，$\mu = 4$ に対しては，明らかに

$$(\bar{p}\gamma_4 n) = (p^+ n) \qquad (3 \cdot 2 \cdot 25)$$

である。核子の波動関数は，$(3 \cdot 2 \cdot 10)$ で与えられ，ρ_1 は，その上の成分と，下の成分を，ひっくりかえすはたらきをする。$(3 \cdot 2 \cdot 23)$ は，$(3 \cdot 2 \cdot 25)$ にくらべて $p/(E+m)$ 倍の大きさになってしまう。p が，核子の静止質量 m にくらべて小さいので，$(3 \cdot 2 \cdot 23)$ は無視してよい。V

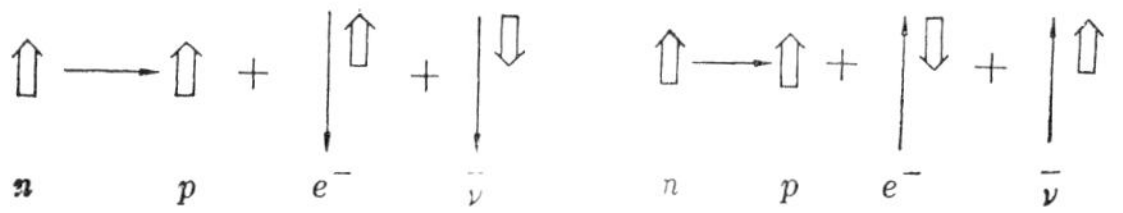

140　　　　　　　　　　　　　　　　第 3 章　弱 い 相 互 作 用

$$\Uparrow \longrightarrow \Uparrow \; + \; \Big|\overset{\Uparrow}{} \; + \; \Big|\underset{}{\Downarrow} \qquad\qquad \overset{\Uparrow}{} \longrightarrow \Uparrow \; + \; \Big|\underset{}{\Downarrow} \; + \; \Big|\overset{\Uparrow}{}$$

n　　　p　　　　e^-　　　$\bar{\nu}$　　　　　n　　　p　　　e^-　　　$\bar{\nu}$

(a)　　　　　　　　　　　　　　　　(b)

図 3・4　中性子のベータ崩壊の Fermi 型，すなわち，V
型の部分の，スピンと運動量の関係。ここで矢印
は運動量の方向，太い矢印は，スピンの方向を示
す。電子の helicity は −1 で，反ニュートリノ
の helicity は +1 であるから，(3・2・25) によ
る崩壊は，この二通りの場合に限る。

型は，(3・2・25) だけをとれば十分で，それは，σ という演算子をふく
まぬから，核子のスピンは，当然，変化しない。これを，図であらはす
と，図 3・4 のようになる。

つぎに，(3・2・18) の第二項，すなわち，Gamow-Teller 型の部分に
移ろう。$(\bar{p}\gamma_\mu\gamma_5 n)$ の $\mu=1$, 2, 3 成分を考える。

$$(\bar{p}\gamma\gamma_5 n)=(p^+\gamma_4(-i)\rho_3\rho_1\sigma\gamma_5 n)$$

(3・2・24) と $\gamma_5=-\rho_1$ をつかうと

$$(\bar{p}\gamma\gamma_5 n)=-i(p^+\rho_1\sigma(-\rho_1)n)=i(p^+\sigma n) \qquad (3\cdot2\cdot26)$$

$$\Uparrow \longrightarrow \Downarrow \; + \; \Big|\overset{\Uparrow}{} \; + \; \Big|\overset{\Uparrow}{}$$

n　　　p　　　　e^-　　　$\bar{\nu}$

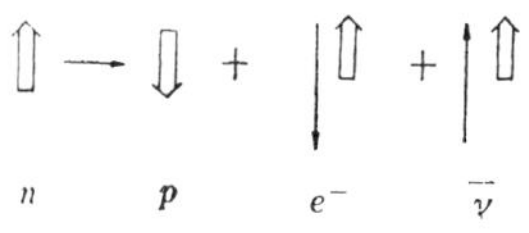

(c)

図 3・5　(3・2・26) によって
おこるベータ崩壊の
スピンと運動量の関
係。σ_1, σ_2 はスピン
の方向をひっくりか
えす作用があるの
で，中性子が陽子に
なるとき，スピンの
むきが逆になる。

また，$\mu=4$ については

$$(\bar{p}\gamma_4\gamma_5 n)=(p^+\gamma_5 n)=-(p^+\rho_1 n)$$
$$(3\cdot2\cdot27)$$

となり，(3・2・26) にくらべて，$p/(E+m)$ 倍の大きさになる。すなわち，これ
は無視できる大きさである。(3・2・26)
を図で示すと，σ_3 に対しては，図 3・4
と同じであるが，σ_1, σ_2 については，図
3・5 の組み合わせが可能である。

結局，陽子の運動量を，その質量にく
らべて無視した近似 では，(3・2・18) は
つぎのようになる。

$$H=\frac{1}{2}G_V(p^+n)(e^+(1+\gamma_5)\nu)+\frac{1}{2}G_A(p^+\sigma n)(e^+\sigma(1+\gamma_5)\nu)$$
$$(3\cdot2\cdot28)$$

§3・2 ベータ崩壊の相互作用の型の決定　　　　　　　141

これによって，図3・5のように，陽子のスピンが下向きになる過程に対する行列要素 M_c を計算する。(3・2・28) の第二項をくわしくかくと

$$(p^+\boldsymbol{\sigma}n)(e^+\boldsymbol{\sigma}(1+\gamma_5)\nu) = (p^+\sigma_1 n)(e^+\sigma_1(1+\gamma_5)\nu)$$
$$+ (p^+\sigma_2 n)(e^+\sigma_2(1+\gamma_5)\nu) + (p^+\sigma_3 n)(e^+\sigma_3(1+\gamma_5)\nu)$$

である。このうち，最後の項は，核子のスピンの向きをひっくりかえさないので，M_c にはきかない。したがって

$$(p^+\boldsymbol{\sigma}n)(e^+\boldsymbol{\sigma}(1+\gamma_5)\nu) \Rightarrow 2\Big(p^+\frac{\sigma_1+i\sigma_2}{2}n\Big)\Big(e^+\frac{\sigma_1-i\sigma_2}{2}(1+\gamma_5)\nu\Big)$$
$$+ 2\Big(p^+\frac{\sigma_1-i\sigma_2}{2}n\Big)\Big(e^+\frac{\sigma_1+i\sigma_2}{2}(1+\gamma_5)\nu\Big)$$

となる。このうち，第二項が，核子のスピンを上向きから下向きにする演算子をふくんでいるので，図3・5をあらわす。一方，第一項は，核子のスピンを，下向きから上向きにする演算子をふくむので，図3・5の過程にはきかない。また，e^+ と ν については，$(\sigma_1+i\sigma_2)/2$ は，1と同じ役割しかしないことが示される。結局

$$(p^+\boldsymbol{\sigma}n)(e^+\boldsymbol{\sigma}(1+\gamma_5)\nu) \Rightarrow 2\Big(p^+\frac{1}{2}(\sigma_1-i\sigma_2)n\Big)(e^+(1+\gamma_5)\nu)$$
$$(3・2・29)$$

ということになる。そして，M_c は

$$M_c = \alpha \times \frac{1}{2}G_A \times 2 = \alpha G_A \qquad (3・2・30)$$

になる。ここで α は適当な定数である。

つぎに，図3・4の(a)に対応する行列要素 M_a を計算する。これは，(3・2・28) の第一項と，第二項のうち σ_3 に関するものが関係する。σ_3 を電子のスピンに作用させると，電子のスピンは上向きだから，+1の役割をはたし

$$M_a = \alpha\Big(\frac{1}{2}G_V + \frac{1}{2}G_A\Big) \qquad (3・2・31)$$

となる。同様に，図3・4（b）に対する行列要素 M_b は，電子のスピンが下向きであることに注意すると

$$M_b = \alpha\Big(\frac{1}{2}G_V - \frac{1}{2}G_A\Big) \qquad (3・2・32)$$

となる。

さて，実験で測ることのできる量は何であろうか。中性子のスピンの

偏りの方向は，与えられているし，電子のとび出す方向は，測定することができる。図 3・4 および図 3・5 を参照し，M_c，M_a および M_b の式から，中性子のスピンの方向と同じ方向に，電子がとび出す確率を計算する。そういう現象は，図 3・4（b）の場合で，その確率は

$$P(\boldsymbol{\sigma}\uparrow\uparrow\boldsymbol{p}_e)=|M_b|^2=\frac{1}{4}|\alpha|^2|G_V-G_A|^2 \qquad (3\cdot2\cdot33)$$

になる。一方，電子が，中性子のスピンと逆方向にとび出す現象は，図 3・4（a）および図 3・5 によっておこる。したがって，その確率は

$$P(\boldsymbol{\sigma}\uparrow\downarrow\boldsymbol{p}_e)=|M_a|^2+|M_c|^2=\frac{1}{4}|\alpha|^2|G_V+G_A|^2+|\alpha|^2|G_A|^2$$

$$(3\cdot2\cdot34)$$

である。

もし $G_V\approx G_A$ ならば，$P(\boldsymbol{\sigma}\uparrow\uparrow\boldsymbol{p}_e)\approx0$ になり，電子は，中性子のスピンの方向へは，とび出せない。また，$G_V\approx-G_A$ ならば，$P(\boldsymbol{\sigma}\uparrow\uparrow\boldsymbol{p}_e)\approx P(\boldsymbol{\sigma}\uparrow\downarrow\boldsymbol{p}_e)$ となり，電子が，中性子のスピンの方向に出るのと，反平行に出るのとが，ほぼ同数になる。スピンの偏りをそろえた中性子のベータ崩壊の実験から

$$G_A\approx-G_V \qquad (3\cdot2\cdot35)$$

であることが確立された。このようにして，ベータ崩壊の相互作用ハミルトニアン（3・2・18）は，最終的に

$$H=\frac{1}{2}G_V(\bar{p}\gamma_\mu(1+g_A\gamma_5)n)(\bar{e}\gamma_\mu(1+\gamma_5)\nu) \qquad (3\cdot2\cdot36)$$

または

$$H=\frac{1}{\sqrt{2}}f(\bar{p}\gamma_\mu(1+g_A\gamma_5)n)(\bar{e}\gamma_\mu(1+\gamma_5)\nu) \qquad (3\cdot2\cdot37)$$

ここで，g_A は（3・2・21），f は（3・2・20）で与えられる。この H を
V−A 型 Fermi 相互作用とよぶ。

H. ベータ崩壊の問題点

このように，中性子のベータ崩壊の相互作用は，完全にわかったので，核のベータ崩壊がこの相互作用ハミルトニアンをつかってしらべられた。その結果，素粒子論としての，弱い相互作用の機構には，ほとんど問題はなく，ただ，核の構造にいろいろの問題が残っていることがわかった。核に関することは，本書の守備範囲外であるので，ここでは述べないが，測定が精密化するに従って，ベータ崩壊の実験から，核構造

を研究する方向が，ますます強くなるであろう．ことに，いわゆる π 中間子大量生産工場 (pion factory) が 1970 年代に，うごき出すと，μ^- の核による吸収等と関係して，中間エネルギー領域の核物理学が花を咲かすにちがいない．

§3・3 π 中間子の崩壊

$\pi^{\pm}$ 中間子は，寿命は，約 2.6×10^{-8} 秒で大部分は，$\pi^{\pm} \to \mu^{\pm} + \nu$ という崩壊をする．しかし，ごくわずか，$\pi^{\pm} \to e^{\pm} + \nu$ や，その以外の崩壊をする．この崩壊を Feynman diagram であらわすと，図 3・6 のようになる．π^+ の場合，それが，A 点において，強い相互作用で，virtual な陽子 p と反中性子 $\bar{n}$ に解離し，B 点で弱い Fermi 型

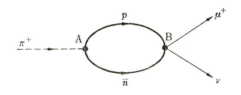

図 3・6　π^+ が virtual な $(p, \bar{n})$ という状態に解離し，それが Fermi 相互作用で μ^+ と ν に崩壊する様子を示す

相互作用で μ^+ と ν に崩壊する．これを，真正直に，Feynman-Dyson の計算法で計算すると，無限大になり，意味のある答えが出ない．

ところが，図 3・6 を見なおして，$\pi^{\pm} \to \mu^{\pm} + \nu$ と，$\pi^{\pm} \to e^{\pm} + \nu$ を比較することを考えてみよう．図 3・7 のように，virtual な $(p, \bar{n})$ の部分を，黒い箱でおきかえる．$(p, \bar{n})$ の部分は，図 3・6 のようなかんたんなものではなく，強い相互作用が複雑な形ではたらいているので，実は，どうなっているかよくわからない．それで，黒い箱でおきかえて，中味は議論しないことにする．弱い相互作用が，Fermi 相互作用でおこるとすると，$(\mu^+ \nu)$ にしても，$(e^+ \nu)$ にしても，一点から出るので，黒

図 3・7　図 3・6 で，強い相互作用のはたらく部分を，黒い箱でおきかえる．その中は，どうなっているかわからないが，終わりの状態が $\mu^+ + \nu$ でも $e^+ + \nu$ でも同じであることがいえる．

い箱は，終わりが μ^+ でも e^+ でも，それに無関係な量である。いいかえると，黒い箱は，π 中間子の質量と，強い相互作用の結合定数だけの関数になってしまう。したがって，$\pi^+\to\mu^++\nu$ のおこる確率，$w(\pi^+\to\mu^++\nu)$ は，黒い箱の中味がわからない限り，求めることはできないが，$w(\pi^+\to e^++\nu)/w(\pi^+\to\mu^++\nu)$ という比は，分母分子で，黒い箱の部分が帳消しになるので，信頼できる値が得られるはずである。

そこで，弱い相互作用のハミルトニアンが，e についても，μ についても（3・2・37）で与えられるとき，$w(\pi^+\to e^++\nu)/w(\pi^+\to\mu^++\nu)$ を求めてみよう。軽粒子の部分の相互作用の形は，（3・2・37）のそれと同じであるが，重粒子の部分は，黒い箱の中にはいってしまうので，π^+ 中間子の崩壊の行列要素は，結局

$$H=g\partial_\mu\pi(\bar{e}\gamma_\mu(1+\gamma_5)\nu+\bar{\mu}\gamma_\mu(1+\gamma_5)\nu)+\text{h.c.} \qquad (3\cdot3\cdot1)$$

という型にかける。g は，崩壊の定数で，黒い箱の部分をも含んでいる。h.c. はエルミット共役量をあらわす。（3・3・1）を運動量空間でかくと，∂_μ は π の4次元運動量になる。運動量保存則から，それは，μ（または e）と ν の運動量の和になる。それらが，Dirac の運動方程式に従うことを考慮すると

$$H\propto g\pi(m_e\bar{e}(1+\gamma_5)\nu+m_\mu\bar{\mu}(1+\gamma_5)\nu) \qquad (3\cdot3\cdot2)$$

になる。ここで

$$(i\gamma p_e+m_e)e=0,\qquad i\gamma p_\nu\nu=0$$

をつかった。これで，だいたいの見当がつくことになる。すなわち

$$\frac{w(\pi^+\to e^++\nu)}{w(\pi^+\to\mu^++\nu)}\propto\frac{m_e^2}{m_\mu^2}\approx2.3\times10^{-5} \qquad (3\cdot3\cdot3)$$

となり，これだけでも，実験の傾向とだいたい一致している。もっと，きちんとした計算は，波動関数を正確にかいて，厳密にやる。（3・3・3）のほかに，波動関数から，出る因子と，終状態の状態密度がかかる。

（3・3・3）は，つぎのような，かんたんな考察からも得られる。すなわち，π の静止系で，ν が右へ，e^+ が左へ行くとすると，ν の helicity は -1 で，e^+ の helicity は $+1$ である。ν の方向を，z 軸にとると，スピンの z 成分は，ν のほうは，$-1/2$，e^+ のほうも $-1/2$ になり，π のスピンの z 成分が -1 でないと崩壊がおこらぬことになる。π はスピンが 0 だから，この論法だと，$\pi^+\to e^++\nu$ は禁止される。しかし，e^+

§3・3　π 中間子の崩壊　　　　145

の helicity は，厳密には，+1 ではなくて +v/c である。だから，崩壊がおこる確率は，$(1-v/c)$ に比例する。この過程の，エネルギーと運動量の保存則は

$$m_\pi = E_e + E_\nu$$
$$E_\nu = p_\nu = p_e = p \qquad (3・3・4)$$
$$E_e = \sqrt{p^2 + m_e^2}$$

が成り立つ。第一の式は

$$m_\pi = \sqrt{p^2 + m_e^2} + p$$

となり，これから

$$p = \frac{m_\pi^2 - m_e^2}{2m_\pi} \qquad (3・3・5)$$

また

$$E_e = \frac{m_\pi^2 + m_e^2}{2m_\pi} \qquad (3・3・6)$$

となる。結局，$w(\pi^+ \to e^+ + \nu)$ は

$$1 - \frac{v}{c} = 1 - \frac{p}{E_e} = \frac{2m_e^2}{m_\pi^2 + m_e^2} \qquad (3・3・7)$$

に比例する。とにかく，m_e^2 に比例することは (3・3・3) と同じである。

つぎに，$\pi^+ \to \mu^+ + \nu$ および $\pi^+ \to e^+ + \nu$ の 終状態の 状態密度を計算する。量子力学の教科書を参照すると，終状態のエネルギーが W と $W + dW$ の間にある固有状態の数は

$$\rho dW = p^2 \frac{dp}{dW} dW \qquad (3・3・8)$$

で与えられる。ここに W は，終状態の全エネルギーである。すなわち

$$W = \sqrt{p^2 + m_e^2} + p \qquad (3・3・9)$$

これから

$$\left(\frac{dp}{dW} \right)_{W=m_\pi} = \frac{m_\pi^2 + m_e^2}{2m_\pi^2}$$

を得る。結局，(3・3・5) をつかって

$$\rho = p^2 \frac{dp}{dW} = \frac{(m_\pi^2 - m_e^2)^2 (m_\pi^2 + m_e^2)}{8m_\pi^4} \qquad (3・3・10)$$

となる。μ については，m_e を m_μ とかきかえればよい。(3・3・7) と組み合わせると

146 第3章 弱い相互作用

$$w(\pi^+ \to e^+ + \nu) \propto m_e{}^2 (m_\pi{}^2 - m_e{}^2)^2 \qquad (3\cdot3\cdot11)$$

を得る。$w(\pi^+ \to e^+ + \nu)/w(\pi^+ \to \mu^+ + \nu)$ は

$$\frac{w(\pi^+ \to e^+ + \nu)}{w(\pi^+ \to \mu^+ + \nu)} = \frac{m_e{}^2(m_\pi{}^2 - m_e{}^2)^2}{m_\mu{}^2(m_\pi{}^2 - m_\mu{}^2)^2} = 1.3 \times 10^{-4} \quad (3\cdot3\cdot12)$$

これは実験値 1.24×10^{-4} とよく一致している。

(3·3·1), (3·3·2) を, もう一度ながめなおす。もし, Fermi 相互作用が $V-A$ 型でなくて, P と S の組み合わせであるとすると, (3·3·1) は

$$H = g\pi(\bar{e}(1 + \lambda\gamma_5)\nu + \bar{\mu}(1 + \lambda\gamma_5)\nu) \qquad (3\cdot3\cdot13)$$

のごときものになるであろう。λ は, 定数である。したがって, (3·3·2) は

$$H \propto g\pi(\bar{e}(1 + \lambda\gamma_5)\nu + \bar{\mu}(1 + \lambda\gamma_5)\nu) \qquad (3\cdot3\cdot14)$$

となり

$$\frac{w(\pi^+ \to e^+ + \nu)}{w(\pi^+ \to \mu^+ + \nu)} = \frac{(m_\pi{}^2 - m_e{}^2)^2}{(m_\pi{}^2 - m_\mu{}^2)^2} = 5.4 \qquad (3\cdot3\cdot15)$$

という, 実験とまるでちがう値になる。$\pi^\pm \to \mu^\pm + \nu$, $\pi^\pm \to e^\pm + \nu$ でも, $V-A$ 型 Fermi 相互作用は, 正しいことが, 実証できた。図 3·7 の黒い箱については, どうしてそれを理論的に計算するかは, 本書では述べないが, 非常に面白い問題をふくんでいる。素粒子の研究に進む人は, 必ず勉強するべきことである。

§3·4 μ 中間子の崩壊および吸収

A. μ 中間子の崩壊

μ 中間子は $\mu^\pm \to e^\pm + \nu + \bar{\nu}$ という崩壊をし, その寿命は, 2.2×10^{-6} 秒である。

図 3·8 のように, π^+ がまず μ^+ と ν にこわれるが, μ^+ が右へ出たとすると, μ^+ がこわれてできた e^+ は左のほうへ多く出ることがわかった。二つのニュートリノ ($\nu + \bar{\nu}$) の運動量の大きさおよび方向がそろっている確率もかなり高いこともわかった。このことから, 第一に, 二つのニュートリノが $\nu + \nu$ ではなくて, $\nu + \bar{\nu}$ であることがいえる。もし二つのニュートリノが同じ粒子であれば, パウリの原理から, 二つの運動量が同じ大きさで同じ方向であることは許されないはずである。ゆえに, $\nu + \bar{\nu}$ でなければならぬという結論を得る。

§3・4 μ中間子の崩壊および吸収

図 3・8 から, helicity の関係を考えてみよう。νの helicity は −1 であるから, μ^+ の helicity も −1 である。π^+ からとび出す μ^+ の速度は, 光の速度の 0.3 倍くらいであるから, μ^+ の helicity が −1 でもさしつかえない。そして, e^+ は μ^+ と反対の方向に出るので, μ^+ の helicity をそのままもらって, +1 の helicity をも

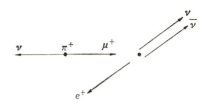

図 3・8 静止した π^+ 中間子が μ^+ と ν にこわれる。νの helicity は −1 で, μ^+ の helicity もだいたい −1 である。e^+ は μ^+ と逆方向に出ることが多く, その helicity は +1 である。

つ。ν と ν̄ の helicity は打ちけすので, 角運動量の保存は, 問題なく行なわれている。

この helicity のありさまを, $V-A$ 型 Fermi 相互作用で解釈してみよう。$\mu^\pm \to e^\pm + \nu + \bar{\nu}$ の相互作用ハミルトニアンが, (3・2・37) と同じ型であると仮定する。すなわち

$$H = \frac{1}{\sqrt{2}} f (\bar{\nu}\gamma_\mu(1+\gamma_5)\mu)(\bar{e}\gamma_\mu(1+\gamma_5)\nu) + \text{h.c.} \qquad (3・4・1)$$

から, (3・2・20) と同じ f をつかって, μ中間子の崩壊の寿命を計算すると, 実験値とほとんど同じ値を得る。小さなちがいがあるのだが, それについては, 後に述べる。また, $V-A$ 型のみが, helicity の関係をうまく説明することができる。

電子のエネルギーを, その最大値で割ったものを x とおく。すなわち

$$x = E/E_{\max}$$

とすると, 電子のエネルギー変数 x が, x と $x+dx$ の間であるような崩壊のおこる確率は, 結果だけかくと

$$N(x)dx = 4x^2 \left[3(1-x) + \frac{2}{3}\rho(4x-3) \right] dx \qquad (3・4・2)$$

で与えられることがわかった。ここで, ρ は **Michel**（ミシェル）**係数** とよばれる量で, $V-A$ 理論では

$$\rho = \frac{3}{4} \qquad (3・4・3)$$

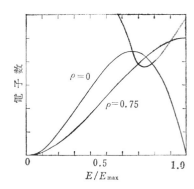

図3・9 μ中間子の崩壊で出て行く電子のエネルギースペクトル。Michel 係数 $\rho=0$ と, $\rho=0.75$ の場合を比較した。なお, 実験値は $\rho=0.75$ の曲線によい精度で一致している。

である。なお, 電子エネルギーは, μ の静止系で考えると, 電子が一方に出て, 逆の方向に ν と $\bar{\nu}$ が, 同じ大きさの運動量でそろって出た場合に最大であり, その値は, $E_{max}=m_\mu/2$ である。実験で, 電子のエネルギースペクトル (3・4・2) をはかって, ρ をきめると, だいたい 0.75 となり, $V-A$ 型でよいことがわかった。

図 3・9 に, 電子のエネルギースペクトルと, ρ の関係を示す。

B. μ^- 中間子の原子核による吸収

μ^- 中間子が, 物質の中でエネルギーを失い, 速度をおとして, 原子核に吸収される現象がある。一般に

$$\mu^- + (原子核, A, Z) \to \nu + (原子核, A, Z-1)^* \qquad (3\cdot4\cdot4)$$

という過程である。終状態の核に * をつけたのは, 一般に, 基底状態ではなく, 高い励起状態であったり, また, いくつかの核や粒子が, ばらばらにとび出すこともあるからである。

この過程は, 基本的には, 陽子, すなわち, 水素原子核による μ^- の吸収によって記述できる。

$$\mu^- + p \to \nu + n \qquad (3\cdot4\cdot5)$$

μ^- が物質にとびこんで, とまり, 核に吸収されるが, μ^- は電子と質量がちがう以外, 電子とまったく同じ性質をもっているので, 原子における電子のふるまいのように, ボーアの電子軌道に対応する, ある軌道をまわる。そして光を出すことによって, だんだんと, エネルギー準位のひくい軌道におち, ついに, $1S$ 軌道から, 核に吸収される。$1S$ 軌道の半径は, 水素原子に対応して

$$a_\mu = \frac{4\pi\hbar^2}{m_\mu e^2} = 2.55\times10^{-11}\,\mathrm{cm} \qquad (3\cdot4\cdot6)$$

§3・4　μ中間子の崩壊および吸収　　　149

となる。電子のかわりに，μ^- 中間子がはいった原子を，μ 中間子原子という。これは，ボーア半径，0.53×10^{-8} cm にくらべて，うんと小さい。つまり，μ^- と陽子は，うんと近くにあるので，吸収がおこりやすい。吸収のおこる確率は，μ^- の波動関数の，核における密度に比例する。すなわち

$$w(\mu^- + p \to \nu + n) \propto 1/(\pi a_\mu{}^3) \tag{3・4・7}$$

となる。陽子数 Z の核については，おおざっぱにいえば

$$w(\mu^- + (A, Z) \to \nu + (A, Z-1)^*) \propto Z^4/(\pi a_\mu{}^3) \tag{3・4・8}$$

になるので，Z が大きくなると，吸収がうんとおこりやすくなる。実は，核の構造に関する問題が複雑にからみあっているので，Z がふえても，吸収は，Z^4 より，うんとゆるくしかふえない。μ^- は，寿命が，2.2×10^{-6} 秒であるので，μ^- が崩壊するまでに吸収がおこらねばならない。実験では，μ^- の水素による吸収の確率は，崩壊の確率の 1/1000 くらいなので，測定はなかなかむずかしい。核物理としても面白い，C^{12} や O^{16} による μ^- 吸収は，実験データも着々ふえているが，その確率は，μ^- の崩壊の確率の 1/100 くらいである。

　素粒子の問題として興味があるのは，μ^- の水素による吸収の確率の実験値

$$w(\mu^- + p \to \nu + n) = 640 \pm 70 \text{ sec}^{-1} \tag{3・4・9}$$

および，これもまた，$V-A$ 型 Fermi 相互作用

$$H = \frac{1}{\sqrt{2}} f\,(\bar{n}\gamma_\mu(1+g_A\gamma_5)p)\,(\bar{\nu}\gamma_\mu(1+\gamma_5)\mu) \tag{3・4・10}$$

で記述されることである。ここにあらわれる定数は，(3・2・37) のものと同じとして，実験と矛盾しない。

C.　μ 中間子の問題点

　μ 中間子は，電子と質量がちがうだけで，電磁気的性質も，弱い相互作用においても，何らの差がみとめられない。それだのに質量がものすごくちがうことは，どう考えても理解できない。これが，μ に関する，もっともむつかしい問題であろう。いまのところ，これを説明する手がかりはまったくつかめていない。

　もう一つの性質は，μ と e は，これほどよくにているのに相互に移りかわることはない。たとえば，$\mu^- \to e^- + \gamma$ という過程はみつかってい

ない。実験によると，その確率は

$$\frac{w(\mu^-\to e^-+\gamma)}{w(\mu^-\to e^-+\nu+\bar{\nu})}<6\times 10^{-9} \qquad (3\cdot 4\cdot 11)$$

である。また，$\mu^-+p\to e^-+p$ も見つかっていない。次節に述べるように，ν も，e^- の親類と，μ^- の親類があって，その二種類は，まったく別のものであることがわかった。それを，ν_e, ν_μ とかくと，(e^-, ν_e) という一族と，(μ^-, ν_μ) という一族があって，実によく似ているが，まったく別の種類に属するということである。これを，分類学上，どのように位置づけるかは，何もわかっていない。

§3・5 ニュートリノの相互作用

A. ニュートリノの性質

ニュートリノの運動方程式は，質量 0 の Dirac 方程式（3・2・4）で与えられ，それから，(3・2・8) および (3・2・9) のような helicity の固有状態についての式に分けることができる。ところで，実験で，ν の helicity はいつも -1 で，$+1$ の状態はあらわれない。したがって，ν の波動方程式としては，(3・2・8) だけを考えればよく，(3・2・9) は，存在しない。ニュートリノの波動関数は，電子の波動関数のように，4 成分をもつ必要はなく，2 成分でよい。のこりの 2 成分は，(3・2・9) の解で，helicity が $+1$ の状態に対応するものである。そして，それは存在しないからである。これを，**2 成分ニュートリノ理論**という。

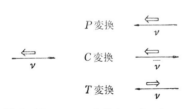

図 3・10 はじめ，helicity が -1 のニュートリノがある。矢印は運動量で，太い矢印はスピンの方向を示す。P 変換，C 変換，T 変換をした後の運動量，スピンの方向，粒子の変化を示す。

ところで，電子の反粒子は，陽電子で，その存在はよく知られている。中性の場合には，粒子も反粒子も，電荷がともに 0 であるから，粒子と反粒子を区別しなくてもよいのではないかという考え方がある。それを **Majorana** 理論といい，反粒子と粒子を同じとする。ニュートリノは helicity -1 で，反ニュートリノは helicity が $+1$ であるから，helicity がちが

§3・5 ニュートリノの相互作用 151

うという点だけをとっても，Majorana 粒子ではありえない。

二成分理論に従うニュートリノは，パリティ保存をやぶることがすぐにわかる。図 3・10 のように，パリティ変換，P をほどこすと，運動量の方向は逆になるがスピンの方向は不変で，したがって，変換後は，helicity $+1$ のニュートリノになってしまう。これは存在しない。したがって P 不変を破ることは明白である。C 変換をすると，ν か $\bar{\nu}$ になるだけで，スピン，運動量は，そのままである。そうすると，helicity -1 の $\bar{\nu}$ の状態になり，これまた実在しない。T 変換を行なうと，運動量も，スピンも方向が逆になり，問題はおこらない。すなわち，T 変換に対する不変性は保たれていると考えて さしつかえない。また，CP をつづけて行なうと，helicity が $+1$ の $\bar{\nu}$ になり，これまた問題はない。つまり，CP 不変性も保たれていると考えられる。

B. 逆ベータ反応

ニュートリノは弱い相互作用のみに関係するので，これをつかまえることは非常にむずかしい。地球ほどの大きさでも，何も相互作用をおこさずにつきぬけることができる。原子炉の中では，いろいろの種類のベータ崩壊がおこっているはずで，主として反ニュートリノ $\bar{\nu}$ が，大量に外に出ていると考えられる。それゆえ，小さい確率ではあるけれども

$$\bar{\nu}+p \rightarrow n+e^+ \tag{3・5・1}$$

がおこりうる。$\bar{\nu}$ は Majorana ではないので，たとえば

$$\bar{\nu}+n \rightarrow p+e^- \tag{3・5・2}$$

は禁止である。原子炉から出る $\bar{\nu}$ のエネルギーは，数 MeV くらいで，(3・5・1) の反応の断面積は

$$\sigma_{\exp} \approx 10^{-44}\,\mathrm{cm}^2 \tag{3・5・3}$$

の桁である。これは，理論の値と一致している。

C. 高エネルギーのニュートリノ反応

CERN と Brookhaven に，30 GeV 級の陽子大加速器ができたので，その陽子ビームを，Be にあて，高エネルギーの π 中間子をつくることができる。π^+ は $\mu^+ + \nu$ に，π^- は $\mu^- + \bar{\nu}$ にこわれるので，高エネルギーの ν または $\bar{\nu}$ が，非常にせまい立体角の中にとび出すことになる。つまり，高エネルギー ν ビームが得られる。それをつかってできる実験として，前節に述べた e の親類の ν と，μ の親類の ν が同じか，

ちがうかをたしかめることがある。加速器でできる ν は，上に述べた
ように，μ にともなってできたものだから，ν_μ とかくことにしよう。
そうすると，やるべきことは

$$\nu_\mu + n \to e^- + p \qquad (3 \cdot 5 \cdot 4)$$

と

$$\nu_\mu + n \to \mu^- + p \qquad (3 \cdot 5 \cdot 5)$$

をくらべることである。両者が同じ程度の確率でおこれば，ν_μ と，e の
仲間のニュートリノ ν_e が同じものであることが結論され，$(3 \cdot 5 \cdot 5)$ の
みおこって，$(3 \cdot 5 \cdot 4)$ がおこらなければ，ニュートリノは，2種類ある
ことになる。1 GeV くらいの エネルギーのニュートリノでは，この反
応のおこる断面積は 10^{-38} cm^2 くらいであるから，依然としてものすご
くむずかしい実験になる。宇宙線から来るニュートリノや，その他の粒
子を完全に遮へいするために，数千トンの鉄をつかい，ぼう大な放電箱
を用意して，実験をした結果，ニュートリノは，二種類あることがわか
った。すなわち，$(3 \cdot 5 \cdot 4)$ がおこらないので

$$\nu_\mu \neq \nu_e \qquad (3 \cdot 5 \cdot 6)$$

が確立された。

　さらに，前節で述べたことに関連して，μ と ν_μ とで，粒子数は，保
存され，e と ν_e という閉じた世界の中でも粒子数は保存されているこ
とに注意しておく。すなわち，μ の世界と，e の世界は，非常によく似
ているにもかかわらず，別々に粒子数が保存していて，まじりあうこと
はない。

§3·6　Nonleptonic decay

　nonleptonic decay というのは，はじめの 状態にも，終わりの 状態に
も，軽粒子，レプトンをふくまない崩壊のことである。たとえば，$\varLambda^0 \to$
$p + \pi^-$ は nonleptonic decay である。この問題は過去 10 年以上にわた
って，素粒子論の大きな中心であった。そして，まだ問題は，あまり解
決できていない。これからも，素粒子の相互作用についての研究に，汲
めどもつきない泉として，当分はつづくであろう。

A．　$\varDelta I = 1/2$ 法則

nonleptonic decay とよばれる崩壊は，つぎの通りである。

§ 3・6　Nonleptonic decay　　　　　　　　　　　　　　153

$$\Lambda \to N + \pi \qquad (3\cdot6\cdot1)$$

$$\Sigma \to N + \pi \qquad (3\cdot6\cdot2)$$

$$\varXi \to \Lambda + \pi \qquad (3\cdot6\cdot3)$$

$$K \to \pi + \pi \qquad (3\cdot6\cdot4)$$

$$K \to \pi + \pi + \pi \qquad (3\cdot6\cdot5)$$

ここで，すべてに共通なことは，奇妙さの量子数が，はじめと終わりと
で，1だけ変化していることである。奇妙さの量子数の，はじめと終わ
りの値を，それぞれ S_i と S_f とすると

$$|\varDelta S| \equiv |S_f - S_i| = 1 \qquad (3\cdot6\cdot6)$$

である。ところで，素粒子の電荷 Q と，アイソスピンの第3成分 I_3,
核子数 N, それに S との関係は，第一章で述べたように

$$Q = I_3 + \frac{1}{2}N + \frac{1}{2}S \qquad (3\cdot6\cdot7)$$

である。崩壊の前後の差を考えると

$$\varDelta Q = \varDelta I_3 + \frac{1}{2}\varDelta N + \frac{1}{2}\varDelta S$$

であるが，電荷と，核子数は，厳密に保存されるので，$\varDelta Q = 0$, $\varDelta N = 0$
で，したがって

$$|\varDelta I_3| = \frac{1}{2}|\varDelta S| = \frac{1}{2} \qquad (3\cdot6\cdot8)$$

が一般に成り立つ。

$|\varDelta I_3| = 1/2$ は $|\varDelta I| \geq 1/2$ であることしか意味しないが，"経済的観
点"から，まず $|\varDelta I| = 1/2$ なりと仮定し，それから導かれる結果をな
がめてみよう。たとえば，$\Lambda^0 \to p + \pi^-$ と，$\Lambda^0 \to n + \pi^0$ を考える。アイソ
スピンと，その第3成分をかくと

	Λ^0	$\to$	p	$+$	π^-		Λ^0	$\to$	n	$+$	π^0
I	0		1/2 または 3/2				0		1/2 または 3/2		
I_3	0		$-1/2$				0		$-1/2$		

となる。終わりが $I = 1/2$ の状態のみとると，付録3.を参照し

$$\phi_{1/2} = -\sqrt{\frac{2}{3}}\,|p\pi^-> + \sqrt{\frac{1}{3}}\,|n\pi^0> \qquad (3\cdot6\cdot9)$$

ここに，$-\sqrt{2/3}$ および $\sqrt{1/3}$ は Clebsch-Gordan 係数である。同様
に，$I = 3/2$ の状態は

第3章 弱い相互作用

$$\phi_{3/2}=\sqrt{\frac{1}{3}}\,|\,p\pi^-\rangle+\sqrt{\frac{2}{3}}\,|\,n\pi^0\rangle \qquad (3\cdot6\cdot10)$$

となる。$\Delta I=1/2$ 法則というのは，Λ は，$(3\cdot6\cdot9)$ へしか移れないということである。そうすると，それぞれの崩壊の確率の比は

$$\frac{w(\Lambda^0\to n+\pi^0)}{w(\Lambda^0\to p+\pi^-)}=\frac{\left(\sqrt{\dfrac{1}{3}}\right)^2}{\left(-\sqrt{\dfrac{2}{3}}\right)^2}=\frac{1}{2} \qquad (3\cdot6\cdot11)$$

である。この値は，実験値とよくあっている。

注意しなければならないのは，$(3\cdot6\cdot11)$ の比が 1/2 だからといって，$\Delta I=1/2$ 法則が唯一の解釈だとはいえないことである。あとに述べるように，$\Delta I \neq 1/2$ でありながら，$(3\cdot6\cdot1)\sim(3\cdot6\cdot5)$ のほとんどすべてに対して，$\Delta I=1/2$ と一見同じ結果を与える理論がある。

表 $3\cdot2$ に，$\Delta I=1/2$ 法則の結果と実験との比較をする。この結果，$\Delta I=1/2$ 法則は，実験にきわめてよくあっているというべきであろう。

表 $3\cdot2$　nonleptonic decay と $\Delta I=1/2$ 法則の結果

崩　　壊	$\Delta I=1/2$ 法則の結果	実　験　値
$\Lambda^0\to p+\pi^-$ $\Lambda^0\to n+\pi^0$	$\dfrac{w(\Lambda^0\to n+\pi^0)}{w(\Lambda^0\to p+\pi^-)}=\dfrac{1}{2}$	$\dfrac{34.7\pm1.2\%}{65.7\pm1.2\%}$
$K_1^0\to\pi^++\pi^-$ $K_1^0\to\pi^0+\pi^0$	$\dfrac{w(K_1^0\to\pi^0+\pi^0)}{w(K_1^0\to\pi^++\pi^-)}=\dfrac{1}{2}$	$\dfrac{31.6\pm1.0\%}{68.4\pm1.0\%}$
$K^+\to\pi^++\pi^0$	禁止，したがって $\tau(K_1^0)\ll\tau(K^+)$	$\tau(K_1^0)=0.874\pm0.011$ $\times10^{-10}$秒 $\tau(K^+)=1.235\pm0.005$ $\times10^{-8}$ 秒
$K^+\to\pi^++\pi^0+\pi^0$ $K^+\to\pi^-+\pi^++\pi^+$	$1\geq\dfrac{w(K^+\to\pi^++\pi^0+\pi^0)}{w(K^+\to\pi^-+\pi^++\pi^+)}\geq\dfrac{1}{4}$	$\dfrac{1.70\pm0.05\%}{5.57\pm0.04\%}$
$\Xi^-\to\Lambda^0+\pi^-$ $\Xi^0\to\Lambda^0+\pi^0$	$\tau(\Xi^0)/\tau(\Xi^-)=2$	$\dfrac{2.9\pm0.4\times10^{-10}秒}{1.73\pm0.05\times10^{-10}秒}$

$K^+\to\pi^++\pi^0$ が禁止になる理由は，つぎの通りである。K のスピンが 0 であるため，終状態の二つの π の角運動量が 0 になる。2個の π は，アイソスピンもふくめて，ボーズ統計に従うので，その系は，角運動量が偶数のときは，アイソスピンも偶数で，角運動量が奇数のときは，アイソスピンも奇数である。したがって，いまの場合，I_f は，0 または 2 である。しかし，$\pi^+\pi^0$ の組み合わせについては，$I_f\geq1$ でなければなら

§ 3・6 Nonleptonic decay 155

ないので，I_f は一意的に2になってしまう。$I_i=1/2$ だから，$|\varDelta I|\geqq$ 3/2 しかありえない。

ここでは，$\Sigma\to N+\pi$ についてはふれなかったが，後でくわしく議論する。また，$K\to 3\pi$ については，表 3・2 よりも，うんと多くの結果があるのだが，本書では述べない。

B. パリティ非保存

$\varLambda^0$ がつくられて，崩壊する過程を考えてみよう。$\varLambda^0$ の生成は，たとえば

$$\pi^-+p\to\varLambda^0+K^0 \qquad (3\cdot6\cdot12)$$

でおこなわれる。はじめの π^- の運動量を，その重心系で $\boldsymbol{k}_\pi$，つくられた $\varLambda^0$ の運動量を $\boldsymbol{k}_\varLambda$，$\varLambda^0$ の崩壊によって出て行く π^- の運動量を $\boldsymbol{q}_\pi$ とする。$(3\cdot6\cdot12)$ のすべての粒子は同一平面上にのっており，その平面の法線は $\boldsymbol{k}_\pi\times\boldsymbol{k}_\varLambda$ で規定される。つくられた $\varLambda^0$ は一般にはスピンが偏っているが，$(3\cdot6\cdot12)$ は強い相互作用であるため，第二章の議論により，$\varLambda^0$ のスピン $\boldsymbol{\sigma}_\varLambda$ の方向は法線の方向をむいている。$\varLambda^0$ が崩壊するとき，もし，パリティ保存が破れていれば，崩壊の行列要素は，$(\boldsymbol{k}_\pi\times\boldsymbol{k}_\varLambda)\cdot\boldsymbol{q}_\pi$，いいかえると $\boldsymbol{\sigma}_\varLambda\cdot\boldsymbol{q}_\pi$ に比例する項をふくんでいる。これは，ベータ崩壊に関する，3・1 節と同じ理由である。$\varLambda^0$ の崩壊で，この項が存在すると，$\varLambda^0$ 生成の平面に関して，上の方向へ，π^- がとび出す確率と下の方向へとび出す確率がちがってくる。このことを，実験でしらべると，上下に大きなちがいがあり，$\varLambda^0\to p+\pi^-$ は，パリティ保存をやぶっていることがわかった。

$\varLambda^0$ のスピンは 1/2 であるから，終わりの状態の全角運動量も 1/2 である。π^- と p の軌道角運動量は，0 と 1 が可能で，$S_{1/2}$ と $P_{1/2}$ の状態にある。それぞれの状態の振幅を A^S，A^P とすると，崩壊の行列要素は

$$M_\pm=A^S Y_0^0(\theta,\varphi)\chi_{1/2}{}^{\pm1/2}\pm A^P\Big(-\sqrt{\tfrac{1}{3}}Y_1^0(\theta,\varphi)\chi_{1/2}{}^{\pm1/2}$$
$$+\sqrt{\tfrac{2}{3}}Y_1^{\pm1}(\theta,\varphi)\chi_{1/2}{}^{\mp1/2}\Big) \quad (3\cdot6\cdot13)$$

とかくことができる。ここで，第一項は，終状態の π 中間子が S 波で出ている状態である。$Y_l^m(\theta,\varphi)$ は球調和関数で，軌道角運動量の部分をあらわし，$\chi_{1/2}{}^{\pm1/2}$ は核子のスピンの部分をあらわす波動関数である。

第二項は，$P_{1/2}$ 状態をあらわす。$-\sqrt{1/3}$ とか，$\sqrt{2/3}$ は，角運動のたしざんにあらわれる Clebsch-Gordan 係数である。ここで ± は，Λ^0 のスピンの z 成分，$J_z=\pm 1/2$ に対応している。付録 3. を参照して，Y_l^m を計算すると崩壊のおこる確率は，$|M_\pm|^2$ に比例し

$$|M_\pm|^2=\frac{1}{4\pi}\{|A^S|^2+|A^P|^2\mp 2\mathrm{Re}(A^{S*}A^P)\cos\theta\}$$

$$=\frac{1}{4\pi}\{|A^S|^2+|A^P|^2\}\left\{1\mp\frac{2\mathrm{Re}(A^{S*}A^P)}{|A^S|^2+|A^P|^2}\cos\theta\right\}$$

$$(3\cdot 6\cdot 14)$$

われわれは，普通

$$\alpha\equiv\frac{2\mathrm{Re}(A^{S*}A^P)}{|A^S|^2+|A^P|^2} \qquad (3\cdot 6\cdot 15)$$

と定義して，これを，非対称パラメータとよぶ。そうすると

$$|M_\pm|^2=\frac{1}{4\pi}\{|A^S|^2+|A^P|^2\}(1\mp\alpha\cos\theta) \qquad (3\cdot 6\cdot 16)$$

となる。ところで，$\boldsymbol{\sigma}_\Lambda\cdot\boldsymbol{q}_\pi$ の問題を定式化するには，Λ^0 のスピンの偏り P_Λ を導入せねばならない。P_Λ の定義は

$$P_\Lambda=\frac{N_+-N_-}{N_++N_-} \qquad (3\cdot 6\cdot 17)$$

で，N_+ および N_- はスピンが $J_z=+1/2$ および $-1/2$ の Λ^0 の数である。したがって，Λ^0 の崩壊の確率は

$$w\propto\frac{1}{N_++N_-}(N_+|M_+|^2+N_-|M_-|^2)$$

$$=\frac{1}{4\pi}\{|A^S|^2+|A^P|^2\}(1-\alpha P_\Lambda\cos\theta) \qquad (3\cdot 6\cdot 18)$$

となり，Λ^0 のスピンの偏りの方向と θ という角度でとび出す π^- の個数と，$\pi-\theta$ という角度でとび出す π^- の個数がちがうことをあらわす。また，そのちがいは，$P_\Lambda=0$ のときは，当然なくなる。

1957 年に，αP_Λ という値が実験で測定され，この値が非常に大きいことから，nonleptonic decay でも，パリティ保存が大きくこわれていることがわかった。しかし，これでは，P_Λ がわからないことには，弱い相互作用の特徴をあらわすパラメータ α の値がわからない。

そこで，α をはかるために，つぎのような工夫をする。まず，$P_\Lambda=0$ になるような実験条件を設定して，Λ^0 の静止系で，p がとび出す方向を z 軸にえらぶ。スピンと運動量の関係は，図 3・11 のようになる。

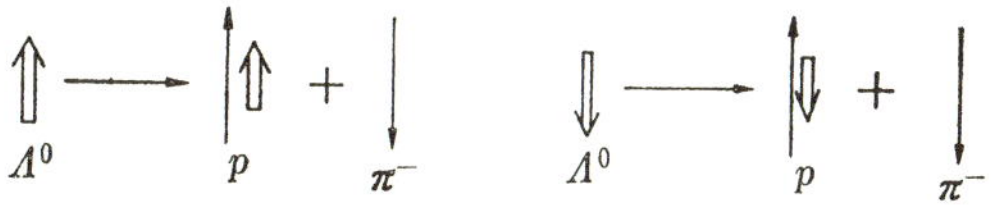

§ 3・6 Nonleptonic decay 157

$$\Uparrow \longrightarrow \quad \Uparrow \quad + \quad \downarrow$$
$$\Lambda^0 \qquad\qquad p \qquad \pi^-$$
(a)

$$\Downarrow \longrightarrow \quad \Downarrow \quad + \quad \downarrow$$
$$\Lambda^0 \qquad\qquad p \qquad \pi^-$$
(b)

図 3・11 静止した Λ^0 が $p+\pi^-$ に崩壊するときの運
動量とスピンの関係。矢印は運動量の方向
で，太い矢印はスピンの方向を示す。

図 3・11 の（a）と（b）のおこる確率は，（3・6・16）で $\theta=\pi$ とすれ
ばよい。すなわち，（a）のおこる確率は

$$w_a \propto |M_+|^2 = \frac{1}{4\pi}\{|A^S|^2 + |A^P|^2\}(1+\alpha) \qquad (3\cdot6\cdot19)$$

また，（b）のおこる確率は

$$w_b \propto |M_-|^2 = \frac{1}{4\pi}\{|A^S|^2 + |A^P|^2\}(1-\alpha) \qquad (3\cdot6\cdot20)$$

で与えられる。それゆえ，$P_\Lambda=0$ の条件で崩壊後の陽子の進行方向の
スピンの偏りをはかる。それを $P_{\|}$ であらわすと

$$P_{\|} = \frac{w_a - w_b}{w_a + w_b} = \alpha \qquad (3\cdot6\cdot21)$$

になる。

このようにして，nonleptonic decay から出てくる核子の，進行方向の
スピンの偏りをはかることによって，α が実測された。その実験値を表
3・3 にまとめる。α のほかに，β, γ というパラメータがあって

$$\beta \equiv \frac{2\mathrm{Im}(A^{S*}A^P)}{|A^S|^2 + |A^P|^2} \qquad (3\cdot6\cdot22)$$

および

表 3・3 nonleptonic decay の α, β, γ の値

崩　　　壊	α	β	γ
$\Lambda^0 \to p+\pi^-$	0.647 ± 0.016	-0.09	0.75
$\Lambda^0 \to n+\pi^0$	0.71 ± 0.18		
$\Sigma^+ \to p+\pi^0$	-0.955 ± 0.070		
$\Sigma^+ \to n+\pi^+$	0.017 ± 0.037		-0.99
$\Sigma^- \to n+\pi^-$	-0.06 ± 0.05		0.90
$\Xi^0 \to \Lambda^0+\pi^0$	-0.33 ± 0.10		
$\Xi^- \to \Lambda^0+\pi^+$	-0.402 ± 0.051		

$$\gamma = \frac{|A^S|^2 - |A^P|^2}{|A^S|^2 + |A^P|^2} \qquad (3\cdot6\cdot23)$$

で定義され

$$\alpha^2 + \beta^2 + \gamma^2 = 1 \qquad (3\cdot6\cdot24)$$

をみたす.

C. Λ^0 の崩壊の理論

Λ^0 の崩壊の理論は,Fermi 相互作用で記述できるかどうかをしらべるのが順序であろう.これまでの弱い相互作用は,すべて,同じ型の,同じ結合定数による相互作用ハミルトニアンでうまく説明できたので,nonleptonic decay も,なるべく,それでやりたい.

そのために,相互作用ハミルトニアンを,(3・2・37) と同じように

$$H = \frac{f}{\sqrt{2}} (\bar{p}\gamma_\mu(1+g'_A\gamma_5)\Lambda^0)(\bar{n}\gamma_\mu(1+g_A\gamma_5)p) \qquad (3\cdot6\cdot25)$$

と仮定してみる.そして,$\Lambda^0 \to p+\pi^-$ および $\Lambda^0 \to n+\pi^0$ を,それぞれ,図 3・12 のように考えてみる.核子－反核子対の部分は,計算できないので,3・3 節に述べたように,$\pi^\pm \to \mu^\pm + \nu$ との比をとることによって,実験値と比較すると,これまた,よく一致している.おまけに,この二つの分岐比は

$$\frac{w(\Lambda^0 \to n+\pi^0)}{w(\Lambda^0 \to p+\pi^-)} = \frac{1}{2} \qquad (3\cdot6\cdot26)$$

という $\Delta I = 1/2$ 法則と同じ結果になる.この結果が出たのは,頂点 B における強い相互作用が,第 2 章で述べたように,図 3・12 (a) では,$\sqrt{2}g$ としてはたらき,(b) では g となるためで,他の部分はまった

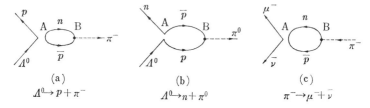

(a) $\Lambda^0 \to p+\pi^-$ (b) $\Lambda^0 \to n+\pi^0$ (c) $\pi^- \to \mu^- + \bar{\nu}$

図 3・12 相互作用ハミルトニアン (3・6・25) による $\Lambda^0 \to p+\pi^-$ および $\Lambda^0 \to n+\pi^0$ の解釈.比較のために $\pi^- \to \mu^- + \bar{\nu}$ の場合も示した.頂点 A で,Fermi 相互作用がはたらき,頂点 B は,第 2 章で述べた,π 中間子と核子の相互作用ハミルトニアンで記述される.

§3・6 Nonleptonic decay

く同じである。

ところが，(3・6・25) は，(3・6・26) を 与えるにも かかわらず，$\Delta I = 1/2$ 法則をみたさない。(3・6・25) を分析してみると，$\Delta I = 3/2$ の部分が大きく加わっていることがわかる。Λ^0 の崩壊に関する限り，$\Delta I = 1/2$ 法則をすてても一向にかまわないが，(3・6・25) で計算したところ，$g'_A \approx +1$ とすると，Λ^0 の崩壊のパラメータ α が，表3・3の実験値と全然ちがう値を与えるために，(3・6・25) の型ではだめであることがわかった。

まったく別のやり方としては，$\Delta I = 1/2$ 法則を最重点に考えることである。nonleptonic decay は，Fermi 相互作用と全然別の相互作用によっておこると考え，Λ^0 がいつの間にか，n にかわるのが基本的相互作用であるとする。図3・13に，実際の崩壊の取扱い方を示す。Λ^0 のアイソスピンは，0 であり，n は1/2 であるから，$\Delta I = 1/2$ は一目瞭然みたされていることがわかる。π 中間子が

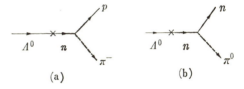

図 3・13 $\Delta I = 1/2$ 法則が自動的にみたされている相互作用 $(n\Lambda^0)$ を導入して，$\Lambda^0 \rightarrow p + \pi^-$ および $\Lambda^0 \rightarrow n + \pi^0$ を考察する

出るところは，(a) では，$\sqrt{2}g$ で，(b) では $-g$ であるから，Λ^0 の崩壊の分岐比は (3・6・26) と同じになる。パラメータ α については，まず

$$\alpha(\Lambda^0 \rightarrow p + \pi^-) = \alpha(\Lambda^0 \rightarrow n + \pi^0) \qquad (3 \cdot 6 \cdot 27)$$

は自明で，表 3・3 を参照すると，実験に合っている。α の値については，$(n\Lambda^0)$ という相互作用を適当にえらんでおけばよい。この方法にやや抵抗を感じるのは何となく，"その都度主義" というかたむきがある点である。

実は，この考え方が，最近展開されたカレント代数の理論にもとづいて，Λ^0 の崩壊を取扱うと，結果として，同じようなことになる。ことに，S 波については，カレント代数は，実験に実によく一致する答を与えている。P 波については，困難な問題がのこっていて，見通しはまだ立っていない。本書では，カレント代数については述べないので，もとの論文を参照されることをすすめる。

D. Σ の崩壊の理論

表 3・3 をみると，$\Sigma^+ \to p + \pi^0$ のみが α が大きく，他は $\alpha \approx 0$ とみなせる。別のことばでいうと，$\Sigma^+ \to p + \pi^0$ だけがパリティ保存を破っていて，$\Sigma^\pm \to n + \pi^\pm$ では，一見，パリティが保存しているかのようである。さらに実験をみると

$$w(\Sigma^+ \to p + \pi^0) \approx w(\Sigma^+ \to n + \pi^+) \approx w(\Sigma^- \to n + \pi^-)$$

$$(3 \cdot 6 \cdot 28)$$

が成り立っていると考えてよい。

$\varDelta I = 1/2$ 法則から得られる関係式については，Σ はアイソスピンが 1 であるから，終状態は，アイソスピン 1/2 と 3/2 の二つの状態が可能である。Σ の崩壊の行列要素は

$$\Sigma^+ \to p + \pi^0 \qquad A_0 = -\sqrt{\frac{1}{3}}A_1 + \sqrt{\frac{2}{3}}A_3$$

$$\Sigma^+ \to n + \pi^+ \qquad A_+ = \sqrt{\frac{2}{3}}A_1 + \sqrt{\frac{1}{3}}A_3 \qquad (3 \cdot 6 \cdot 29)$$

$$\Sigma^- \to n + \pi^- \qquad A_- = \qquad \sqrt{3}A_3$$

ここで，A_1 と A_3 は，終状態のアイソスピンが 1/2 と 3/2 へ移る過程の振幅である。$(3 \cdot 6 \cdot 29)$ から，直ちに

$$A_0 = \frac{1}{\sqrt{2}}(A_- - A_+) \qquad (3 \cdot 6 \cdot 30)$$

を得る。大切なことは，三通りの崩壊が二つの量 A_1 と A_3 で記述されることである。

終状態は，S 波と P 波からなっているので，それぞれの振幅を，$\varLambda^0$ の崩壊のときと同様に，A^S および A^P であらわし，この二つを，抽象的なベクトル $\boldsymbol{A}$ の成分と考える。崩壊の確率は

$$w = |A^S|^2 + |A^P|^2 = \boldsymbol{A}^2 \qquad (3 \cdot 6 \cdot 31)$$

とかくことができる。$(3 \cdot 6 \cdot 28)$，$(3 \cdot 6 \cdot 29)$，$(3 \cdot 6 \cdot 30)$ から

$$\boldsymbol{A}_+{}^2 \simeq \boldsymbol{A}_-{}^2 \simeq \frac{1}{2}(\boldsymbol{A}_- - \boldsymbol{A}_+)^2 = \frac{1}{2}\boldsymbol{A}_-{}^2 + \frac{1}{2}\boldsymbol{A}_+{}^2 - \boldsymbol{A}_- \cdot \boldsymbol{A}_+$$

$$(3 \cdot 6 \cdot 32)$$

となる。まず，$(3 \cdot 6 \cdot 30)$ で，$\boldsymbol{A}$ をすべてベクトルと考えると，$\sqrt{2}\boldsymbol{A}_0$，$\boldsymbol{A}_+$，$\boldsymbol{A}_-$ はこのベクトル空間で，三角形をつくり，それぞれが，辺の長さと方向をあらわしている。しかも，$(3 \cdot 6 \cdot 32)$ から，この三角形は，近似的に，二等辺三角形で，しかも，$\boldsymbol{A}_-$ と $\boldsymbol{A}_+$ は直交しなければなら

§3・6 Nonleptonic decay

ない。すなわち，直角二等辺三角形である。さらに，表3・3から，$\Sigma^+ \to n + \pi^+$ は，ほとんど P 波のみで，$\Sigma^- \to n + \pi^-$ はほとんど S 波のみであることがわかる。これを図に示すと，図 3・14 のようになる。これによると，三つの崩壊の振幅は，実験誤差の範囲内で，たしかに三角形をつくっていて，$\Delta I = 1/2$ 法則をみたしている。

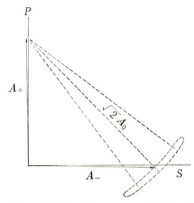

図 3・14 仮想的なベクトル空間を考え，横軸に S 波の大きさ，たて軸に P 波の大きさをとる。$\Sigma^+ \to n + \pi^+$ の振幅 A_+ は，ほとんど P 波だけ，$\Sigma^- \to n + \pi^-$ の振幅 A_- は，ほとんど S 波で，$\Sigma^+ \to p + \pi^0$ は，S 波と P 波がほぼ同じである。そして，A_+, A_-, $\sqrt{2} A_0$ は，実験誤差の範囲内で，三角形をつくっている。点線が誤差をあらわしている。

この結果を，どうして説明するかは，なかなか複雑である。カレント代数を応用すると，S 波については，A_+ にどうして S 波がないかということは，何とか説明ができるが，P 波についてはまだ困難な問題があって，$\Delta I = 1/2$ 法則さえも説明がむつかしい。解決までには，かなりの時間がかかるであろう。

E. 中性 K 粒子の崩壊

中性 K 粒子 K^0 は，奇妙さの量子数 $S = +1$ であるので，Λ や Σ と対になってつくられる。たとえば，$\pi^- + p \to \Lambda^0 + K^0$ のようにつくられる。K^0 の反粒子 $\bar{K}^0$ は，$S = -1$ をもち，この点で，$\bar{K}^0$ は K^0 とは異なった粒子である。この章のはじめに述べたように，K 粒子の崩壊は，パリティ保存を破っている。また，荷電共役に対しても不変でない。しかし，その組み合わせ，CP 変換に対しては，よい近似で不変である。一般に，弱い相互作用では，C および P に対する不変性は，こわれているけれども，CP に対しては，よい近似で不変である。

K 粒子の崩壊についても，CP に対する固有状態で考えるのが量子力

162   第3章 弱 い 相 互 作 用

学的に正しい取り扱いになる。そこで

$$K_1^0 \equiv \frac{1}{\sqrt{2}}(K^0 + CPK^0) \qquad (3\cdot6\cdot33)$$

および

$$K_2^0 \equiv \frac{1}{\sqrt{2}}(K^0 - CPK^0) \qquad (3\cdot6\cdot34)$$

という二組みの状態を考える。そうすると，明らかに

$$CPK_1^0 = K_1^0 \qquad (3\cdot6\cdot35)$$

および

$$CPK_2^0 = -K_2^0 \qquad (3\cdot6\cdot36)$$

となり，K_1^0 および K_2^0 は，CP の固有状態にあることがわかる。また，表示を適当にとると

$$CPK^0 = \bar{K}^0 \qquad (3\cdot6\cdot37)$$

になる。崩壊では，CP は保存されるし，終わりの状態は，CP の固有状態になっているので，親の K も CP の固有状態で なければ ならない。ゆえに，K が生成されるときは，K^0 または $\bar{K}^0$ でできるけれども，崩壊については，K_1^0，K_2^0 という形でおこる。

さて，K^0 および $\bar{K}^0$ が，奇妙さの量子数 S を 1 だけ変えると，それぞれ，つぎのようになり，その相互作用は，相互にエルミット共役なハミルトニアンでおきる。その振幅を各過程についてかくと，

$$
\begin{array}{llll}
K^0 \to \pi^+ + \pi^- & f_{2\pi} & \bar{K}^0 \to \pi^+ + \pi^- & f_{2\pi}{}^* \\
K^0 \to \pi^+ + e^- + \bar{\nu} & f_{e^-} & \bar{K}^0 \to \pi^- + e^+ + \nu & f_{e^-}{}^* \\
K^0 \to \pi^- + e^+ + \nu & f_{e^+} & \bar{K}^0 \to \pi^+ + e^- + \bar{\nu} & f_{e^+}{}^*
\end{array}
\qquad (3\cdot6\cdot38)
$$

となる。崩壊について CP 不変が 成り立つとすると，第1章で述べたように，すべての過程について，CPT 不変が成り立つから，T 不変が成り立つことになる。そうすると，そこで，ベータ崩壊の例について述べたと同様に，(3・6・38) の f はすべて実数になる。そして，K_1^0 および K_2^0 の崩壊の振幅は

$$
\begin{array}{llll}
K_1^0 \to \pi^+ + \pi^- & \sqrt{2}f_{2\pi} & K_2^0 \to \pi^+ + \pi^- & 0 \\
K_1^0 \to \pi^+ + e^- + \bar{\nu} & \frac{1}{\sqrt{2}}(f_{e^-} + f_{e^+}) & K_2^0 \to \pi^+ + e^- + \bar{\nu} & \frac{1}{\sqrt{2}}(f_{e^-} - f_{e^+}) \\
K_1^0 \to \pi^- + e^+ + \nu & \frac{1}{\sqrt{2}}(f_{e^+} + f_{e^-}) & K_2^0 \to \pi^- + e^+ + \nu & \frac{1}{\sqrt{2}}(f_{e^+} - f_{e^-})
\end{array}
$$

$$(3\cdot6\cdot39)$$

§ 3・6 Nonleptonic decay   163

である。その結果

$$w(K_2{}^0 \to \pi^+ + \pi^-) = 0 \tag{3・6・40}$$

$$w(K_1{}^0 \to \pi^+ + e^- + \bar{\nu}) = w(K_1{}^0 \to \pi^- + e^+ + \nu) \tag{3・6・41}$$

$$w(K_2{}^0 \to \pi^+ + e^- + \bar{\nu}) = w(K_2{}^0 \to \pi^- + e^+ + \nu) \tag{3・6・42}$$

が得られて，実験と比較できる。表3・4をみると，(3・6・40) は，実験と一致し，(3・6・42) は，この表ではわからないけれども，実験とはよく一致している。

表 3・4 $K_1{}^0$ と $K_2{}^0$ の崩壊

粒 子	寿 命（秒）	崩 壊	分 岐 比（％）
$K_1{}^0$	$(0.874 \pm 0.011) \times 10^{-10}$	$\pi^+ + \pi^-$	68.4 ± 1.0
		$\pi^0 + \pi^0$	31.8 ± 1.0
$K_2{}^0$	$(5.30 \pm 0.13) \times 10^{-8}$	$\pi^0 + \pi^0 + \pi^0$	25.5 ± 1.9
		$\pi^+ + \pi^- + \pi^0$	12.1 ± 0.4
		$\pi^\pm + \mu^\mp + \nu$	27.3 ± 1.3
		$\pi^\pm + e^\mp + \nu$	35.1 ± 1.4

(3・6・33)，(3・6・34) を逆にとくと

$$K^0 = \frac{1}{\sqrt{2}}(K_1{}^0 + K_2{}^0) \tag{3・6・43}$$

となり，K^0 がつくられると，$K_1{}^0$ と $K_2{}^0$ が等量あって，崩壊がおこる。その時刻を，時間の原点にとると，t だけたった後は

$$K^0(t) = \frac{1}{\sqrt{2}}(K_1{}^0 e^{-\frac{t}{2\tau_1}} + K_2{}^0 e^{-\frac{t}{2\tau_2}})$$

$$= \frac{1}{2}\{K^0(e^{-\frac{t}{2\tau_1}} + e^{-\frac{t}{2\tau_2}}) + \bar{K}^0(e^{-\frac{t}{2\tau_1}} - e^{-\frac{t}{2\tau_2}})\} \tag{3・6・44}$$

となる。ここで，τ_1, τ_2 は $K_1{}^0$ および $K_2{}^0$ の寿命である。この式から，τ_1 と τ_2 が異なっていれば，はじめ，K^0 だけがあったのに，時間がたつと，$\bar{K}^0$ ができてくることがわかる。実際，K^0 を長く走らせて，陽子にぶっつけると，$\bar{K}^0 + p \to \pi^+ + \Lambda^0$ がおこることが観測される。(3・6・44) で，かなり時間がたつと

$$K^0(\tau_1 \ll t < \tau_2) \approx \frac{1}{\sqrt{2}}K_2{}^0 e^{-\frac{t}{2\tau_2}} = \frac{1}{2}(K^0 - \bar{K}^0)e^{-\frac{t}{2\tau_2}} \tag{3・6・45}$$

となり，K^0 と $\bar{K}^0$ が等量存在する。

$K_1{}^0$ と $K_2{}^0$ の質量の差は，時間が，τ_1 くらいたつと，$K_2{}^0$ が $K_1{}^0$ か
らわかれて残ってくるので，不確定性関係から

$$|m_{K_1} - m_{K_2}| \approx \frac{\hbar}{\tau_1} \approx 7 \times 10^{-6} \,\text{eV} \qquad (3 \cdot 6 \cdot 46)$$

くらいになる。これは実験値とも一致している。この差は，弱い相互作
用の二乗の桁である。それは，K^0 から $\bar{K}^0$ へうつるという，$\Delta S = 2$ の
変化が原因だからである。

F. 時間反転に対する不変性

1964 年に，$K_2{}^0 \to \pi^+ + \pi^-$ という崩壊がはじめて観測された。$(3 \cdot 6 \cdot 40)$
によれば，この崩壊は おこらないはずである。この崩壊の おこる確率
は，その後の実験により

$$\frac{w(K_2{}^0 \to \pi^+ + \pi^-)}{w(K_1{}^0 \to \pi^+ + \pi^-)} = 3.6 \times 10^{-6} \qquad (3 \cdot 6 \cdot 47)$$

である。$K_2{}^0 \to \pi^0 + \pi^0$ もおこっているが，まだ，実験値は誤差が大き
い。$(3 \cdot 6 \cdot 47)$ の比が，もう三桁ほど小さければ問題はないのであるが，
この大きさだと，原因として，T 不変のやぶれを考えないわけには行か
ない。これは理論体系の大変革になるのだが，いまのところ，理論家
は，攻めあぐねている。

ベータ崩壊や，Λ^0 の崩壊でも，時間反転の不変性の実験的な検証が
行なわれているが，いまのところ，やぶれている証拠はない。

G. Nonleptonic decay の問題点

$\Delta I = 1/2$ 法則は，実験に実によくあっているけれども，これをどうし
て導くか，その根拠はまったくない。だから，現在では，非常によい実
験式というべきであろう。最近のカレント代数等の試みがあるが，まだ
まだ道は遠い。nonleptonic decay では，関係する すべての粒子が強い
相互作用をするので，この法則を弱い相互作用の特徴と見るよりは，む
しろ，強い相互作用の法則と見なす考え方もあろう。すなわち，$\Delta I =$
$1/2$ 法則は，弱い相互作用がこの法則をみたすように，強い相互作用は
ふるまうべし，ということを示唆しているのではなかろうか。

結論として，nonleptonic decay では，あらゆることが未解決であり，
これからも面白い問題を提出しつづけるであろう。とくに，時間反転の
やぶれは，大問題であるにもかかわらず，理論の枠に，まだ組み入れら
れていないことに注目すべきである。

§3·7 普遍 Fermi 相互作用

A. ベクトルカレントの保存

3・2 節でベータ崩壊を，3・4 節で，μ の崩壊と，μ の核による吸収を議論した．そして相互作用ハミルトニアンは，どれも，$V-A$ 型で，その結合定数は，全部同じであることがわかった．ことに，V 型については，大変よい精度で，結合定数は同じである．このことは，けっして，当りまえのことではなく，考えてみると不思議なことである．それは，μ の崩壊では，強い相互作用はどこにも姿をあらわさないが，ベータ崩壊では，核子は強い相互作用をする能力がある．実際，図 3・15 のように，核子には，中間子の雲がつきまとっていて，その影響で，弱い相互作用

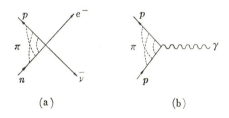

図 3・15 中性子のベータ崩壊に関する π 中間子の雲の影響．点線は π 中間子をあらわす．π の電荷は，適当な可能な値をとる．陽子と電磁場の相互作用についても同様の事情がある．

の結合定数の値が変ってもよいはずである．同じことは，荷電粒子と，電磁場との相互作用にもいえる．電子の電荷と，陽子の電荷の大きさが同じであることは，図 3・15（b）をみると，やはり当りまえのことではない．では，どうして，電磁的相互作用について，電子と陽子とで，電荷の大きさが同じであるのだろうか．その理由は，電流の保存ということであった．そこで，電流とは，核子について議論するとき

$$J_{3\mu} = \frac{1}{2} i \bar{p} \gamma_\mu \tau_3 p - \left(\pi_1 \frac{\partial \pi_2}{\partial x_\mu} - \pi_2 \frac{\partial \pi_1}{\partial x_\mu} \right) \qquad (3\cdot7\cdot1)$$

で定義される．$J_{3\mu}$ の 3 は，アイソスピン空間の第 3 成分であることを示す．π_i は，π 中間子場の波動関数の，アイソスピンの第 i 成分である．(3・7・1) の第二項は，$(\boldsymbol{\pi} \times \partial \boldsymbol{\pi}/\partial x_\mu)_3$ になるので，やはり，アイソスピン空間の第三成分である．ここで太い文字は，アイソスピン空間のベクトル量である．陽子については，(3・7・1) のほかに，τ_3 を 1 でおきかえた，アイソスピン空間のスカラー部分が加わることはいうまでもな

い。電流の保存ということは

$$\frac{\partial J_{3\mu}}{\partial x_\mu}=0 \tag{3·7·2}$$

であらわされる。(3·7·1), (3·7·2) の意味は, 電流の保存則は, 陽子だけでは閉じず, π 中間子まで 考えに 入れねば ならぬという ことである。厳密にいえば, (3·7·1) では, 不十分で, $\Sigma^\pm$ や Ξ^-, $K^\pm$, さらに, 強い相互作用をする粒子全部をふくめなければならない。(3·7·1)では, 世の中に, 強い相互作用をする粒子は, 核子と π 中間子だけだと, 仮定した場合である。以後, (3·7·1) を 出発点として話をすすめる。

(3·7·1) の電流は, アイソスピンの第3成分である。これに対応するように, ベータ崩壊の相互作用ハミルトニアンを

$$H=-\frac{f}{\sqrt{2}}j_\mu^+J_\mu \tag{3·7·3}$$

の形にかくと

$$J_\mu=J_{1\mu}+iJ_{2\mu}=\frac{1}{2}i\bar{N}\gamma_\mu(1+g_A\gamma_5)(\tau_1+i\tau_2)N \tag{3·7·4}$$

および

$$j_\mu^+=ie\bar{e}\gamma_\mu(1+\gamma_5)\nu \tag{3·7·5}$$

である。電磁的相互作用との類似をみるために, V 型の部分だけとり上げると

$$J_\mu=J_{1\mu}+iJ_{2\mu}=\frac{1}{2}i\bar{N}\gamma_\mu(\tau_1+i\tau_2)N \tag{3·7·6}$$

に関する強い相互作用の補正を見ればよい。

ところで, もう一度, 電磁的相互作用の, 中間子雲による補正を考えてみよう。図 3·16 に, 強い相互作用について, g^2 までとった場合の, Feynman グラフをかく。π 中間子の雲の影響は, この図の (c)～(f)によっておこるが, それらは, すべて発散する。その発散を, くりこみの処方に従って, 質量のくりこみと電荷のくりこみに分類すると, のこりは有限である。質量のくりこみは別として, 電荷のくりこみについては, (c)+(f) と (d)+(e)がうまくけしあって, 結局, 何ごともおこらない。このことは, 一般に, 電流の保存則から証明できて, それが原因になって, 強い相互作用の影響がある場合でも, ない場合と同じ

§ 3・7 普遍 Fermi 相互作用

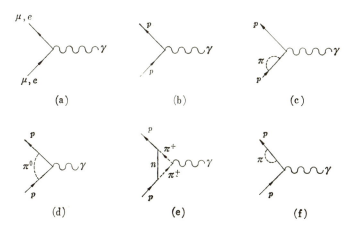

図 3・16 （a）は電子の電磁相互作用，（b）は陽子の電磁相互作用の最低次，（c）～（f）はその g^2 の補正を示す

大きさの電荷をもつことがいえる。

それと同じ論法で，弱い相互作用の結合定数がどの場合にも同一であることを証明しようとすると，(3・7・6) の J_μ では不十分であることがわかる。すなわち，(3・7・1) のように，π 中間子の部分をつけ加えなければならない。J_μ として

$$J_\mu = J_{1\mu} + iJ_{2\mu} = \frac{1}{2} i \bar{N} \gamma_\mu (\tau_1 + i\tau_2) N$$
$$+ i(\pi_1 + i\pi_2) \frac{\partial \pi_3}{\partial x_\mu} - i\pi_3 \frac{\partial}{\partial x_\mu}(\pi_1 + i\pi_2)$$

(3・7・7)

ととれば，(3・7・1) に対応する。そして，ベータ崩壊の，g^2 までの Feynman グラフは，図 3・16 に対応して，図 3・17 のようになる。そうすると，π 中間子の雲の影響があっても，結合常数のくりこみに関しては，電荷のくりこみと同じ議論が成り立ち，f が，どの場合にも同じであることが証明できる。

ところが，(3・7・7) の π 中間子に関係した項がつけ加わるおかげで，$\pi^\pm \to \pi^0 + e^\pm + \nu$ という崩壊がおこることになる。その崩壊の確率を計算し，$\pi^\pm \to \mu^\pm + \nu$ の確率の実験値と比較すると

$$\frac{w(\pi^\pm \to \pi^0 + e^\pm + \nu)}{w(\pi^\pm \to \mu^\pm + \nu)} = 1.1 \times 10^{-8} \qquad (3・7・8)$$

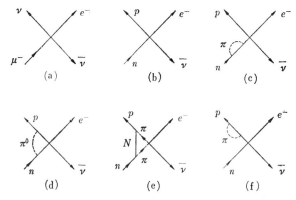

図 3・17 相互作用ハミルトニアン(3・7・7)によって記述される弱い相互作用。各図は，図3・16と対応している。

となり，これは，実験値，$(1.03\pm0.07)\times 10^{-8}$ とよく一致している。すなわち，(3・7・7) の π に関する項があることが，実験によって確立された。この項のことを，**Gell-Mann のカレント**いう。$J_{3\mu}$ は，電流である。$J_{1\mu}$ や $J_{2\mu}$ は電流ではないが，$J_{3\mu}$ に対応する，アイソスピン空間の 1，2 成分の量で，全部まとめて，カレント（流れ）とよぶことにする。そうすると，$J_{i\mu}$ について，保存則

$$\frac{\partial J_{i\mu}}{\partial x_\mu}=0 \quad i=1,2,3 \tag{3・7・9}$$

が成り立つ。これを，**ベクトルカレントの保存**という。

ギベクトル A については，ベータ崩壊のとき，$g_A\approx 1.2$ くらいで，明らかに，μ の崩壊のときの，A 型の結合定数とちがっている。このことは，ギベクトルカレントが保存しないことを示している。しかし，$g_A\approx 1.2$ というのは，保存のやぶれが大きくないことを意味し，この値をどうして出すかという試みから**カレント代数**という理論が発展した。本書では，その理論について述べないが，それは重要な問題であるから，専門に勉強したい方は，見のがしてはならない。

(3・7・3)～(3・7・5) に示したように，重粒子のカレントと軽粒子のカレントを別々にかいたが，いっそのこと

$$J_\mu=\frac{1}{2}i\bar{N}\gamma_\mu(1+\gamma_5)(\tau_1+i\tau_2)N+i(\pi_1+i\pi_2)\frac{\partial\pi_3}{\partial x_\mu}$$
$$-i\pi_3\frac{\partial}{\partial x_\mu}(\pi_1+i\pi_2)+i\bar{\nu}\gamma_\mu(1+\gamma_5)e+i\bar{\nu}\gamma_\mu(1+\gamma_5)\mu \tag{3・7・10}$$

§3・7 普遍 Fermi 相互作用   169

として

$$H = -\frac{f}{\sqrt{2}} J_\mu{}^+ J_\mu \qquad (3\cdot7\cdot11)$$

としては，どうであろうか。これこそ，まさに，普遍的な弱い相互作用
ハミルトニアンで，**普遍 Fermi 相互作用**とよぶ。こうすると，たとえ
ば

$$e^- + e^+ \rightleftarrows \nu + \bar\nu \qquad (3\cdot7\cdot12)$$

$$e^- + \nu(\bar\nu) \rightarrow e^- + \nu(\bar\nu) \qquad (3\cdot7\cdot13)$$

がおこることになる。これがはたして存在するか，どうかは，天体現象
でたしかめうるはずであるが，まだ結論が得られていない。これ以外に
も，Fermi 相互作用 (3・7・11) による，パリティが保存しない核力があ
るはずで，現在の実験は，その存在を支持しているが，結論を得るに
は，もうしばらくかかるであろう。

B. ハイペロンのベータ崩壊

ハイペロンのベータ崩壊，たとえば，$\Lambda^0 \rightarrow p + e^- + \bar\nu$ を考えてみる。
これが $n \rightarrow p + e^- + \bar\nu$ と同じ相互作用ハミルトニアンで，しかも同じ結
合定数で説明できたならば，弱い相互作用の普遍性は，ますますたしか
になる。残念なことに，この場合の結合定数 $f_{(\Lambda)}$ は

$$f_{(\Lambda)} \approx 0.2f \qquad (3\cdot7\cdot14)$$

と，うんと小さいことがわかった。また，$K^+ \rightarrow e^+ + \nu + \pi^0$ を，前項の，
$\pi^+ \rightarrow e^+ + \nu + \pi^0$ と同様に取り扱うと，やはり結合定数を小さくしなけれ
ばならぬことがわかった。$K^+ \rightarrow \mu^+ + \nu$ についても $\pi^+ \rightarrow \mu^+ + \nu$ より，結
合定数を小さくせねばならぬようである。

一方，実験の精度が上がるにつれて，$n \rightarrow p + e^- + \bar\nu$ と $\mu \rightarrow e + \nu + \bar\nu$ で
は，結合定数がほんのわずかちがい，後者のほうが大きいことがわかっ
た。そうすると，せっかくの普遍相互作用が，くずれてしまったことに
なる。すなわち，それぞれ，結合定数が，三種類，$f_{(n)}, f_{(\mu)}, f_{(\Lambda)}$ が
いることになる。Cabibbo は，そこで

$$f j_\mu{}^+ J_\mu = (\bar e \nu)\{f_{(\mu)}(\bar\nu\mu) + f_{(n)}(\bar p n) + f_{(\Lambda)}(\bar p \Lambda)\} \qquad (3\cdot7\cdot15)$$

とせずに

$$f j_\mu{}^+ J_\mu = f(\bar e \nu)\{(\bar\nu\mu) + \cos\theta(\bar p n) + \sin\theta(\bar p \Lambda)\} \qquad (3\cdot7\cdot16)$$

とすることを提案した。つまり，二種類の定数，f と θ ですべてを記

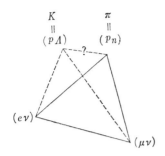

図 3·18 四面体の頂点間の実線は，だいたい同じ強さの弱い相互作用がはたらくことを示す。点線は，相互作用がちょっと弱く，$(p\Lambda) \leftrightarrow (pn)$ 間の相互作用は，3·6節に述べたように，よくわかっていない。

述できるのではないかということである。いまのところ

$$\theta = 0.26 \, \text{radian} \quad (3\cdot7\cdot17)$$

くらいで，うまく行っている。θ のことを，**Cabibbo の角**という。

結局，弱い相互作用を図 3·18 のように，四面体的にあらわすことができる。

最後に注目すべきことは，つぎのような選択規則がある。**すなわち**

$$\Sigma^- \to n + e^- + \bar{\nu} \quad (3\cdot7\cdot18)$$

は，よいが

$$\Sigma^+ \to n + e^+ + \nu \quad (3\cdot7\cdot19)$$

は禁止である。一般に，軽粒子部分をのぞいて，重粒子部分の電荷の変化，$\Delta Q = Q_f - Q_i$ と，奇妙さの量子数の変化 $\Delta S = S_f - S_i$ に関して

$$\frac{\Delta Q}{\Delta S} = +1 \quad (3\cdot7\cdot20)$$

はよいが

$$\frac{\Delta Q}{\Delta S} = -1 \quad (3\cdot7\cdot21)$$

は禁止である。添字，f と i はそれぞれ，終状態と，はじめの状態を示す。この法則は，実験によく合っている。

C. W 中間子

これまでわれわれは，弱い相互作用が，四種類のフェルミオンが一点で相互作用を おこしていると 考えてきた。ところが，電磁的相互作用も，強い相互作用も，Yukawa 型である。だから，弱い相互作用も，二つの Yukawa 相互作用の組み合わせで生ずると考えたくなるのは自然であろう。そのとき，なかだちをするボソンが，W 中間子という仮想の粒子である。W 中間子は，フェルミオンと $V-A$ 型相互作用をするために，スピンが 1 で，電荷が $\pm e$ であったりするだろう。そういう粒子は，まだ発見されておらず，むしろ，存在を否定する証拠が多い。

第 4 章　素粒子の統一的記述

§4・1　坂田模型と対称性

　表 1・1 および，表 A 4・1〜A 4・3 をみてもわかるように，素粒子
または，素粒子らしきものが，ぞくぞくと見つかり，いまや元素の種類
より多くなってしまった。これでは，素粒子という有難味はまったくな
くなってしまって，当然，より基本的な物質が存在するのではないかと
いう疑問をもつようになるであろう。1954 年に，坂田博士は，p, n, Λ
の三つを，**素粒子中の素粒子**と考え，光子とレプトンをのぞく，いわ
ゆる，ハドロンはすべて，この三つの**複合粒子**であるという模型を提案
した。他の粒子の構成は，表4・1に示す。ここで $\bar{p}$ は反陽子である。

表 4・1　坂田模型による素粒子の表

粒 子	構　　成	I	I_3	S
p	p	1/2	1/2	0
n	n		$-1/2$	
Λ	Λ	0	0	-1
Σ^+	$p\bar{n}\Lambda$		1	
Σ^0	$\frac{1}{\sqrt{2}}(p\bar{p}\Lambda - n\bar{n}\Lambda)$	1	0	-1
Σ^-	$\bar{p}n\Lambda$		-1	
Ξ^0	$\bar{n}\Lambda\Lambda$	1/2	1/2	-2
Ξ^-	$\bar{p}\Lambda\Lambda$		$-1/2$	
π^+	$p\bar{n}$		1	
π^0	$\frac{1}{\sqrt{2}}(\bar{p}p - \bar{n}n)$	1	0	0
π^-	$\bar{p}n$		-1	
K^+	$p\bar{\Lambda}$	1/2	1/2	1
K^0	$n\bar{\Lambda}$		$-1/2$	
$\overline{K}{}^0$	$\bar{n}\Lambda$	1/2	1/2	-1
K^-	$\bar{p}\Lambda$		$-1/2$	

　坂田模型で，理解しやすくなった点としては，Gell-Mann-Nishijima
理論が直観的にわかるようになったことであろう。たとえば，図 4・1

のように，$\pi^-+p\to K^++\Sigma^-$ は，どの線も途中で変化することはないが，$\pi^-+p\to K^-+\Sigma^+$ は，$n\to \Lambda$ という変化が 2 個所あらわれる。また，$\Sigma^+\to n+\pi^+$ では，$\Lambda\to n$ という変化が 1 個所ある。そういう変化の数が，I の変化，S の変化をあらわして，弱い相互作用を記述する。

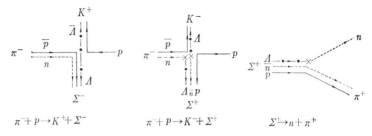

図 4・1　坂田模型による $\pi^-+p\to K^++\Sigma^-$, $\pi^-+p\to K^-+\Sigma^+$, $\Sigma^+\to n+\pi^+$ の解釈，×印は，$\Lambda\to n$ の変化をあらわし，弱い相互作用を示す

坂田模型の問題点は，たとえば，p と $\bar{n}$ が束縛状態になるような力は，いったいどんな性質をもっているのであろうか。電子の質量 0.5 MeV に対して，水素原子の基底状態のエネルギーは，約 13.6 eV であったが，これを説明するのにさえ，量子力学が必要であった。重陽子の束縛エネルギーは，約 2 MeV であるが，これには，まだ問題がある。それゆえ，約 1880 MeV の $N\bar{N}$ を束縛させて，140 MeV の π をつくり出すような力や，力学は，どんなものか，想像もつかない。これは，ものすごくむつかしい問題だから，後まわしにすることは，一向にさしつかえない。しかし，ある段階では，逃げるわけに行かぬだろう。

そのほかにも，問題がある。$\Sigma=(N\bar{N}\Lambda)$, $\Xi=(\bar{N}\Lambda\Lambda)$ があるのに，$(\bar{\Lambda}NN)$ はあるのかどうか。また，$\pi^0=\frac{1}{\sqrt{2}}(\bar{p}p-\bar{n}n)$ としたが，$\frac{1}{\sqrt{2}}(\bar{p}p+\bar{n}n)$ という，$I=0$ のギスカラー粒子があるか，どうか。実は，これは，η^0 が発見されて，坂田模型の大きな成果となり，予言能力について信頼を得るにいたった。

1959 年に，小川，大貫，池田および，山口の各氏は坂田模型に**三次元ユニタリー群**の理論という数学をもちこみ，坂田模型を大木にまでそだて上げた。p と n は，質量はほとんど同じであるし，電磁気的現象をのぞく他の性質は，差がない。ところが，Λ は，質量がだいぶ重いし，性質もいろいろちがっている。それには目をつぶって，$(p, n,$

§4・1 坂田模型と対称性

Λ) をひとまとめにして考えると，いろいろ興味ある結果を得る。その後，Gell-Mann は，p, n, Λ を別格にした，もとの坂田模型からはなれて，バリオンについては，$(pn\Lambda^0\Sigma^+\Sigma^-\Xi^0\Xi^-)$，メソンについては，$(K^+K^0\eta^0\pi^+\pi^0\pi^-\bar{K}^0K^-)$ のそれぞれ 8 種類を一組にした，いわゆる**八道説**を出し，強い相互作用，電磁的相互作用，弱い相互作用のいろいろの現象を見事に説明した。

ここでは，やさしく説明のできる，Gell-Mann の**コーク理論**（quark model）に従って，考えてみよう。コークというのは，いまのところ，実在しない仮想的な粒子で，表 4・2 のような奇妙な性質をもつ。図 4・2 にコーク q と，反コーク $\bar{q}$ の性質を示す。コークは，$\mathfrak{p}, \mathfrak{n}, \lambda$

表 4・2 コークの性質

種類	電荷	ハイパーチャージ $Y=N+S$	核子数 N	奇妙さの量子数 S	アイソスピン I_3
$\mathfrak{p}$	$\frac{2}{3}e$	$\frac{1}{3}$	1/3	0	1/2
$\mathfrak{n}$	$-\frac{1}{3}e$	$\frac{1}{3}$	1/3	0	$-1/2$
λ	$-\frac{1}{3}e$	$-\frac{2}{3}$	1/3	-1	0

という三種類があって，本物の素粒子の構成母体になっているという想像をめぐらしてみよう。メソンは，$(\bar{q}q)$ という複合体で，バリオンは，(qqq) であるとする。たとえば，陽子 p は $(\mathfrak{ppn})$ で，中性子は，

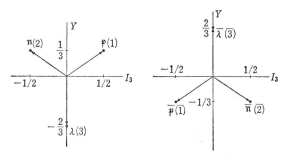

図 4・2 コーク q と反コーク $\bar{q}$ の性質

$(\mathfrak{nnp})$ というぐあいである。$\mathfrak{p}$ と $\mathfrak{n}$ は，あたかも，本物の p と n のように，$I=1/2$ の二つの構成員である。図 4・3 のように，1 と 2 に対して，I スピンを考えると同様に，2 と 3 が U スピン 1/2 の組をつ

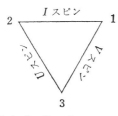

図 4・3 I スピンについては, 2 が $I_3=-1/2$, 1 が $I_3=+1/2$, U については, 2 が $U_3=+1/2$, 3 が $U_3=-1/2$, V については, 3 が $V_3=+1/2$, 1 が $V_3=-1/2$ と定義する

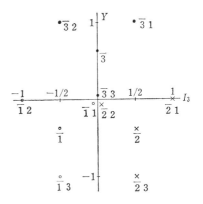

図 4・4 $\bar{q}q$ の構成。$\bar{1}, \bar{2}, \bar{3}$ に, 図 4・2 の q の図の原点をあわせて, $\bar{q}q$ を合成した。

くり, 1 と 3 が, V スピン 1/2 の組をつくっていると考えると便利なことがある。

まず, $(\bar{q}q)$ をどうしてつくるかを考えよう。図 4・2 の $\bar{q}$ の図で, たとえば $\bar{\lambda}$ の点に, q の図の原点をあわせよう。そうすると, $(\bar{\lambda}\lambda)$, $(\bar{\lambda}n)$, $(\bar{\lambda}p)$ という合成ができる。結局, $(\bar{q}q)$ の全成分は, 図 4・4 のように九つの点からなる。原点のところに, 三つの点がかさなるが,

$$I = \bar{1}1 + \bar{2}2 + \bar{3}3 \qquad (4・1・1)$$

は, 特別の対称性をもっている。それをのぞいた 8 個は, 同じ性質をもっていて, 8 個で 1 組をつくっている。これを 8 重項 (octet) という。原点のところにかさなった, のこりの二つは,

$$A = \frac{1}{\sqrt{2}}(\bar{1}1 - \bar{2}2) \qquad (4・1・2)$$

$$B = \frac{1}{\sqrt{6}}(\bar{1}1 + \bar{2}2 - 2 \times \bar{3}3) \qquad (4・1・3)$$

という組み合わせをとることにする。もちろん, $1 \to 2 \to 3$ を入れかえたものをとっても, かまわない。

これを中間子の分類学に利用するために, 図 4・5 のように, 実際に存在するギスカラー中間子をあてはめてみよう。(4・1・1) は別格で, これに対応する粒子は見つかっていない。これは粒子に対応させる必要が

§4・1 坂田模型と対称性

ないという考え方もある。のこりの8個が1組として8重項をつくり，図4・5のように考えるのであるが，π^0 と η^0 は，

$$\pi^0 = \frac{1}{\sqrt{2}}(\bar{p}p - \bar{n}n) \quad (4 \cdot 1 \cdot 4)$$

$$\eta^0 = \frac{1}{\sqrt{6}}(\bar{n}n + \bar{p}p - 2\bar{\lambda}\lambda) \quad (4 \cdot 1 \cdot 5)$$

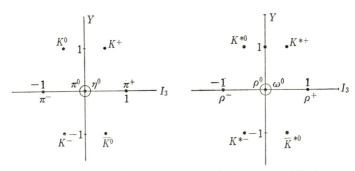

図4・5 ギスカラー粒子の分類学

図4・6 ベクトル中間子の8重項

とすれば，変換性をうまくみたす。同様にして，ベクトル中間子は，図4・6のようになる。この場合は，(4・1・1)に対応する1重項の粒子が存在していると考え，φ 粒子をもってくる。

つぎに， $$A_{lk} = \bar{i}k \quad (4 \cdot 1 \cdot 6)$$

という量を考えてみよう。ここで，$\bar{i}$ は，i 番目の反コーク，k は，k 番目のコークの波動関数とする。これは，k 番目のコークをけして，i 番目のコークをつくるという解釈ができるので，A_{lk} を3行3列の行列と考え，ik という行列要素だけが1で，他は0なる要素をもつとする。9個の独立な行列があって，つぎのように定義する。

$$\begin{array}{llll} \overline{1}2 & \overline{2}1 & \overline{2}3 & \overline{3}2 \\ \tau_+ = \begin{pmatrix} 0 & 1 & 0 \\ 0 & 0 & 0 \\ 0 & 0 & 0 \end{pmatrix} & \tau_- = \begin{pmatrix} 0 & 0 & 0 \\ 1 & 0 & 0 \\ 0 & 0 & 0 \end{pmatrix} & u_+ = \begin{pmatrix} 0 & 0 & 0 \\ 0 & 0 & 1 \\ 0 & 0 & 0 \end{pmatrix} & u_- = \begin{pmatrix} 0 & 0 & 0 \\ 0 & 0 & 0 \\ 0 & 1 & 0 \end{pmatrix} \end{array}$$

$$\begin{array}{ll} \overline{3}1 & \overline{1}3 \\ v_+ = \begin{pmatrix} 0 & 0 & 0 \\ 0 & 0 & 0 \\ 1 & 0 & 0 \end{pmatrix} & v_- = \begin{pmatrix} 0 & 0 & 1 \\ 0 & 0 & 0 \\ 0 & 0 & 0 \end{pmatrix} \end{array} \quad (4 \cdot 1 \cdot 7)$$

ii という形のものは，

$$\overset{A}{\tau_3=\frac{1}{\sqrt{2}}\begin{pmatrix}1&0&0\\0&-1&0\\0&0&0\end{pmatrix}} \quad \overset{B}{\lambda_8=\frac{1}{\sqrt{6}}\begin{pmatrix}1&0&0\\0&1&0\\0&0&-2\end{pmatrix}} \quad \overset{I}{1=\begin{pmatrix}1&0&0\\0&1&0\\0&0&1\end{pmatrix}} \quad (4\cdot1\cdot8)$$

ここで，τ_i を二行二列の τ 行列とし

$$\lambda_i=\begin{pmatrix}\tau_i&0\\&0\\0&0&0\end{pmatrix} \quad i=1,\ 2,\ 3, \quad (4\cdot1\cdot9)$$

つぎに，$\mathfrak{p}$ と λ を入れかえる行列として，

$$\lambda_4=\begin{pmatrix}0&0&1\\0&0&0\\1&0&0\end{pmatrix}, \quad \lambda_5=\begin{pmatrix}0&0&-i\\0&0&0\\i&0&0\end{pmatrix} \quad (4\cdot1\cdot10)$$

および，$\mathfrak{n}$ と λ を入れかえる行列として，

$$\lambda_6=\begin{pmatrix}0&0&0\\0&0&1\\0&1&0\end{pmatrix}, \quad \lambda_7=\begin{pmatrix}0&0&0\\0&0&-i\\0&i&0\end{pmatrix} \quad (4\cdot1\cdot11)$$

を与えると，$\lambda_1 \sim \lambda_8$ は，3成分のスピノール $\begin{pmatrix}\mathfrak{p}\\\mathfrak{n}\\\lambda\end{pmatrix}$ の無限小変換を

$$U=1+\frac{i}{2}\sum_{i=1}^{8}\lambda_i \varDelta \theta_i \quad (4\cdot1\cdot12)$$

で与える。U は，ユニタリー変換で，行列式が1になっている。この変換のつくる群を，三次元ユニタリー群，$SU(3)$ という。いろいろの群をつかって，素粒子を分類したり，素粒子の性質の間に関係をつける仕事は，非常にひろく行なわれた。ここでは，これ以上は述べない。

つぎに，バリオンは，(qqq) と考えるのであるが，まず，(qq) を考えると，図 4・7 のようにな

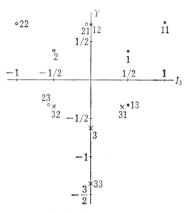

図 4・7　qq の合成

§4・1 坂田模型と対称性　　　　　　　　　　　　　　　　　177

る。この合成の仕方は，($\bar{q}q$) と同じである。合成したものをながめると，12 と 21 のように，二重になった点が三つある。そして，それは，$\bar{q}$ と同じ位置にある。だから，12+21 という組み合わせと，12−21 という組み合わせをつくると，後者は，三つあってその位置は $\bar{q}$ の位置と一致するので，完全に $\bar{q}$ と同じように取り扱ってよいであろう。それに，q を合成すると，8 重項と 1 重項を生ずることは，すでに述べたのと同様である。12+21 のほうの組は，6 重項をつくっているので，それに q をくっつけることは，図 4・8 でやる。それを，整理すると，図 4・9 のように，10 重項＋8 重項になる。結論として，

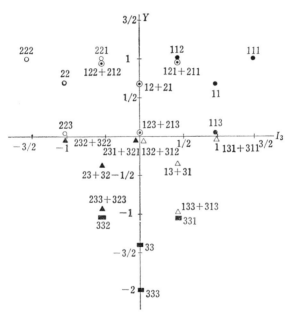

図 4・8　(qq) の 6 重項と q との合成

(qqq) は，

$$1 重項＋8 重項＋8 重項＋10 重項 \qquad (4・1・13)$$

になる。

いよいよ，バリオンの分類になるのだが，8 重項のうちの一つは，図 4・10 のように，スピン 1/2 のバリオンに，10 重項は，スピン 3/2 のバリオンの共鳴状態に対応させることができる。図 4・10 をみると

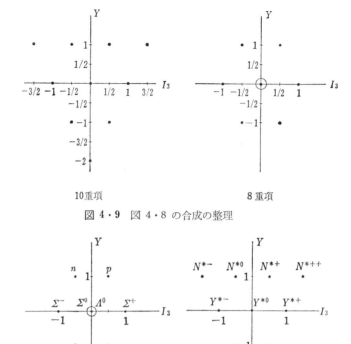

図 4・9　図 4・8 の合成の整理

図 4・10　スピン 1/2 のバリオン 8 重項と，スピン 3/2 の
バリオンの共鳴状態の 10 重項

$S=-3$ の粒子 Ω^- が登場する．これは，実験でも存在が確認され，坂田模型，$SU(3)$ 対称性の大きな成果の一つである．注意するべきことは，図 4・10 以外にも，バリオンの共鳴状態はたくさんある．それを，どう分類するか，はたして，ここまでのように，$SU(3)$ で分類可能かどうか，まだわからない．たとえば，スピン 1/2 の 10 重項があるかどうか．群論の表の上ではありそうな共鳴が見つかっていなかったり，実験で見つかった共鳴が，群論の結果とうまく対応しなかったり，問題はいろいろある．

最後に，この模型のもっともすばらしい成果である質量公式を出そう．ここまでの考え方は，メソンにしても，バリオンにしても，8 重項

§4·1 坂田模型と対称性   179

の各粒子の間には，質量の差は，まったくないと仮定して話をすすめて
きた。しかし，実際には， N, $\varLambda$, $\varSigma$, $\varXi$ の間に，大きな差がある。そ
の差を与えるものは，何であろうか。その正体はわからないが，第5番
目の力というべきであろう。とにかく， p と n の質量の差，$\varSigma^+$, $\varSigma^0$,
$\varSigma^-$ の間の質量の差を無視して， もっと大きな N, $\varLambda$, $\varSigma$, $\varXi$ 間の質量
の差を問題にする限りでは，質量は I_3 に無関係である。すなわち，ア
イソスピン空間のスカラー量である。 しかし， U スピンには大きく関
係しているので，

$$M=a+bu_3 \qquad (4\cdot1\cdot14)$$

という形になっているであろう。 図 4・10 で， n, $\varSigma^0$, $\varLambda^0$, $\varXi^0$ とい
う直線に注目する。 $\varSigma^0$ と $\varLambda^0$ が重なっているのであるが，(4·1·2)，
(4·1·3) の組み合わせを導入する。すなわち， (qq) を $\bar{q}$ のように考
えると，

$$\left.\begin{array}{l} \varSigma^0 = \dfrac{1}{\sqrt{2}}(\bar{1}1-\bar{2}2) \\[2mm] \varLambda^0 = \dfrac{1}{\sqrt{6}}(\bar{1}1+\bar{2}2-2\times\bar{3}3) \end{array}\right\} \quad (4\cdot1\cdot15)$$

と考えてよい。 これを組みかえて， U スピンに便利なように， A',
B' を導入する。

$$\left.\begin{array}{l} A' = \dfrac{1}{\sqrt{2}}(\bar{2}2-\bar{3}3) \\[2mm] B' = \dfrac{1}{\sqrt{6}}(\bar{2}2+\bar{3}3-2\times\bar{1}1) \end{array}\right\} \quad (4\cdot1\cdot16)$$

そうすると，

$$A' = \frac{1}{2}(\sqrt{3}\,\varLambda^0 - \varSigma^0) \qquad (4\cdot1\cdot17)$$

である。 B' は $U=0$ で， $n(U_3=+1)$, $A'(U_3=0)$, $\varXi^0(U_3=-1)$
が $U=1$ の三重項をつくっている。したがって，質量が (4·1·14) の
ように書けるとすると，

$$m_{\varXi^0} - m_{A'} = m_{A'} - m_n$$

ゆえに，

$$m_{\varXi^0} + m_n = 2m_{A'}$$

となる。ところで (4·1·17) から，

180   第4章　素粒子の統一的記述

$$m_{A'} = <A'|M|A'> = \frac{1}{4}<\sqrt{3}\,\varLambda^0-\varSigma^0\,|M|\,\sqrt{3}\,\varLambda^0-\varSigma^0>$$

$$= \frac{3}{4}m_{\varLambda^0}+\frac{1}{4}m_{\varSigma^0}$$

M は，アイソスピン空間のスカラー量だから，$\varLambda^0(I=0)$ と $\varSigma^0(I=1)$
に対して，

$$<\varLambda^0|M|\varSigma^0>=0$$

になる。結局

$$\frac{1}{2}(m_N+m_\varXi) = \frac{3}{4}m_\varLambda+\frac{1}{4}m_\varSigma \qquad (4\cdot1\cdot18)$$

という，**Gell-Mann-大久保の質量公式**を得た。これは，すばらしくよ
く実験と一致する。別のかき方をすると，

$$m = a+bY+c\left[I(I+1)-\frac{Y^2}{4}\right] \qquad (4\cdot1\cdot19)$$

となり，ある多重項に属する質量公式になる。メソンに対しては，m
のかわりに m^2 とすればよい。実験との一致は，どの場合でも，相当に
よいといってよい。

　坂田模型でも，コーク理論でも，考え方の基礎は，より基本的な物質
を追求するということであろう。いいかえれば，素粒子の芯は，どうな
っているかという問題だといってもよかろう。とにかく，坂田模型は，
素粒子論から，より深い段階への出発点として，大きな歴史的意味をも
つと確信する。コークは現在見つかっていないし，存在を信じている人
は少ない。そういうものを導入しないにこしたことはないが，して悪い
こともないであろう。

§4・2　Regge 理　論

　2・7節で，高エネルギーでの散乱を説明する，一つの有望な理論と
して，Regge 理論を紹介した。そこでは，Regge 極 $\alpha_n(t)$ の $t=0$ 付
近のふるまいが，全断面積や，弾性散乱の微分断面積をきめることを述
べた。そこでは，$t=-2q^2(1-\cos\theta)$ であるので，$t<0$ のところでの
$\alpha_n(t)$ が問題であった。ところで，2・7節で，Regge 極は，もとも
と，S 行列の極であり，$s>0$ の場合の極として，$\alpha_n(s)$ を導入した。
α_n は複素角運動量平面の極であるので，s の変化に従って，$\alpha_n(s)$ も
変化し，たまたま，整数または半整数の値をとることがありうる。そう

§4・2 Regge 理論　　　　　　　　　　　　　　　　　　　　181

いう点が実際に見つかっている素粒子，または共鳴状態であると考える．$\alpha_n(t)$ の勾配については，$\alpha_n{}'(0)$ が弾性散乱，荷電交換散乱から，だいたいのことがわかるが，$\alpha_n(t)$ が t について一次関数であると仮定しても，ぐあいの悪いことはなさそうであるので，何はともあれ，そういう仮定にもとづいて，素粒子や共鳴状態を線の上にならべてみよう．そうすると，フェルミオンについては，図 4・11 のように，いちおう見事に直線の上にならんでいる．これらが，どうして直線に並ばなければならないのか，理由はまったくわからないが，少なくとも，すばらしい実験式だということはいえる．図 4・11 で，注意するべき

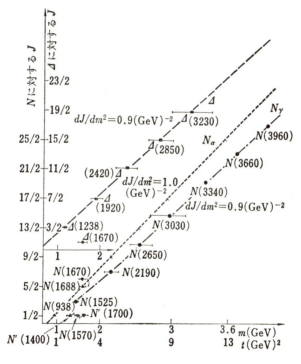

図 4・11　Regge 理論による素粒子と，共鳴状態の分類．横軸は，$t=m^2$ をとった．$m=2\,{\rm GeV}$ というのは，$t=4\,{\rm GeV}^2$ のことである．

ことは，$J=1/2,\ 5/2,\ 9/2,\ \cdots\cdots$ と，差が 2 になっていることである．それは，散乱振幅，(2・7・23) をみると，符号因子のために，α_n が偶数

または奇数でのみ，$F(s, t)$ が ∞ になることと関係している。

さて，特別の Regge 極 α を考えて，エネルギー $E=E_m$ で，$\mathrm{Re}\,\alpha$ $=m$ という正の整数になったとしよう。その付近のエネルギーのところでは，

$$\mathrm{Re}\,\alpha(E) \approx m + (E - E_m)\left(\frac{d\,\mathrm{Re}\,\alpha(E)}{dE}\right)_{E_m} \qquad (4\cdot2\cdot1)$$

そして，そのあたりでは，他の量はたいして変化しないだろうから，

$$\mathrm{Im}\,\alpha(E) \approx \mathrm{Im}\,\alpha(E_m)$$
$$\beta(E) \approx \beta(E_m) \qquad (4\cdot2\cdot2)$$

と考えよう。散乱振幅（$2\cdot7\cdot21$）は，その Regge 極に関しては，

$$F(s, t) \rightarrow \frac{\beta(E)\ t^{\alpha(E)}}{\sin \pi\alpha(E)} \approx \frac{\beta(E_m)\ t^{\alpha(E)}}{\pi\left\{(E - E_m)\left(\dfrac{d\,\mathrm{Re}\,\alpha(E)}{dE}\right)_{E_m} + i\,\mathrm{Im}\,\alpha(E_m)\right\}}$$

$$= \frac{\beta(E_m)\ t^{\alpha(E)}}{\pi\left(\dfrac{d\,\mathrm{Re}\,\alpha(E)}{dE}\right)_{E_m}} \times \frac{1}{E - E_m + \dfrac{1}{2}i\Gamma} \qquad (4\cdot2\cdot3)$$

ここで，

$$\Gamma = 2\,\mathrm{Im}\,\alpha(E_m) \Big/ \left(\frac{d\,\mathrm{Re}\,\alpha(E)}{dE}\right)_{E_m} \qquad (4\cdot2\cdot4)$$

という形になって，よく知られた Breit-Wigner の共鳴公式を与える。E_m が，束縛状態のときは，$\mathrm{Im}\,\alpha(E_m)=0$ になることが，証明される。このように，Regge 極から出て来た共鳴状態は，まさに，普通にわれわれが考えてきた共鳴と同じふるまいをすることがわかった。これは，（$2\cdot7\cdot18$）で考えても，積分項のふるまいは別として，Regge 項は，Breit-Wigner 公式のような，共鳴散乱を与える。

Regge 理論によると，核子は，核子と π 中間子よりなり，中間子は，核子と反核子からなるというように，玉ねぎのようになっていて，素粒子の芯というものには出くわさない。坂田模型による素粒子の整理は，p, n, Λ^0, Σ^+, Σ^0, Σ^-, Ξ^0, Ξ^- というように，その仲間では，一番質量の軽いもの同志の横のつながりを問題にした。ところが，Regge 理論での素粒子の分類は，図 $4\cdot11$ のように，$N_{1/2}(938)$, $N_{5/2}(1688)$ … というような，一つの種類の基底状態と，その上の励起状態との間に関係をつけて行くという，いわば，縦のつながりをさぐって行くやり方である。だから，この二つは，矛盾や，対立するものではなく，相補的な

§4・2 Regge 理 論

ものという考え方が可能になる。無数にたくさんあらわれた素粒子や，共鳴状態を，いかに整理し説明するかという問題は，当分，理論物理の中心課題になるであろうが，この二つの流れが，しばらくはつづくであろう。Regge 理論は，額ぶちだけの理論で，かんじんの $\alpha_n(t)$ や $\beta_n(t)$ を力学的にきめる方法は，まだ見つかっていない。それは，まったく将来の問題であって，量子力学や，場の理論の枠内ではできないことかも知れない。それにもかかわらず Regge 理論の魅力は，$t<0$ のときの $\alpha(t)$ で高エネルギーの散乱が記述でき，$t>0$ のときの $\alpha(t)$ で，素粒子の質量公式が得られるところにある。

最後に，Pomeranchuk 粒子についてふれておこう。(2・7・25) で，全断面積の漸近値が一定になる原因になっている粒子を，Pomeranchuk 粒子とよんだ。もし，質量が 0 で，角運動量が 1，しかも，アイソスピンも他の量子数ももたないような粒子が存在すれば，堂々と粒子として名乗りを上げることができる。これは，光子とはちがうし，図 4・11 のような $\alpha(t)$ の図をかいても，その上に実在の粒子がありそうもないので，まぼろしの粒子である。そういうまぼろしの粒子にもとづいて出した，弾性散乱の角分布が，実験と一致しないのは，当然であるという考え方が出て来た。そして，$\pi^- + p \rightarrow \pi^0 + n$ のように，ρ 中間子という実在の粒子を，Regge 理論に従って，交換した場合にこそ，Regge 理論の真価を発揮するであろう。事実，図 2・6 では，s が大きくなるとともに，前方の山の幅が $1/\log s$ で小さくなっている。だから，弾性散乱は，Regge 理論だけではだめで，将来の問題なのかも知れない。

この二つの理論以外にも，非局所場の理論，それから発展した，素領域の理論等，興味のある素粒子の統一理論があるが，専門の雑誌を見て勉強していただきたい。

付録 1. 参 考 書

素粒子論の本は，内外ともにたくさんあるが，ここでは，場の理論の教科書はあげないで，個々の素粒子の性質に重点をおいたものを紹介してみよう。

1. 武田　暁，宮沢弘成，「素粒子物理学」（裳華房）

この本の守備範囲は，本書のそれより広く，本書では，量子力学の知識からのギャップがあるのに反して，相当のページ数をついやして，つながりをうまくうめている。素粒子の部分については，結果として，互いに，相補うようになっていれば幸いである。とにかく，この本は，ぜひ推せんしたい名著である。

2. K. Nishijima,「Fundamental Particles」(Benjamin)

いろいろと示唆にとみ，内容の面白い本で，一通りの勉強をすませた方にぜひすすめたい。私のもっとも好きな本の一つである。

3. G. Källen,「Elementary Particle Physics」(Addison-Wesley)

出発点は，本書と同じくらいのところであるが，終点は，はるかに高級である。本書または 1. を読み終ってからの読者によい。私には，いささか，くせのある本という気がする。

4. 高木修二，川口正昭，「素粒子を探る」（NHK ブックス）

これは，専門家以外の人をも対象にしている。そして，素粒子を実験的にいかにしてつくり，いかにしてその性質をしらべるかを重点にして話がすすめてある。本書をよむ前に，寝ころんで読んでほしい。

ほかにも，たくさんの本や講義録があるけれども，要するに，どれか一冊をよめば十分である。それから後は，より専門的な，特別の題目に関する本や，論文をよめばよい。

ぜひ一読してほしい格調の高い論文として，いくつかの原論文を思いつくままにあげておく。重要な論文をおとしたり，主観が入ったりして完全なものではないが，読者は，興がのれば，先輩にきいて，これ以外の原論文を数多くよんでいただきたい。

§ 1・4 では，T. Nakano and K. Nishijima, *Prog. Theor. Phys.* **10** (1953), 581.

186 付　　　録

K. Nishijima, *Prog. Theor. Phys.* **13** (1955) 285.

に，奇妙さの量子数をもつ素粒子の理論が提案されている。

第2章では，まず，現代素粒子論の源というべき論文，

H. Yukawa *Proc. Phys.-Math. Soc.* **17** (1935), 48.

をあげるべきであろう。π中間子の予言だけではなく，素粒子物理学全体に対する，雄大な構想を読みとっていただきたい。この第一論文だけではなく，その後の論文をもできるだけよんでいただきたい。

§2・1では，　$\pi^\circ \to 2\gamma$　に関する Yang の論文は，その当時では，ぬきんでた論文であった。

C. N. Yang, *Phys. Rev.* **77** (1950), 242.

§2・4 の Chew-Low 理論は，本書ではくわしく述べなかったので，

G. F. Chew and F. E. Low, *Phys. Rev.* **101** (1956), 1570 および，1579.

とそのすぐれた解説として

G. C. Wick, *Rev. Mod. Phys.* **27** (1955), 339.

をよむとよい。原論文より解説のほうが，先に出版されているところも面白い。

§2・9 の核力については，日本の仕事のまとめとして，

Prog. Theor. Phys. Suppl. No. 3 (1956) および, No. 39 (1967), No. 42(1968)があり，もっともすぐれた報告である。日本の代表的な共同研究がいかにしてすすめられたか，血と汗と涙のにおいがする生々しい記録である。

第3章では，弱い相互作用のパリティ非保存と，それにもとづいた理論体系を創り出した，Lee と Yang の一連の論文をよむ必要がある。

T. D. Lee and C. N. Yang, *Phys. Rev.* **104** (1956), 254, で，パリティ非保存の可能性を指摘して，Co^{60} のベータ崩壊の実験を提案した。そしてその実験は，

C. S. Wu et al, *Phys. Rev.* **105** (1957), 1413.

に報告され，弱い相互作用でのパリティ非保存が確立された。

ベータ崩壊の相互作用が V-A であることは，

R. P. Feynman and M. Gell-Mann, *Phys. Rev.* **109** (1958), 193.

の推論は，すこぶる面白い。

付録 1. 参 考 書　　　　　　　　　　　　　　　　　　187

nonleptonic decay の $\Delta I = 1/2$ 法則は，私もやってみたことがある。

　M. Kawaguchi and K. Nishijima, *Prog. Theor. Phys.* **15** (1956),
　　180.

どうしてこういう法則がありうるのか，私には，いまでもさっぱりわか
らない。

第4章の坂田模型については，

　S. Sakata, *Prog. Theor. Phys.* **16** (1956), 686.

を読み，少しとんで，対称性の問題にとりかかるとよい。

　S. Ogawa, *Prog. Theor. Phys.* **21** (1959), 209.

　M. Ikeda, S. Ogawa and Y. Ohnuki, *Prog. Theor. Phys.* **22**
　　(1959), 715.

　Y. Yamaguchi, *Prog. Theor. Phys. Suppl. No.* 11 (1959).

Gell-Mann がこれを八道説という形にした。

　M. Gell-Mann, *Phys. Rev.* **125** (1962), 1067.

発想法が日本人とちがうこと，好ききらいは別として，現代の物理学を
背負って立っているというような気概をもっていることが読みとれてお
もしろい。

　Regge 理論については，Regge の原論文があるが，さっぱりわから
ない。彼には，種をまいた功績に敬意を表すべきであろう。これを，巨
木（いささか虚木的でもある）にそだてたのは，Gell-Mann である。

　S. C. Frautschi, M. Gell-Mann, F. Zachariasen, *Phys. Rev.* **126**
　　(1962), 2204.

ほかにも，大切な論文が山のようにあるので，必要なものは，人にき
いて読むとよい。あまり人の話ばかり勉強して，消化不良にならぬよう
に。一方，1930 年代の古典的論文を，しっかり勉強するほうがよいと
いう意見がある。これも，大切な考え方で，個性にあわせて勉強してほ
しい。

付録 2.　Dirac 方程式

スピン 1/2 の粒子の運動方式は，Dirac 方程式である。その形は，

$$(\gamma_\mu \partial_\mu + m)\psi(x) = 0 \qquad (A\ 2\cdot1)$$

ここで，γ 行列は，交換関係

$$\gamma_\mu \gamma_\nu + \gamma_\nu \gamma_\mu = 2\delta_{\mu\nu} \qquad (A\ 2\cdot2)$$

をみたし，その形は，

$$\gamma_1 = \begin{pmatrix} 0 & 0 & 0 & -i \\ 0 & 0 & -i & 0 \\ 0 & i & 0 & 0 \\ i & 0 & 0 & 0 \end{pmatrix}, \quad \gamma_2 = \begin{pmatrix} 0 & 0 & 0 & -1 \\ 0 & 0 & 1 & 0 \\ 0 & 1 & 0 & 0 \\ -1 & 0 & 0 & 0 \end{pmatrix}, \quad \gamma_3 = \begin{pmatrix} 0 & 0 & -i & 0 \\ 0 & 0 & 0 & i \\ i & 0 & 0 & 0 \\ 0 & -i & 0 & 0 \end{pmatrix},$$

$$\gamma_4 = \begin{pmatrix} 1 & 0 & 0 & 0 \\ 0 & 1 & 0 & 0 \\ 0 & 0 & -1 & 0 \\ 0 & 0 & 0 & -1 \end{pmatrix} \qquad (A\ 2\cdot3)$$

これらはすべて，エルミット行列である。

　Dirac の教科書の書き方によると，

$$i\frac{\partial \phi}{\partial t} = H\psi = \left(-i\boldsymbol{\alpha}\frac{\partial}{\partial \boldsymbol{x}} + \beta m\right)\psi \qquad (A\ 2\cdot4)$$

ここで，行列は，

$$\alpha_1 = \begin{pmatrix} 0 & 0 & 0 & 1 \\ 0 & 0 & 1 & 0 \\ 0 & 1 & 0 & 0 \\ 1 & 0 & 0 & 0 \end{pmatrix}, \quad \alpha_2 = \begin{pmatrix} 0 & 0 & 0 & -i \\ 0 & 0 & i & 0 \\ 0 & -i & 0 & 0 \\ i & 0 & 0 & 0 \end{pmatrix}, \quad \alpha_3 = \begin{pmatrix} 0 & 0 & 1 & 0 \\ 0 & 0 & 0 & -1 \\ 1 & 0 & 0 & 0 \\ 0 & -1 & 0 & 0 \end{pmatrix}$$

$$(A\ 2\cdot5)$$

そして，

$$\beta = \gamma_4 \qquad (A\ 2\cdot6)$$

である。さらに，Pauli のスピン行列 $\boldsymbol{\sigma}$ と，$\boldsymbol{\rho}$ を導入する。$\boldsymbol{\rho}$ は，普通の空間のベクトルではない。

$$\boldsymbol{\alpha} = \rho_1 \boldsymbol{\sigma} \qquad (A\ 2\cdot7)$$

という関係があって，$\boldsymbol{\sigma}$ はスピンの上下に関係し，$\boldsymbol{\rho}$ はエネルギーが，正か，負かを区別する。

付録 2. Dirac 方 程 式 189

$$\sigma_1=\begin{pmatrix} 0 & 1 & 0 & 0 \\ 1 & 0 & 0 & 0 \\ 0 & 0 & 0 & 1 \\ 0 & 0 & 1 & 0 \end{pmatrix}, \quad \sigma_2=\begin{pmatrix} 0 & -i & 0 & 0 \\ i & 0 & 0 & 0 \\ 0 & 0 & 0 & -i \\ 0 & 0 & i & 0 \end{pmatrix}, \quad \sigma_3=\begin{pmatrix} 1 & 0 & 0 & 0 \\ 0 & -1 & 0 & 0 \\ 0 & 0 & 1 & 0 \\ 0 & 0 & 0 & -1 \end{pmatrix}$$

(A 2·8)

ρ は

$$\rho_1=\begin{pmatrix} 0 & 0 & 1 & 0 \\ 0 & 0 & 0 & 1 \\ 1 & 0 & 0 & 0 \\ 0 & 1 & 0 & 0 \end{pmatrix}, \quad \rho_2=\begin{pmatrix} 0 & 0 & -i & 0 \\ 0 & 0 & 0 & -i \\ i & 0 & 0 & 0 \\ 0 & i & 0 & 0 \end{pmatrix}, \quad \rho_3=\beta=\gamma_4$$

(A 2·9)

ρ, σ に対しては,

$$\sigma_1\sigma_2=-\sigma_2\sigma_1=i\sigma_3, \quad \rho_1\rho_2=-\rho_2\rho_1=i\rho_3(1, \ 2, \ 3 \ \text{cyclic})$$

(A 2·10)

が成り立つ。

方程式を運動量空間でかくと，（A 2·1）および，（A 2·4）は,

$$\left.\begin{array}{r} (i\gamma p+m)\psi=0 \\[2mm] E\psi=(\boldsymbol{a}p+\beta m)\psi \end{array}\right\} \quad \text{(A 2·11)}$$

および

となる。

Dirac 方程式に出て来る行列は，4 行 4 列であるから，独立な行列は 16 個ある。それを，都合よく分類するために，γ_5 を定義する。

$$\gamma_5=\gamma_1\gamma_2\gamma_3\gamma_4=\begin{pmatrix} 0 & 0 & -1 & 0 \\ 0 & 0 & 0 & -1 \\ -1 & 0 & 0 & 0 \\ 0 & -1 & 0 & 0 \end{pmatrix} \quad \text{(A 2·12)}$$

この γ_5 は,

$$\gamma_5\gamma_\mu=-\gamma_\mu\gamma_5 \quad \text{(A 2·13)}$$

をみたす。

γ と $\boldsymbol{a}$, β の関係は,

$$\boldsymbol{\gamma}=-i\beta\boldsymbol{a}=\rho_2\boldsymbol{\sigma} \quad \text{(A 2·14)}$$

であるから，独立な 16 個の行列を，γ と，ρ, σ の表示で，表 A·1 に与える。

190　　　　　　　　　　　　　　　　　　　　　付　　　　録

Dirac 方程式の解は，エネルギーの正負，スピンの z 成分が上向き
であるか，下向きであるかに従って，4 通りの解がある。

$$\psi = Nu e^{i(\boldsymbol{p r}-Et)} \qquad (\text{A } 2\cdot15)$$

とおき，u の成分を表 A・2 にならべる。N は規格化因子である。

表 A 1・1　16 個の独立な行列の名称と型

型	S	$P(PS)$	$A(PV)$	V	T
γ 表 示	1	γ_5	$i\gamma_5\gamma_\mu$	γ_μ	$\dfrac{1}{2i}(\gamma_\mu\gamma_\nu-\gamma_\nu\gamma_\mu)$
$\rho\text{-}\sigma$ 表 示	1	$-\rho_1$	$\rho_3\boldsymbol{\sigma},\ -\rho_2$	$\rho_2\boldsymbol{\sigma},\ \rho_3$	$\boldsymbol{\sigma},\ \rho_1\boldsymbol{\sigma}$

表 A 1・2　Dirac 方程式の解

解の種類	$E>0$, スピン上向き	$E>0$, スピン下向き	$E<0$, スピン上向き	$E<0$, スピン下向き
u_1	1	0	$-p_z/(m+\lvert E\rvert)$	$(-p_x+ip_y)/(m+\lvert E\rvert)$
u_2	0	1	$(-p_x-ip_y)/(m+\lvert E\rvert)$	$p_z/(m+\lvert E\rvert)$
u_3	$p_z/(m+E)$	$(p_x-ip_y)/(m+E)$	1	0
u_4	$(p_x+ip_y)/(m+E)$	$-p_z/(m+E)$	0	1

全体の規格化因子，$N=\sqrt{\dfrac{m+\lvert E\rvert}{2\lvert E\rvert}}$ がかかる。ここで $E=\pm\sqrt{\boldsymbol{p}^2+m^2}$ である。

これは，本文で，しばしば書いたように，

$$u=\begin{bmatrix}\chi \\[4pt] \dfrac{\boldsymbol{\sigma p}}{m+\lvert E\rvert}\chi\end{bmatrix}, \qquad \chi=\begin{pmatrix}1\\0\end{pmatrix} \text{ または } \begin{pmatrix}0\\1\end{pmatrix} \qquad (\text{A } 2\cdot16)$$

とかくことができる。ここの $\boldsymbol{\sigma}$ は二行二列の Pauli のスピン行列である。

付録 3. 角 運 動 量

軌道角運動量 l は，つぎのように定義される。

$$l = r \times p \qquad (A\ 3\cdot1)$$

ここで，$p = -i\,\mathrm{grad}$ であることを考慮すると，l の各成分は，

$$\left.\begin{array}{l}
l_x = -i\left(y\dfrac{\partial}{\partial z} - z\dfrac{\partial}{\partial y}\right) \\[2mm]
l_y = -i\left(z\dfrac{\partial}{\partial x} - x\dfrac{\partial}{\partial z}\right) \\[2mm]
l_z = -i\left(x\dfrac{\partial}{\partial y} - y\dfrac{\partial}{\partial x}\right)
\end{array}\right\} \qquad (A\ 3\cdot2)$$

で与えられる。交換関係は，

$$[l_x,\ l_y] = il_z \qquad (x,\ y,\ z\ \text{cyclic}) \qquad (A\ 3\cdot3)$$

であるから，これをまとめると

$$l \times l = il \qquad (A\ 3\cdot4)$$

ということになる。

また，l^2 と l の各成分は可換である。

$$[l^2,\ l_x] = 0 \qquad (A\ 3\cdot5)$$

このことから，l^2 と l の一つの成分，普通は l_z を同時に対角化することが可能である。

極座標でかくと，

$$\left.\begin{array}{l}
l_x \pm il_y = e^{\pm i\varphi}\left(\pm\dfrac{\partial}{\partial\theta} + i\cot\theta\dfrac{\partial}{\partial\varphi}\right) \\[3mm]
l_z = -i\dfrac{\partial}{\partial\varphi}
\end{array}\right\} \qquad (A\ 3\cdot6)$$

$$l^2 = -\left[\frac{1}{\sin\theta}\frac{\partial}{\partial\theta}\left(\sin\theta\frac{\partial}{\partial\theta}\right) + \frac{1}{\sin^2\theta}\frac{\partial^2}{\partial\varphi^2}\right] \qquad (A\ 3\cdot7)$$

となる。l^2 と l_z の固有関数を，$Y_l{}^m(\theta,\varphi)$，それぞれの固有値を，$l(l+1)$ および m とかく，

$$\left.\begin{array}{l}
l^2 Y_l{}^m(\theta,\varphi) = l(l+1)\,Y_l{}^m(\theta,\varphi) \\[2mm]
l_z Y_l{}^m(\theta,\varphi) = m\,Y_l{}^m(\theta,\varphi)
\end{array}\right\} \qquad (A\ 3\cdot8)$$

l を方位量子数，m を磁気量子数とよぶことがある。$Y_l{}^m(\theta,\varphi)$ は，

$$Y_l{}^m(\theta, \varphi) = (-1)^{\frac{m+|m|}{2}} \left[\frac{2l+1}{4\pi} \frac{(l-|m|)!}{(l+|m|)!} \right]^{1/2} \sin^{|m|}\theta \frac{d^{|m|}P_l(\cos\theta)}{d(\cos\theta)^{|m|}}$$

$$\times e^{im\varphi}$$

$$= (-1)^{\frac{m+|m|}{2}} \left[\frac{2l+1}{4\pi} \frac{(l-|m|)!}{(l+|m|)!} \right]^{1/2} P_l{}^m(\cos\theta) e^{im\varphi}$$

$$\text{(A 3·9)}$$

ここで，$P_l(\cos\theta)$ は l 次の球関数，$P_l{}^m(\cos\theta)$ は，その随伴関数である。$Y_l{}^m$ に関しては，

$$\iint Y_l{}^{m*}(\theta, \varphi) Y_{l'}{}^{m'}(\theta, \varphi) \sin\theta d\theta d\varphi = \delta_{ll'}\delta_{mm'} \quad \text{(A 3·10)}$$

という直交規格化の条件をみたしている。

つぎに，$l_x \pm il_y$，および l_z の行列要素は，

$$\left.\begin{aligned}
&\langle lm\pm1|l_x\pm il_y|l'm\rangle = \delta_{ll'}\sqrt{(l\mp m)(l\pm m+1)}\\
&\langle lm|l_z|l'm'\rangle = \delta_{ll'}\delta_{mm'}m
\end{aligned}\right\}$$

$$\text{(A 3·11)}$$

以外の行列要素はすべて 0 である。別のあらわし方では，

$$(l_x\pm il_y)Y_l{}^m(\theta, \varphi) = \sqrt{(l\mp m)(l\pm m+1)}\, Y_l{}^{m\pm1}(\theta, \varphi)$$

$$\text{(A 3·12)}$$

である。$l_x \pm il_y$ という演算子は，m を一つだけ増減する役割をはたしている。

二つの角運動量 $\boldsymbol{J}_1$ と $\boldsymbol{J}_2$ の合成をする必要がしばしばおこる。それぞれの波動関数を，$\psi_{j_1}{}^{m_1}$，$\psi_{j_2}{}^{m_2}$ とし，合成したものを，$\psi_j{}^m$ とかくと，j は

$$j = j_1 + j_2, \quad j_1 + j_2 - 1, \quad \cdots\cdots, \quad |j_1 - j_2| \quad \text{(A 3·13)}$$

のうちのどれかをとることができる。この合成された波動関数は，一つの j に対して

$$\psi_j{}^m = \sum_{m_1 m_2} \langle j_1 j_2 m_1 m_2 | j_1 j_2 jm\rangle \psi_{j_1}{}^{m_1} \psi_{j_2}{}^{m_2} \quad \text{(A 3·14)}$$

とかく。このときあらわれる係数 $\langle j_1 j_2 m_1 m_2 | j_1 j_2 jm\rangle$ を Clebsch-Gordan 係数という。この係数に関しては，いろいろの性質があるが，ここでは，かんたんな場合の係数の表を与えておく。

付録 3. 角 運 動 量　　　　　　　　　　　　　　　　　　　　193

表 A 3・1　$j_2=1/2$ および 1 の場合の Clebsch-Gordan 係数の表

	$m_2=\dfrac{1}{2}$	$m_2=-\dfrac{1}{2}$
$j=j_1+\dfrac{1}{2}$	$\left[\dfrac{j_1+m+\dfrac{1}{2}}{2j_1+1}\right]^{1/2}$	$\left[\dfrac{j_1-m+\dfrac{1}{2}}{2j_1+1}\right]^{1/2}$
$j=j_1-\dfrac{1}{2}$	$-\left[\dfrac{j_1-m+\dfrac{1}{2}}{2j_1+1}\right]^{1/2}$	$\left[\dfrac{j_1+m+\dfrac{1}{2}}{2j_1+1}\right]^{1/2}$

	$m_2=1$	$m_2=0$	$m_2=-1$
$j=j_1+1$	$\left[\dfrac{(j_1+m)(j_1+m+1)}{(2j_1+1)(2j_1+2)}\right]^{1/2}$	$\left[\dfrac{(j_1-m+1)(j_1+m+1)}{(2j_1+1)(j_1+1)}\right]^{1/2}$	$\left[\dfrac{(j_1-m)(j_1-m+1)}{(2j_1+1)(2j_1+2)}\right]^{1/2}$
$j=j_1$	$-\left[\dfrac{(j_1+m)(j_1-m+1)}{2j_1(j_1+1)}\right]^{1/2}$	$\dfrac{m}{[j_1(j_1+1)]^{1/2}}$	$\left[\dfrac{(j_1-m)(j_1+m+1)}{2j_1(j_1+1)}\right]^{1/2}$
$j=j_1-1$	$\left[\dfrac{(j_1-m)(j_1-m+1)}{2j_1(2j_1+1)}\right]^{1/2}$	$-\left[\dfrac{(j_1-m)(j_1+m)}{j_1(2j_1+1)}\right]^{1/2}$	$\left[\dfrac{(j_1+m+1)(j_1+m)}{2j_1(2j_1+1)}\right]^{1/2}$

表 A 3・2　$P_l(z)$, $Y_l{}^m(\theta,\varphi)$ の表

Legendre 多項式　$P_l(z)$

微分方程式：$\qquad (1-z^2)\dfrac{d^2P_l(z)}{dz^2}-2z\dfrac{dP_l(z)}{dz}+l(l+1)P_l(z)=0$

Rodrigues の公式：$P_l(z)=\dfrac{1}{2^l l!}\dfrac{d^l}{dz^l}(z^2-1)^l$

一般式：
$$P_l(z)=\dfrac{1}{2^l}\sum_{s=0}^{s=[\frac{l}{2}]}(-1)^s\dfrac{(2l-2s)!}{s!(l-s)!(l-2s)!}z^{l-2s}$$
$$=\dfrac{(2l)!}{2^l(l!)^2}z^l F\left(-\dfrac{l}{2},\ \dfrac{1-l}{2};\ \dfrac{1}{2}-l;\ \dfrac{1}{z^2}\right)$$
$$=F\left(-l,\ l+1;\ 1;\ \dfrac{1-z}{2}\right)$$

$P_l(1)=1$,　$P_l(-1)=(-1)^l$,　$P_{2l+1}(0)=0$,　$P_{2l}(0)=(-1)^l\dfrac{(2l)!}{2^{2l}(l!)^2}$,

$P_0(z)=1$,　　　$P_1(z)=z$,　　　$P_2(z)=\dfrac{1}{2}(3z^2-1)$,　　　$P_3(z)=\dfrac{1}{2}(5z^3-3z)$,

$P_4(z)=\dfrac{1}{8}(35z^4-30z^2+3)$,　　　$P_5(z)=\dfrac{1}{8}(63z^5-70z^3+15z)$,

$\displaystyle\int_{-1}^{1}P_l(z)P_{l'}(z)dz=\dfrac{2}{2l+1}\delta_{ll'}$

$Y_l{}^m(\theta,\phi)$

微分方程式：$\left[-\dfrac{1}{\sin\theta}\dfrac{\partial}{\partial\theta}\left(\sin\theta\dfrac{\partial}{\partial\theta}\right)+\dfrac{1}{\sin^2\theta}\dfrac{\partial^2}{\partial\varphi^2}\right]Y_l{}^m(\theta,\phi)$
$$=l(l+1)Y_l{}^m(\theta,\phi)$$
$$-i\dfrac{\partial}{\partial\phi}Y_l{}^m(\theta,\phi)=mY_l{}^m(\theta,\phi)$$

一般式： $Y_l{}^m(\theta,\phi)\equiv\Theta_l{}^m(\theta)\Phi_m(\phi)$

$$=(-1)^{\frac{m+|m|}{2}}\left[\frac{2l+1}{2}\frac{(l-|m|)!}{(l+|m|)!}\right]^{1/2}P_l{}^m(\cos\theta)\cdot\frac{1}{\sqrt{2\pi}}e^{im\phi},$$

$Y_0{}^0=\sqrt{\dfrac{1}{4\pi}}$

$Y_1{}^0=\sqrt{\dfrac{3}{4\pi}}\cos\theta$ $\qquad\qquad Y_1{}^{\pm1}=\mp\sqrt{\dfrac{3}{8\pi}}\sin\theta\ e^{\pm i\phi}$

$Y_2{}^0=\sqrt{\dfrac{5}{16\pi}}(2\cos^2\theta-\sin^2\theta)$ $\qquad Y_2{}^{\pm1}=\mp\sqrt{\dfrac{15}{8\pi}}\cos\theta\ \sin\theta\ e^{\pm i\phi}$

$\qquad\qquad\qquad\qquad\qquad\qquad\qquad\qquad Y_2{}^{\pm2}=\sqrt{\dfrac{15}{32\pi}}\sin^2\theta\ e^{\pm2i\phi}$

$Y_3{}^0=\sqrt{\dfrac{7}{16\pi}}(2\cos^3\theta-3\cos\theta\ \sin^2\theta)$

$Y_3{}^{\pm1}=\mp\sqrt{\dfrac{21}{64\pi}}(4\cos^2\theta\ \sin\theta-\sin^3\theta)e^{\pm i\phi}$

$Y_3{}^{\pm2}=\sqrt{\dfrac{105}{32\pi}}\cos\theta\ \sin^2\theta\ e^{\pm2i\phi}$ $\qquad Y_3{}^{\pm3}=\mp\sqrt{\dfrac{35}{64\pi}}\sin^3\theta\ e^{\pm3i\phi}$

直交関係： $\displaystyle\iint Y_l{}^{m*}(\theta,\phi)Y_{l'}{}^{m'}(\theta,\phi)\sin\theta\ d\theta\ d\phi=\delta_{ll'}\ \delta_{mm'},$

漸化式： $\dfrac{\partial}{\partial\theta}Y_l{}^m=\dfrac{1}{2}\sqrt{(l-m)(l+m+1)}Y_l{}^{m+1}e^{-i\phi}$

$\qquad\qquad\qquad -\dfrac{1}{2}\sqrt{(l+m)(l-m+1)}Y_l{}^{m-1}e^{i\phi}$

$\qquad m\cot\theta\ Y_l{}^m=-\dfrac{1}{2}\sqrt{(l-m)(l+m+1)}Y_l{}^{m+1}e^{-i\phi}$

$\qquad\qquad\qquad -\dfrac{1}{2}\sqrt{(l+m)(l-m+1)}Y_l{}^{m-1}e^{i\phi}$

$\qquad\cos\theta\ Y_l{}^m=\sqrt{\dfrac{(l-m+1)(l+m+1)}{(2l+1)(2l+3)}}Y_{l+1}{}^m+\sqrt{\dfrac{(l-m)(l+m)}{(2l-1)(2l+1)}}Y_{l-1}{}^m$

表 A 3・3　球ベッセル関数 $j_l(z)$ の表

球面 Bessel 関数 $j_l(z)$

$j_l(z)=(-z)^l\left(\dfrac{d}{zdz}\right)^l j_0(z),$

$j_0(z)=\dfrac{\sin z}{z},\ \ j_1(z)=\dfrac{\sin z-z\cos z}{z^2},\ \ j_2(z)=\dfrac{3(\sin z-z\cos z)-z^2\sin z}{z^3}$

通常の n 次の Bessel 関数を $J_n(z)$ と かくとつぎの関係がある。

$$J_{n+\frac{1}{2}}(z)=\sqrt{\dfrac{2z}{\pi}}j_n(z)$$

微分方程式： $\left[\dfrac{d^2}{dz^2}+\dfrac{2}{z}\dfrac{d}{dz}+\left\{1-\dfrac{l(l+1)}{z^2}\right\}\right]j_l(z)=0$

漸近公式： $j_l(x)\sim\dfrac{x^l}{(2l+1)!!},\qquad (x\to0)$

$\qquad\qquad (2l+1)!!\equiv(2l+1)(2l-1)\cdots\cdots3\cdot1$

付録 3. 角 運 動 量　　　　　　　　　　　　　　　　195

$$j_l(x) \sim \frac{1}{x}\cos\left[x - \frac{1}{2}(l+1)\pi\right], \qquad (x\to\infty)$$

漸化式：　　$j_l(z)$ 以外の球 Bessel 関数に対しても同様に成り立つ。

$$\frac{2l+1}{z}j_l(z) = j_{l-1}(z) + j_{l+1}(z), \qquad (l>0)$$

$$\frac{d}{dz}j_l(z) = \frac{1}{2l+1}[lj_{l-1}(z) - (l+1)j_{l+1}(z)]$$

$$\frac{d}{dz}[z^{l+1}j_l(z)] = z^{l+1}j_{l-1}(z), \qquad (l>0)$$

$$\frac{d}{dz}[z^{-l}j_l(z)] = -z^{-l}j_{l+1}(z)$$

積分公式：　　$\displaystyle\int j_0{}^2(z)z^2\,dz = \frac{1}{2}z^3[j_0{}^2(z) + n_0(z)j_1(z)]$,

$$\int j_l{}^2(z)z^2\,dz = \frac{1}{2}z^3[j_l{}^2(z) - j_{l-1}(z)j_{l+1}(z)] \qquad (l\geq 1)$$

付 録 4. 素粒子および共鳴の表

1976年4月現在の素粒子および共鳴の表を示す。この表の作製は、定期的に、アメリカのカリフォルニア大学と、欧州原子核研究所・セルンの協同作業で行なわれている。製作者は、N. Barash-Schmidt, A. Barbaro-Galtieri, C. Bricman, V. Chaloupka, R. J. Hemingway, R. L. Kelly, M. J. Losty, A. Rittenberg, M. Roos, A. H. Rosenfeld, T. G. Trippe, G. P. Yost. である。ここでは、その一部を引用するが、さらにくわしい数値を必要とする方は、原論文を見ていただきたい。A. H. Rosenfeld et al. *Rev. Mod. Phys.* 大体毎年出版。

Stable Particle Table

Particle	$I^G(J^P)C_n$	Mass (MeV) / Mass² (GeV)²	Mean Life (sec) / cτ (cm)	Mode	Fraction[a]	p or p_{max}[b] (MeV/c)
γ	$0,1(1^-)^-$	$0(<7×10^{-22})$	stable	stable		
ν	$J=\frac{1}{2}$	$\nu_e: 0(<0.00006)$ $\nu_\mu: 0(<0.65)$	stable	stable		
e	$J=\frac{1}{2}$	0.5110034 $±.0000014$	stable $(>5×10^{21}y)$	stable		
μ	$J=\frac{1}{2}$	105.65948 $±.00035$ $m^2=0.01116$ $±.006$ $m_\mu-m_\pi±=-33.909$	$2.19713×10^{-6}$ $±.000077$ $cτ=6.5868×10^4$	$e\nu\bar\nu$	100 %	53
				$e\gamma$	$(<4$ $)×10^{-6}$	53
				$3e$	$(<6$ $)×10^{-9}$	53
				$e\gamma$	$(<2.2$ $)×10^{-8}$	53
				$e^-\nu_e\nu_\mu$	$(<25$ $)%$	53
π±	$1^-(0^-)$	139.5688 $±.0064$ $m^2=0.0195$	$2.6030×10^{-8}$ $±.0023$ $cτ=780.4$ $(τ^+-τ^-)/τ^±$ $(0.05±0.07)%$ $(test\ of\ CPT)$	$\mu\nu$	100 %	30
				$e\nu$	$(1.267±0.023)×10^{-4}$ [c]	70
				$\mu\nu\gamma$	$(1.24±0.25)×10^{-4}$	30
				$\pi^0 e\nu$	$(1.02±0.07)×10^{-8}$	5
				$e\nu\gamma$	$(3.0\ ±0.5\ )×10^{-8}$ [c]	70
				$e\nu e^+e^-$	$(<3.4$ $)×10^{-8}$	70
π0	$1^-(0^-)+$	134.9645 $±.0074$ $m^2=0.182$ $m_\pi±-m_\pi0=4.6043$ $±.0037$	$0.828×10^{-16}$ $±.057\ S=1.8^*$ $cτ=2.5×10^{-6}$	$\gamma\gamma$	$98.85±0.05)%$	67
				γe^+e^-	$1.15±0.05)%$	67
				$\gamma\gamma\gamma$	$(<5$ $)×10^{-6}$	67
				$e^+e^-e^+e^-$	3.32 $)×10^{-5}$ [d]	67
				$\gamma\gamma\gamma$	$(<6$ $)×10^{-5}$	67
				e^+e^-	$(<2$ $)×10^{-6}$	67

Stable Particle Table *(cont'd)*

Particle	$I^G(J^P)C_n$	Mass (MeV) / Mass² (GeV)²	Mean life (sec) / $c\tau$ (cm)
$K^\pm$	$\tfrac{1}{2}(0^-)$	493.707 ±0.037 $m^2 = 0.244$	1.2371×10^{-8} S=1.9* ±.0026 S=1.9* $c\tau = 370.9$ $(\tau^+ - \tau^-)/\bar\tau = (.11\pm.09)\%$ (test of CPT) S=1.2*

$m_{K^\pm} - m_{K^0} = -3.99 \pm 0.13$ S=1.1*

Partial decay mode

Mode		Fraction[a]	p or p_{max} (MeV/c)
$\mu\nu$		(63.61±0.16)%	236
$\pi\pi^0$		(21.05±0.14)%	205
$\pi\pi^-\pi^+$		(5.59±0.03)% S=1.1*	125
$\pi\pi^0\pi^0$		(1.73±0.05)% S=1.4*	133
$\mu\pi^0\nu$		(3.20±0.09)% S=1.7*	215
$e\pi^0\nu$	c	(4.82±0.05)% S=1.1*	228
$\mu\nu\gamma$		(5.8 ±3.5)×10⁻⁵	236
$e\pi^0\pi^0\nu$		(1.8 +2.4 −0.6)×10⁻⁵	207
$\pi\pi^\mp e^\pm\nu$		(3.7 ±0.2)×10⁻⁷	203
$\pi\pi^\mp\mu^\pm\nu$		(<5)×10⁻⁷	203
$\pi\pi^\pm\mu^\mp\nu$		(0.9 ±0.4)×10⁻⁵	151
$e\nu$		(<3.0)×10⁻⁶	151
$e\nu\gamma$		(1.54±0.09)×10⁻⁵	247
$\pi\pi^+\pi^-\gamma$	c	(1.62±0.47)×10⁻⁵	247
$\mu\pi^0\nu\gamma$	e,c	(2.71±0.19)×10⁻⁴	205
$e\pi^0\nu\gamma$	c	(1.0 ±0.4)×10⁻⁴	125
$\pi^\mp e^\pm e^\pm$		(<6)×10⁻⁵	215
$\pi^\mp e^\pm e^\mp$	c	(3.7 ±1.4)×10⁻⁷	228
$\pi\mu^+\mu^-$		(2.6 ±0.5)×10⁻⁷	227
$\pi\gamma\gamma$		(<1.5)×10⁻⁵	172
$\pi\mu^\pm\mu^-$		(<2.4)×10⁻⁶	227
$\pi\nu\nu$		(<3.5)×10⁻⁵	227
$\pi\gamma\gamma\gamma$	c	(<3.0)×10⁻⁴	227
$\pi\nu\nu$		(<0.6)×10⁻⁶	227
$\pi\mu^\pm$		(<4)×10⁻⁵	227
$e\pi^\mp\mu^\pm$		(<2.8)×10⁻⁸	214
$e\pi^\pm\mu^\mp$		(<1.4)×10⁻⁸	214
$\mu\nu\nu\nu$		(<6)×10⁻⁶	236

付録 4. 素粒子および共鳴の表 199

K^0 $\frac{1}{2}(0^-)$ 497.70 ±0.13   S=1.1* m^2=0.248   50% K_{Short}, 50% K_{Long}

K^0_S $\frac{1}{2}(0^-)$ 0.8930×10^{-10} (f)   ±.0023   cτ=2.68

Decay		
$\pi^+\pi^-$	(68.67±0.25)% S=1.1*	206
$\pi^0\pi^0$	(31.33±0.18)%	209
e^+e^-	< 3.2 ×10^{-7}	225
$\mu^+\mu^-$	< 3.4 ×10^{-4}	249
$\pi^+\pi^-\gamma$	c(2.0 ±0.4)×10^{-3}	206
$\gamma\gamma$	< 0.4 ×10^{-3}	249

K^0_L $\frac{1}{2}(0^-)$ 5.181×10^{-8} ±.040   cτ=1553

Decay		
$\pi^0\pi^0\pi^0$	(21.4 ±0.7)% S=1.2*	139
$\pi^+\pi^-\pi^0$	(12.25±0.18)% S=1.1	133
$\pi\mu\nu$	27.1 ±0.5)%	216
$\pi e\nu$	g,c 39.0 ±0.5)%	229
$\pi e\nu\gamma$	f 1.3 ±0.8)%	229
$\pi^+\pi^-$	c(0.201±0.006)%	206
$\pi^0\pi^0$	(0.094±0.019)% S=1.5*	206
$\pi^0\gamma\gamma$	< 2.4)×10^{-4}	231
$\gamma\gamma$	4.9 ±0.5)×10^{-4}	249
$e\mu$	< 2.0)×10^{-9}	238
$\mu^+\mu^-$	h 1.0 ±0.3)×10^{-8}	225
$\mu^+\mu^-\gamma$	< 7.8)×10^{-6}	225
e^+e^-	< 5.7)×10^{-5}	249
$e^+e^-\gamma$	< 2.0)×10^{-9}	249
$\pi^+\pi^-e^+e^-$	< 2.8)×10^{-5}	207
$\pi^0\pi^\pm e^\mp\nu$	< 7.2)×10^{-6}	206
$\pi^0\mu^\pm\pi^0$	< 2.2)×10^{-3}	207

$m_{K_L}-m_{K_S}= 0.5349\times10^{10}\,\hbar\ \mathrm{sec^{-1}}\ \pm0.0022$

η $0^+(0^-)^+$ 548.8 ±0.6   S=1.4* m^2=0.301

$^e\Gamma=(0.85\pm0.12)\mathrm{keV}(l)$

Neutral decays (71.0±0.7)% S=1.1*

Decay		
$\gamma\gamma$	i(38.0 ±1.0)% S=1.2*	274
$3\pi^0$	3.1 ±1.1)% S=1.2*	258
$\pi^+\pi^-\pi^0$	29.9 ±1.1)% S=1.1	180
$\pi^+\pi^-\gamma$	23.6 ±0.6)% S=1.1	175
$\pi^0 e^+e^-$	4.89±0.13)%	236
$e^0 e^-\gamma$	0.50±0.12)%	274
$\pi^+\pi^-$	<0.04)%	258
$\pi^+\pi^-e^+e^-$	0.15)%	236
$\pi^+\pi^-\pi^0\gamma$	0.1 ±0.1)%	236
$\mu^+\mu^-$	<6)×10^{-4}	175
$\mu^+\mu^-\pi^0$	<0.2)%	236
$\mu^+\mu^-$	2.2 ±0.8)×10^{-5}	253
$\mu^+\mu^-\pi^0$	<5)×10^{-4}	211

Charged decays (29.0±0.7)% S=1.1*

Stable Particle Table *(cont'd)*

Particle	$I^G(J^P)C_n$	Mass (MeV) Mass² (GeV)²	Mean Life (sec) cτ (cm)	Partial decay mode		p or p_{max}[b] (MeV/c)
				Mode	Fraction[a]	
p	$\frac{1}{2}(\frac{1}{2}^+)$	938.2796 ±0.0027 m²=0.8804	stable (>2×10³⁰y)			
n	$\frac{1}{2}(\frac{1}{2}^+)$	939.5731 ±0.0027 m²=0.8828 m_p-m_n=−1.29343 ±0.00004	918±14 cτ=2.75×10¹³	pe⁻ν	100 %	1
Λ	$0(\frac{1}{2}^+)$	1115.60 ±0.05 S=1.2* m²=1.245	2.578×10⁻¹⁰ ±.021 S=1.6* cτ=7.73	pπ⁻ nπ⁰ pe⁻ν pμ⁻ν pπ⁻γ	(64.2± 0.5)% (35.8± 0.5)% (8.13±0.29)×10⁻⁴ (1.57±0.35)×10⁻⁴ (0.85±0.14)×10⁻³	100 104 163 131 100
Σ⁺	$1(\frac{1}{2}^+)$	1189.37 ±0.06 S=1.8* m²=1.415 $m_{\Sigma^+}-m_{\Sigma^-}$=−7.98 ±.08 S=1.2*	0.800×10⁻¹⁰ ±.006 cτ=2.40 $\frac{\Gamma(\Sigma^+\to\ell^+ n\nu)}{\Gamma(\Sigma^-\to\ell^- n\nu)}$<.043	pπ⁰ nπ⁺ pγ nπ⁺γ Λe⁺ν →{nμ⁺ν ne⁺ν pe⁺e⁻	(51.6 ±0.7)% (48.4 ±0.7)% (1.24±0.18)×10⁻³ S=1.4* (0.93±0.10)×10⁻³ (2.02±0.47)×10⁻⁵ <3.0)×10⁻⁵ <0.5)×10⁻⁵ <7)×10⁻⁶	189 185 225 185 71 202 224 225

付録 4. 素粒子および共鳴の表

Σ^0 $1(\frac{1}{2}^+)$ 1192.47 ±0.08 m^2=1.422   <1.0×10⁻¹⁴   cτ<3×10⁻⁴

崩壊	分岐比		ref
$\Lambda\gamma$	d(100	%	74
Λe^+e^-	5.45	)×10⁻³	74
$\Lambda\gamma\gamma$	<3	)%	74

Σ^- $1(\frac{1}{2}^+)$ 1197.35 ±0.06 m^2=1.434   1.482×10⁻¹⁰ ±.017 S=1.5*   cτ=4.44

崩壊	分岐比		ref
$n\pi^-$	100	%	193
$ne^-\nu$	1.08±0.04	)×10⁻³	230
$n\mu^-\nu$	0.45±0.04	)×10⁻³	210
$\Lambda e^-\nu$	0.60±0.06	)×10⁻⁴	79
$n\pi^-\gamma$	4.6 ±0.6	)×10⁻⁴	193

$m_{\Sigma^0}-m_{\Sigma^-} = -4.88 \pm .06$

Ξ^0 $\frac{1}{2}(\frac{1}{2}^+)$(j)   1314.9 ±0.6 m^2=1.729   2.96×10⁻¹⁰ ±.12   cτ=8.87

崩壊	分岐比		ref
$\Lambda\pi^0$	c(100	%	135
$\Lambda\gamma$	0.5 ±0.5	)%	184
$\Sigma^0\gamma$	<7	)%	117
$p\pi^-$	<3.6	)×10⁻⁵	299
$pe^-\nu$	<1.3	)×10⁻³	323
$\Sigma^+e^-\nu$	<1.1	)×10⁻³	120
$\Sigma^+\mu^-\nu$	<1.1	)×10⁻³	112
	<0.9	)×10⁻³	64
$p\mu^-\nu$	<1.3	)×10⁻³	49

$m_{\Xi^0}-m_{\Xi^-} = -6.4 \pm .6$ 309

Ξ^- $\frac{1}{2}(\frac{1}{2}^+)$(j)   1321.29 ±0.14 m^2=1.746   1.652×10⁻¹⁰ ±.023 S=1.1*   cτ=4.95

崩壊	分岐比		ref
$\Lambda\pi^-$	k(100	%	139
$\Lambda e^-\nu$	0.69±0.18	)×10⁻³	190
$\Sigma^0e^-\nu$	<0.5	)×10⁻⁴	123
$\Sigma^0\mu^-\nu$	3.5 ±3.5	)×10⁻⁴	163
$\Sigma^0\mu^-\nu$	<0.8	)×10⁻⁴	70
$n\pi^-$	<1.1	)×10⁻³	303
$ne^-\nu$	<3.2	)×10⁻³	327
$n\mu^-\nu$	<1.5	)%	313
$\Sigma^-\gamma$	<1.2	)%	118
$p\pi^-\pi^-$	<4	)×10⁻⁴	223
$p\pi^-e^-\nu$	<4	)×10⁻⁴	304
$p\pi^-\mu^-\nu$	<4	)×10⁻⁴	250
$\Xi^0e^-\nu$	<2.3	)×10⁻⁴	6

Ω^- $0(\frac{3}{2}^+)$(j)   1672.2 ±.4 m^2=2.796 $1.3^{+0.3}_{-0.2}\times10^{-10}$ cτ=4.0

崩壊	分岐比	ref
$\Xi^0\pi^-$	Total of	293
$\Xi^-\pi^0$	43 events	290
ΛK^-	seen	211

Meson Table

April 1976

In addition to the entries in the Meson Table, the Meson Data Card Listings contain all substantial claims for meson resonances. See Contents of Meson Data Card Listings[i].

Quantities in italics have changed by more than one (old) standard deviation since April 1974.

Name $\frac{G}{-}\frac{I}{\omega/\phi}\frac{0}{\pi}\frac{1}{\rho}$	$I^G(J^P)C_n$ establab.	Mass M (MeV)	Full Width Γ (MeV)	$M^2 \pm \Gamma M^{(a)}$ (GeV)²	Mode	Fraction (%) [Upper limits are 1σ (%)]	p or $p_{max}^{(b)}$ (MeV/c)
π± π⁰	$1^-(0^-)+$	139.57 134.96 ±0.6	0.0 7.8 eV ±.9 eV	0.019479 0.018215		See Stable Particle Table	
η	$0^+(0^-)+$	548.8 ±0.6	2.63 keV ±.58 keV	0.301 ±.000	Neutral Charged	71.1 See Stable 28.9 Particle Table	
ρ(770)	$1^+(1^-)-$	773₅ ±3	152₅ ±3	0.598 ±.117	ππ πγ e⁺e⁻ μ⁺μ⁻ For upper limits, see footnote (e)	≈100 0.024±.007 0.0043±.0005 (d) 0.0067±.1012 (d)	360 374 386 372
M and Γ from neutral mode.							
ω(783)	$0^-(1^-)-$	782.7 ±0.3	10.0 ±.4	0.613 ±.008	π⁺π⁻π⁰ π⁺π⁻ π⁰γ e⁺e⁻ For upper limits, see footnote (f)	89.9±0.6 S=1.2* 1.3±0.3 S=1.5* 8.8±0.5 S=1.9* 0.0076±.0017	327 366 380 391
η'(958)	$0^+(0^-)+$	957.6 ±0.3	< 1	0.917 <.001	ηππ ρ⁰γ γγ For upper limits, see footnote (g)	67.6±1.7 30.4±1.7 2.0±0.3 S=1.1*	231 167 479

付録 4. 素粒子および共鳴の表

	Mass (MeV)	Width (MeV)	M^2	Decay modes	Fraction	p
δ(970) $1^-(0^+)+$	976 ±10 §(h)	50 §(h) ±20	0.953 ±.049	ππ	seen	315

Possibly coupled to the I = 1 K$\bar{\text{K}}$ system.†

	Mass (MeV)	Width (MeV)	M^2	Decay modes	Fraction	p
S*(993) $0^+(0^+)+$	~993(c) ±5	40(c) ±8	0.986 ±.040	K$\bar{\text{K}}$ ππ	near threshold	53 476

See note on ππ S wave.†

	Mass (MeV)	Width (MeV)	M^2	Decay modes	Fraction	p
Φ(1020) $0^-(1^-)-$	1019.7 ±0.3 S=1.6*	4.1 ±.2	1.040 ±.004	K⁺K⁻ $K_L K_S$ π⁺π⁻π⁰ (incl. ρπ) ηγ π⁰γ e⁺e⁻ μ⁺μ⁻ For upper limits, see footnote (i)	46.6±2.3 S=1.6* 35.0±2.0 S=1.6* 16.4±1.5 S=1.1* 2.0±0.4 0.14±0.05 .032±.002 .025±.003 S=1.4*	128 111 462 362 501 510 499

	Mass (MeV)	Width (MeV)	M^2	Decay modes	Fraction	p
A₁(1100) $1^-(1^+)+$	~1100	~300	1.21 ±.33	ρπ	~100	251

↑↑ Broad enhancement in the $J^P=1^+$ ρπ partial wave; not an established resonance.¶

	Mass (MeV)	Width (MeV)	M^2	Decay modes	Fraction	p
ε(1200) $0^+(0^+)+$	1100 to 1300	~600		ππ		

↑↑ Existence of pole not established. See note on ππ S wave.¶

	Mass (MeV)	Width (MeV)	M^2	Decay modes	Fraction	p
B(1235) $1^+(1^+)-$	1228 ±10 §	125 ±10 §	1.51 ±.15	ωπ [D/S amplitude ratio = .25±.06] For upper limits, see footnote (j)	only mode seen	345

	Mass (MeV)	Width (MeV)	M^2	Decay modes	Fraction	p
f(1270) $0^+(2^+)+$	1271 ±5 §	180 ±20 §	1.62 ±.23	ππ 2π⁺2π⁻ K$\bar{\text{K}}$ π⁺π⁻2π⁰ For upper limits, see footnote (k)	81±15 2.8±0.3 2.7±0.6 S=1.1* seen	620 557 395 560

	Mass (MeV)	Width (MeV)	M^2	Decay modes	Fraction	p
D(1285) $0^+(A)+$	1286 ±10 §	30 ±20 §	1.65 ±.04	K$\bar{\text{K}}$π ηππ [δπ 2π⁺2π⁻ (prob. ρ⁰π⁺π⁻)	seen seen seen] seen	305 484 245 565

$J^P = 0^-, 1^+, 2^-$, with 1^+ favoured

Meson Table *(cont'd)*

Name $I^G(J^P)C_n$ ⊢ estab.	Mass M (MeV)	Full Width Γ (MeV)	M^2 $\pm\Gamma M^{(a)}$ (GeV)^2	Mode	Partial decay mode Fraction (%) [Upper limits are 1σ] (%)	p or $p_{max}^{(b)}$ (MeV/c)
A₂(1310) $1^-(2^+)+$	1310₅ ±5₅	102₅ ±5	1.72 ±.13	ρπ ηπ ωππ KK̄ η'π	70.9±1.8 S=1.1* 15.0±1.2 9.3±1.9 S=1.2* 4.7±0.5 <1	411 529 354 428 279
E(1420) $0^+(A)+$	1416₅ ±10₅	60₅ ±20₅	2.01 ±.08	KK̄π +[K*K̄ + K̄*K] +[ηππ] +[δπ]	~40 ~20 ~60 possibly seen	421 130 564 352
Not a well established resonance.						
f'(1514) $0^+(2^+)+$	1516 ±3	40 ±10	2.30 ±.06	KK̄ For upper limits, see footnote (k)	only mode seen	572
F₁(1540) $1(A)$	1540 ±5	40 ±15	2.37 ±.06	K*K̄ + K̄*K 3π	seen possibly seen	321 737
Not a well established resonance.						
ρ'(1600) $1^+(1^-)-$	~1600	200-800	2.56	4π +[ρπ⁺π⁻] ππ KK̄	dominant seen with π⁺π⁻ in S-wave] possibly seen < 8	738 573 788 629
Not a well established resonance.						
A₃(1640) $1^-(2^-)+$	~1640	~300	2.69 ±.49	fπ		304

Broad enhancement in the $J^P = 2^-$ fπ partial wave; not a well established resonance.

付録 4. 素粒子および共鳴の表

	$J^P(I^G)$	Mass	Γ		Decay modes		p
ω(1675)	0⁻(3⁻) —	1667 ±10§	150 ±20§	2.78 ±.25	ρπ	seen	646
					3π	possibly seen	806
					5π	possibly seen	778
					+[ωππ]	possibly seen]	615
g(1680)¶	1⁺(3⁻) —	1690§ ±20§	180§ ±30§	2.86 ±.30	2π	24±1	833
					4π (incl. ππρ,ρρ,A₂π,ωπ)	large	787
					KK̄	small	683
					KK̄π (incl. K*K̄)	small	624

↑ M, Γ and Γ from the 2π mode.

J^P, M and Γ from the 2π mode.

	$J^P(I^G)$	Mass	Γ		Decay modes		p
h(2040)	0⁺(4⁺)+	2040 ±20	193 ±50	4.16 ±.39	ππ	seen	1010
					KK̄	seen	890

See note (1) for possible heavier states.

	$J^P(I^G)$	Mass					
K⁺	1/2(0⁻)	493.71	0.244		See Stable Particle Table		
K⁰		497.70	0.248				

	$J^P(I^G)$	Mass	Γ		Decay modes		p
K*(892)	1/2(1⁻)	892.2 ±0.5	49.4 ±1.8	0.796 ±.044	Kπ	≈ 100	288
					Kπ̄π	<	216
					KY	0.2	309
						0.15±0.07	

M and Γ from charged mode; m⁰ - m± = *4.1±0.6 MeV*.

	$J^P(I^G)$	Mass	Γ		Decay modes		
κ(1250)	1/2(0⁺)	1250 ±100§	~450	1.56 ±.56	Kπ		

See note on Kπ S wave.¶

	$J^P(I^G)$	Mass			Decay modes		
Q region	1/2(A)	1200 to 1400			Kππ	only mode seen	

$J^P = 1^+$ is dominant contribution; not a well established resonance.¶

					Decay modes		
					+[K*π	large]	
					+[Kρ	seen]	
					+[K(ππ)ℓ=0]	possibly seen]	

	$J^P(I^G)$	Mass	Γ		Decay modes		p
K*(1420)	1/2(2⁺)	1421§ ±3§	108§ ±10§	2.02 ±.15	Kπ	56.1±2.6	616
					K*π	30.9±2.1	415
					Kρ	*6.6±1.7*	316
					Kω	*4.5±1.7*	305
					Kη	*2.0±2.0*	482

See note (m).

Meson Table (cont'd)

Name $I^G(J^P)C_n$ [estab.]	Mass M (MeV)	Full Width Γ (MeV)	M^2 $\pm\Gamma M$ $(GeV)^2$	Partial decay mode — Mode	Fraction (%) [Upper limits are 1σ (%)]	p or P_{max}[b] (MeV/c)
L(1770) 1/2(A)	1765 ±10⁵	140⁵ ±50⁵	3.11 ±.25	Kππ	dominant	788
				Kπππ	seen	757
				+[K*(1420)π and other subreactions]¶		
Not a well established resonance¶.						
See note (1) for possible heavier states.						
J/ψ(3100) 0⁻(1⁻)⁻	3098 ±3	0.067 ±.012	9.6 ±.0	e⁺e⁻	7±1	1549
				μ⁺μ⁻	7±1	1545
				hadrons	86±2	
				+[identified hadron modes]	~12 ¶	
				+[γ X(2750)	possibly seen]¶	328
ψ(3700) 0⁻(1⁻)⁻	3684 ±4	0.228 ±.056	13.6 ±.0	e⁺e⁻	0.9±.2	1842
				μ⁺μ⁻	0.9±.2	1839
				hadrons	98.1±.3	
				+[J/ψ π⁺π⁻]	33±3	474
				+[J/ψ π⁰π⁰]	17±2	478
				+[J/ψ η]	4.2±.7]¶	189
				+[γP_c,P→J/ψ γ]	3.6±.7]¶	
				+[γX(3410)	seen]¶	264
				+[γX(3550)	seen]¶	151
				+[other identified hadron modes]	~0.5]¶	
ψ(4100) (1⁻)⁻	~4100	~200	16.8 ±.8			
Broad enhancement in the e⁺e⁻ total cross section; probably not a single resonance.¶						
ψ(4400) (1⁻)⁻	4414 ±7	33 ±10	19.5 ±.1	e⁺e⁻	.0013 ± .0003	2207
→X(2750)						
→P_c(3300 or 3500)				States observed in radiative decays of J/ψ(3100) and ψ(3700).		
→X(3410)				See Meson Data Card Listings for a compilation and discussion		
→X(3550)				of the experimental data.		

付録 4. 素粒子および共鳴の表

(1) Contents of Meson Data Card Listings

Non-strange (Y = 0)						Strange (|Y| = 1)	
entry	$I^G(J^P)C_n$	entry	$I^G(J^P)C_n$	entry	$I^G(J^P)C_n$	entry	$I\ (J^P)$
π	$1^-(0^-)+$	A₁ (1100)	$1^-(1^+)+$	ρ' (1600)	$1^+(1^-)-$	K	$1/2(0^-)$
η	$0^+(0^-)+$	→ M (1150)		A₃ (1640)	$1^-(2^-)+$	K* (892)	$1/2(1^-)$
ρ (770)	$1^+(1^-)-$	→ A₁.₅ (1170)		ω (1675)	$0^-(3^-)-$	κ (1250)	$1/2(0^+)$
ω (783)	$0^-(1^-)-$	ε (1200)	$0^+(0^+)+$	g (1680)	$1^+(3^-)-$	Q	$1/2(A\ )$
→ M (940)		B (1235)	$1^+(1^+)-$	→ X (1690)	$-$	K* (1420)	$1/2(2^+)$
→ M (953)		→ ρ' (1250)	$1^+(1^-)-$	→ X (1795)	1	→ K_N (1700)	$1/2$
η' (958)	$0^+(0^-)+$	f (1270)	$0^+(2^+)+$	→ A₄ (1900)	1^-	L (1770)	$1/2(A\ )$
δ (970)	$1^-(0^+)+$	D (1285)	$0^+(A\ )+$	→ S (1930)	1	→ K_N (1800)	$1/2$
H (990)		A₂ (1310)	$1^-(2^+)+$	h (2040)	$0^+(4^+)+$	→ K* (2200)	$1/2(3^-)$
S* (993)	$0^+(0^+)+$	E (1420)	$0^+(A\ )+$	→ ρ (2100)	1		
φ (1020)	$0^-(1^-)-$	→ X (1430)	0	→ T (2200)	1		
→ M (1033)		→ X (1440)	1	→ U (2360)	1		
→ B₁ (1040)		f' (1514)	$0^+(2^+)+$	→ N$\bar{\text{N}}$ (2375)	0	→ Exotics	
→ $η_N$ (1080)	$0^+(N\ )+$	F₁ (1540)	$1\ (A\ )$	→ X(2500-3600)			

New heavy mesons

J/ψ(3100) ψ(3700) ψ(4100) ψ(4400) →X(2750) →P_c(3300 or 3500) →X(3410) →X(3530)

Baryon Table

April 1976

The following short list gives the status of all the Baryon States in the Data Card Listings. In addition to the status, the name, the nominal mass, and the quantum numbers (where known) are shown. States with three- or four-star status are included in the main Baryon Table; the others have been omitted because the evidence for the existence of the effect and/or for its interpretation as a resonance is open to considerable question.

N		Δ		Z		Λ		Σ		Ξ / Ω	
N(939)	P11 ****	Δ(1232)	P33 ****	Z0(1780)	P01 *	Λ(1116)	P01 ****	Σ(1193)	P11 ****	Ξ(1317)	P11 ****
N(1470)	P11 ****	Δ(1650)	S31 ****	Z0(1865)	D03 *	Λ(1330)	Dead	Σ(1385)	P13 ****	Ξ(1530)	P13 ****
N(1520)	D13 ****	Δ(1670)	D33 ***	Z1(1900)	P13 *	Λ(1405)	S01 ****	Σ(1440)	Dead	Ξ(1630)	**
N(1535)	S11 ****	Δ(1690)	P33 *	Z1(2150)	*	Λ(1520)	D03 ****	Σ(1480)	*	Ξ(1820)	***
N(1670)	D15 ****	Δ(1890)	F35 ***	Z1(2500)	*	Λ(1600)	P01 *	Σ(1580)	D13 **	Ξ(1940)	***
N(1688)	F15 ****	Δ(1900)	S31 *			Λ(1670)	S01 ****	Σ(1620)	S11 **	Ξ(2030)	*
N(1700)	S11 ****	Δ(1910)	P31 ****			Λ(1690)	D03 ****	Σ(1660)	P11 ***	Ξ(2250)	**
N(1700)	D13 **	Δ(1950)	F37 ****			Λ(1800)	P01 **	Σ(1670)	D13 ****	Ξ(2500)	**
N(1780)	P11 ***	Δ(1960)	D35 **			Λ(1800)	G09 *	Σ(1670)	**	Ω(1672)	P03 ****
N(1810)	P13 ***	Δ(2160)	***			Λ(1815)	F05 ****	Σ(1690)	**		
N(1990)	F17 **	Δ(2420)	H311 ***			Λ(1830)	D05 ****	Σ(1750)	S11 ***		
N(2000)	F15 *	Δ(2850)	*			Λ(1860)	P03 ***	Σ(1765)	D15 ****		
N(2040)	D13 **	Δ(3230)	**			Λ(1870)	S01 *	Σ(1770)	P11 *		
N(2100)	S11 *					Λ(2010)	**	Σ(1840)	P13 *		
N(2190)	G17 ***					Λ(2020)	F07 *	Σ(1880)	P11 **		
N(2220)	H19 ***					Λ(2100)	G07 ****	Σ(1915)	F15 ****		
N(2650)	***					Λ(2110)	F05 **	Σ(1940)	D13 ***		
N(3030)	***					Λ(2350)	****	Σ(2000)	S11 *		
N(3245)	*					Λ(2585)	***	Σ(2030)	F17 ****		
N(3690)	*							Σ(2070)	F15 *		
N(3755)	*							Σ(2080)	P13 **		
								Σ(2100)	G17 *		
								Σ(2250)	***		
								Σ(2455)	***		
								Σ(2620)	***		
								Σ(3000)	**		

**** Good, clear, and unmistakable.   *** Good, but in need of clarification or not absolutely certain.
** Needs confirmation.   * Weak.

[See notes on N's and Δ's, on possible Z*'s, and on Y*'s and Ξ*'s at the beginning of those sections in the Baryon Data Card Listings; also see notes on individual resonances in the Baryon Data Card Listings.]

付録 4. 素粒子および共鳴の表

Particle [a]	I (J^P)[a] estab.	π or K Beam [b] P_beam(GeV/c) σ = 4πƛ² (mb)	Mass M^c (MeV)	Full Width Γ^c (MeV)	M² ±ΓM^b (GeV²)	Partial decay mode Mode	Fraction %	p or p_max (MeV/c)
p n	1/2(1/2^+)		938.3 939.6		0.880 0.883	See Stable Particle Table		
N(1470)^g	1/2(1/2^+) P'_11	p = 0.66 σ = 27.8	1390 to 1470	180 to 220 (200)	2.16 ±0.29	Nπ Nη Nππ [Nε]^e [Δπ]^e [Nρ]^e pγ_f nγ_f	~60 ~18 ~25 ~7 ~19 <9 0.07-0.14 <0.05	420 d 368 d 177 d 435 435
N(1520)^g	1/2(3/2^-) D'_13	p = 0.74 σ = 23.5	1510 to 1530	110 to 150 (125)	2.31 ±0.19	Nπ Nππ [Nε]^e [Nρ]^e [Δπ]^e Nη pγ_f nγ_f	~55 ~45 <5 ~15 ~25 <1 0.4-0.7 0.3-0.6	456 410 d d 228 471 471 471
N(1535)^g	1/2(1/2^-) S'_11	p = 0.76 σ = 22.5	1500 to 1530	50 to 120 (100)	2.36 ±0.15	Nπ Nη Nππ [Nρ]^e [Nε]^e [Δπ]^e pγ_f nγ_f	~30 ~65 ~5 ~3 ~2 ~1 <0.4 <0.4	467 182 422 d d 243 481 481

Baryon Table *(cont'd)*

Particle[a]	I (J^P)[a] estab.	π or K Beam[b] P_{beam} (GeV/c) $\sigma = 4\pi\lambda^2$ (mb)	Mass M^c (MeV)	Full Width Γ^c (MeV)	M^2 $\pm\Gamma M$[b] (GeV^2)	Mode	Fraction %	p or p_{max}[d] (MeV/c)
N(1670)[g]	$4/2(5/2^-)D'_{15}$	p = 1.00 σ = 15.6	1660 to 1685	145 to 165 (155)	2.79 ±0.26	Nπ	~45	560
						Nππ	~55	525
						[Δπ	~50]e	360
						ΛK	<0.3	200
						Nη	<0.5	368
						pγf	<0.03	572
						nγf	<0.14	572
N(1688)[g]	$4/2(5/2^+)F_{15}$	p = 1.03 σ = 14.9	1670 to 1690	120 to 145 (140)	2.85 ±0.24	Nπ	~60	572
						Nππ	~40	538
						[Nε	~14]e	340
						[Np	~14]e	d
						[Δπ	~11]e	375
						Nη	<0.3	388
						pγf	0.1-0.4	583
						nγf	<0.03	583
N(1700)[g]	$4/2(1/2^-)S''_{11}$	p = 1.05 σ = 14.3	1660 to 1690	100 to 200 (150)	2.89 ±0.26	Nπ	~55	580
						Nππ	~30	547
						[Nε	~10]e	355
						[Np	~7]e	d
						[Δπ	~4]e	385
						ΛK	~4	250
						ΣK	~2	109
						pγf	<0.1	591
						nγf	<0.15	591
N(1780)	$4/2(1/2^+)P''_{11}$	p = 1.20 σ = 12.2	1700 to 1800	100 to 250 (200)	3.17 ±0.36	Nπ	~20	633
						Nππ	>40	603
						[Nε	15-40]e	440
						[Np	20-50]e	249
						[Δπ	10-20]e	448
						ΛK	~7	353
						ΣK	~10	267
						Nη	2-20h	476
						pγf	<0.15	643
						nγf	<0.13	643

付録 4. 素粒子および共鳴の表

		Mass	Width		Decay mode	Fraction	(MeV)
N(1810)	$1/2(3/2^+)P_{13}$	1700 to 1850	100 to 300 (200)	$p = 1.26$ $\sigma = 11.5$ 3.28 ±0.36	$N\pi$ $N\pi\pi$ $[N\rho$ ΔK ΣK $N\eta_f$ $p\gamma_f$ $n\gamma_f$	~20 ~70 ~70$]^e$ ~5 < 5 < 0.2 < 0.2	652 624 297 386 307 503 661 661
N(2190)	$1/2(7/2^-)G_{17}$	2100 to 2250	150 to 300 (250)	$p = 2.07$ $\sigma = 6.21$ 4.80 ±0.55	$N\pi$ ΛK ΣK	15-35 < 0.2 < 0.2	888 710 664
N(2220)	$1/2(9/2^+)H_{19}$	2200 to 2250	250 to 350 (300)	$p = 2.14$ $\sigma = 5.97$ 4.93 ±0.67	$N\pi$	~20	905
N(2650)	$1/2(\ ?\ ^-)$	~2650	~350 (350)	$p = 3.26$ $\sigma = 3.67$ 7.02 ±0.93	$N\pi$	$\{J+1/2\}x_j$, < 0.4^j	1154
N(3030)	$1/2(\ ?\ )$	~3030	~400 (400)	$p = 4.41$ $\sigma = 2.62$ 9.18 ±1.21	$N\pi$	$\{J+1/2\}x_j$, < 0.1^j	1366
$\Delta(1232)^g$	$3/2(3/2^+)P'_{33}$	1230 to 1234	110 to 120 (115)	$p = 0.30$ $\sigma = 94.3$ 1.52 ±0.14	$N\pi$ $N\pi\pi^{+-}$ $p\gamma_f$	~99.4 ~0 0.58-0.66	227 80 259
	$\Delta(++)$ Pole position:^{k}	$M-i\Gamma/2 = (1211.0\pm0.8) -i(49.9\pm0.6)$					
	$\Delta(0)$ Pole position:^{k}	$M-i\Gamma/2 = (1210.9\pm1.0) -i(53.1\pm1.0)$					
$\Delta(1650)^g$	$3/2(1/2^-)S'_{31}$	1615 to 1695	140 to 200 (140)	$p=0.96$ $\sigma =16.4$ 2.72 ±0.23	$N\pi$ $N\pi\pi$ $[N\rho$ $\Delta\pi_f$ $p\gamma_f$	~35 ~65 10-25$]^e$ ~50$]^e$ < 0.25	547 511 d 344 558

↑↑↑↑↑   ↑↑↑

Baryon Table *(cont'd)*

Particle[a]	I $(J^P)^a$ estab.	π or K Beam[b] $p_{beam}(GeV/c)$ $\sigma = 4\pi\lambda^2$ (mb)	Mass M^c (MeV)	Full Width Γ^c (MeV)	M^2 $\pm\Gamma M^b$ (GeV^2)	Partial decay mode — Mode	Fraction %	p or p_{max}^d (MeV/c)
$\Delta(1670)^g$	$3/2(3/2^-)D_{33}$	p = 1.00 σ =15.6	1650 to 1720	190 to 260 (200)	2.79 ±0.33	$N\pi$	~15	560
						$N\pi\pi$	~85	525
						$[N\rho$	30-60$]^e$	d
						$\Delta\pi$	~45$]^e$	361
						$p\gamma^f$	0.05-0.3	572
$\Delta(1890)^g$	$3/2(5/2^+)F_{35}$	p = 1.42 σ = 9.88	1860 to 1900	150 to 300 (250)	3.57 ±0.47	$N\pi$	~15	704
						$N\pi\pi$	~80	677
						$[N\rho$	~60$]^e$	403
						$\Delta\pi$	10-30$]^e$	531
						ΣK^f	<3	400
						$p\gamma^f$	<0.1	712
$\Delta(1910)^g$	$3/2(1/2^+)P_{31}$	p = 1.46 σ = 9.54	1780 to 1950	160 to 230 (200)	3.65 ±0.38	$N\pi$	15-35	716
						$N\pi\pi$	?	691
						$[N\rho$	small$]^e$	429
						$\Delta\pi$	small$]^e$	545
						ΣK_f	2-20	420
						$p\gamma$	<0.1	725
$\Delta(1950)^g$	$3/2(7/2^+)F_{37}$	p = 1.54 σ = 8.90	1910 to 1940	200 to 240 (220)	3.80 ±0.43	$N\pi$	~40	741
						$N\pi\pi$	>25	716
						$[N\rho$	~10$]^e$	471
						$\Delta\pi$	~20$]^e$	574
						ΣK	<1	460
						$p\gamma^f$	0.09-0.15	749
$\Delta(2420)^g$	$3/2(11/2^+)H_{3\,11}$	p = 2.64 σ = 4.68	2380 to 2450	300 to 500 (300)	5.86 ±0.73	$N\pi$	10-15	1023
$\Delta(2850)$	$3/2(\ 2^+\ )$	p = 3.85 σ = 3.05	2800 to 2900	~400 (400)	8.12 ±1.14	$N\pi$	$(J+1/2)x_j$ ~0.25j	1266

付録 4. 素粒子および共鳴の表

Particle	$I(J^P)$	p, σ	Mass	Width		Decay	%	p
$\Delta(3230)$	$3/2(?)$	$p = 5.08$ $\sigma = 2.25$	3200 to 3350	~440 (440)	10.43 ±1.42	$N\pi$	$(J+1/2)x_j \sim 0.05j$	1475
Z^*		Evidence for states with strangeness +1 is controversial. See the Baryon Data Card listings for discussion and display of data.						
Λ	$0(1/2^+)$		1115.6			See Stable Particle Table		
$\Lambda(1405)$	$0(1/2^-)S''_{01}$	below K^-p threshold	4405 ±5ℓ	40±10ℓ (40)	1.97 ±0.06	$\Sigma\pi$	100	142
$\Lambda(1520)$	$0(3/2^-)D'_{03}$	$p = 0.389$ $\sigma = 84.5$	1519 ±2ℓ	15 ±2ℓ (15)	2.34 ±0.02	$N\bar K$ $\Sigma\pi$ $\Lambda\pi\pi$ $\Sigma\pi\pi$	46±1 42±1 10±1 0.9±0.1	234 258 250 140
$\Lambda(1670)$	$0(1/2^-.)S''_{01}$	$p = 0.74$ $\sigma = 28.5$	1660 to 1680	20 to 60 (40)	2.79 ±0.07	$N\bar K$ $\Lambda\eta$ $\Sigma\pi$	15-35 15-35 20-60	410 64 393
$\Lambda(1690)$	$0(3/2^-)D''_{03}$	$p = 0.78$ $\sigma = 26.1$	1690 ±10ℓ	30 to 80 (60)	2.86 ±0.10	$N\bar K$ $\Sigma\pi$ $\Lambda\pi\pi$ $\Sigma\pi\pi$	20-30 15-40 ~25 ~20	429 409 415 352
$\Lambda(1815)$	$0(5/2^+)F'_{05}$	$p = 1.05$ $\sigma = 16.7$	1820 ±5ℓ	70 to 100 (85)	3.29 ±0.15	$N\bar K$ $\Sigma\pi$ $\Sigma(1385)\pi$	~60 ~12 15-20	542 508 362
$\Lambda(1830)$	$0(5/2^-)D_{05}$	$p = 1.09$ $\sigma = 15.8$	1810 to 1840	60 to 110 (95)	3.35 ±0.17	$N\bar K$ $\Sigma\pi$ $\Lambda\eta$	<10 35-75 <4	554 519 367
$\Lambda(1860)$	$0(1/2^+)P_{03}$	$p = 1.14$ $\sigma = 14.7$	1860 to 1910	40 to 110 (80)	3.46 ±0.15	$N\bar K$ $\Sigma\pi$	15-35 5-10	576 534
$\Lambda(2100)$	$0(7/2^-)G_{07}$	$p = 1.68$ $\sigma = 8.68$	2100 to 2120	150 to 300 (250)	4.41 ±0.53	$N\bar K$ $\Sigma\pi$ $\Lambda\eta$ ΞK $\Lambda\omega$	~30 ~5 <3 <3 <8	748 699 617 483 443

Baryon Table (cont'd)

Particle[a]	I	$(J^P)^a$ estab.	π or K Beam[b] P_{beam}(GeV/c) $\sigma = 4\pi\lambda^2$ (mb)	Mass M^c (MeV)	Full Width Γ^c (MeV)	M^2 $\pm\Gamma M^b$ (GeV²)	Mode	Fraction %	p or p_{max} (MeV/c)[d]
Λ(2350)	0	(?)	p = 2.29 σ = 5.85	2340 to 2360	100 to 200 (120)	5.52 ±0.28	N$\bar{K}$ Σπ	(J+1/2)x, ~0.9j seen	913 865
Λ(2585)	0	(?)	p = 2.91 σ = 4.37	~2585	~300 (300)	6.68 ±0.78	N$\bar{K}$	(J+1/2)x ~1.0j	1058
Σ	1(1/2+)			(+)1189.4 (0)1192.5 (-)1197.4		1.415 1.422 1.434	See Stable Particle Table		
Σ(1385)	1(3/2+)P'$_{13}$		below K⁻p threshold	(+)1382.5±0.5 S=1.2m (-)1386.6±1.2 S=2.3m	(+)35±2 S=1.9m (-)42±4 S=3.2m (35)	1.92 ±0.05	Λπ Σπ	88±2 12±2	208 117
Σ(1670)[n]	1(3/2-)D$_{13}$		p = 0.74 σ = 28.5	1670 ±10[l]	35 to 70 (50)	2.79 ±0.08	N$\bar{K}$ Σπ Λπ	10-25 20-60 <20	410 387 447
Σ(1750)	1(1/2-)S$_{11}$		p = 0.91 σ = 20.7	1700 to 1790	50 to 120 (75)	3.06 ±0.13	N$\bar{K}$ Λπ Σπ Ση	10-40 5-20 <8 15-55	483 507 450 54
Σ(1765)	1(5/2-)D$_{15}$		p = 0.94 σ = 19.6	1723 ±7[l]	110 to 150 (130)	3.12 ±0.23	N$\bar{K}$ Λπ Λ(1520)π Σ(1385)π Σπ	~41 ~14 ~16 ~10 ~1	496 518 187 315 461

付録 4. 素粒子および共鳴の表

Particle	$I(J^P)$	p, σ	Mass (MeV)	Width (MeV)	M^2	Decay	Branching (%)	p (MeV)
Σ(1915)g	$1(5/2^+)F'_{15}$	p = 1.25, σ = 13.0	1905 to 1930	70 to 140 (100)	3.67 ±0.19	$N\bar{K}$, $\Lambda\pi$, $\Sigma\pi$	5–15, 20, ?	612, 619, 568
Σ(1940)i	$1(3/2^-)D'''_{13}$	p = 1.32, σ = 12.0	1900 to 1960	110 to 280 (220)	3.76 ±0.43	$N\bar{K}$, $\Lambda\pi$, $\Sigma\pi$	<20, ~4, ~7	678, 680, 589
Σ(2030)g	$1(7/2^+)F_{17}$	p = 1.52, σ = 9.93	2020 to 2040	120 to 200 (180)	4.12 ±0.37	$N\bar{K}$, $\Lambda\pi$, $\Sigma\pi$, ΞK	~20, ~20, 5–10, <2	700, 700, 652, 412
Σ(2250)	1(?)	p = 2.04, σ = 6.76	2200 to 2300	50 to 200 (150)	5.06 ±0.34	$N\bar{K}$, $\Sigma\pi$	$(J+1/2)x$ ~0.3J, seen, seen	849, 841, 801
Σ(2455)	1(?)	p = 2.57, σ = 5.09	~2455	~120 (120)	6.03 ±0.29	$N\bar{K}$	$(J+1/2)x$ ~0.2J	979
Σ(2620)	1(?)	p = 2.95, σ = 4.30	~2600	~200 (200)	6.86 ±0.52	$N\bar{K}$	$(J+1/2)x$ ~0.3J	1064
Ξ	$1/2(1/2^+)$		(0)1314.9 (−)1321.3		1.729, 1.746	See Stable Particle Table		
Ξ(1530)o	$1/2(3/2^+)P_{13}$		(0)1531.8±0.3 S=1.3m (−)1535.1±0.6	(0) 9.1±0.5 (−)10.1±1.9 (10)	2.34 ±0.02	$\Xi\pi$	100	144
Ξ(1820)o,p	1/2(?)		1800 to 1850	12 to 100 (60)	3.31 ±0.11	$\Lambda\bar{K}$, $\Sigma\bar{K}$, $\Xi\pi$, $\Xi(1530)\pi$	seen, seen, seen, seen	396, 306, 413, 234
Ξ(1940)o,q	1/2(?)		1900 to 1970	30 to 140 (90)	3.76 ±0.17	$\Xi\pi$, $\Xi(1530)\pi$	seen, seen	499, 336
Ω⁻	$0(3/2^+)$		1672.2		2.796	See Stable Particle Table		

付 録 5. 定 数 表

基本的物理量の値

c $\quad$ 2.99793×10^{10} cm/sec（光速度）

h $\quad$ 6.6256×10^{-27} erg・sec $= 4.1356 \times 10^{-15}$ eV・sec（Planck 定数）

$\hbar \left(= \dfrac{h}{2\pi} \right)$ $\quad$ 1.0545×10^{-27} erg・sec $= 6.5817 \times 10^{-16}$ eV・sec

e $\quad$ 4.80298×10^{-10} esu（非有理化単位）$= 1.70268 \times 10^{-9}$ esu（有理化単位）$= 1.6021 \times 10^{-19}$ coulomb（陽子の電荷）

$\alpha \left(= \dfrac{e^2}{4\pi\hbar c} \right)$ $\quad$ $1/137.0388$（微細構造定数）

N_0 $\quad$ 6.02252×10^{23} molecules/gram-mol（Avogadro 定数）

k $\quad$ 1.38054×10^{-16} erg(度)$^{-1} = 8.6171 \times 10^{-5}$ eV(度)$^{-1}$（Boltzmann 定数）

G $\quad$ 6.67×10^{-8} dyn・cm^2・g^{-2}（重力定数）

エ ネ ル ギ ー

$mc^2 = 0.511006$ MeV（電子）

$Mc^2 = 938.256$ MeV（陽子）

$R \left(= \dfrac{me^4}{32\pi^2\hbar^2} \right) = 13.605$ eV（Rydberg エネルギー）

10^{-13} cm ≈ 5 (GeV)$^{-1}$

1 (GeV)$^{-2} \approx 0.389$ mb

1 (MeV)$^{-1} \approx 7 \times 10^{-22}$ sec

長 さ

$\dfrac{\hbar}{mc} = 3.86144 \times 10^{-11}$ cm（電子の Compton 波長）

$\dfrac{\hbar}{\mu c} = 1.4135 \times 10^{-13}$ cm（$\pi^{\pm}$ 中間子の Compton 波長）

$\dfrac{\hbar}{Mc} = 2.10307 \times 10^{-14}$ cm（陽子の Compton 波長）

$a_0 = \dfrac{4\pi\hbar^2}{me^2} = 0.529167 \times 10^{-8}$ cm（Bohr 半径）

付録 5. 定 数 表

$$r_0 = \frac{e^2}{4\pi mc^2} = 2.81777 \times 10^{-13} \text{ cm （古典電子半径）}$$

その他

$$\mu = \frac{e\hbar}{2mc} = 0.578817 \times 10^{-8} \text{ eV/gauss （Bohr 磁子）}$$

$$\mu = \frac{e\hbar}{2Mc} = 3.1524 \times 10^{-12} \text{ eV/gauss （核磁子）}$$

$$\sigma_T = \frac{8\pi}{3} r_0{}^2 = \frac{8\pi}{3} \left(\frac{e^2}{4\pi mc^2}\right)^2 = 0.6652 \times 10^{-24} \text{ cm}^2 \text{ （Thomson 散乱の断面}$$
積）

$$\sigma_{\text{natural}} = \pi (\hbar/m_\pi c)^2 = 62.768 \text{ mb}$$

単 位 系

長 さ

1 km $= 10^5$ cm

1 m $= 10^2$ cm

1 cm

1 mm $= 10^{-1}$ cm

1 $\mu = 10^{-4}$ cm

1 m$\mu = 10^{-7}$ cm

1 Å $= 10^{-8}$ cm （オングストローム）

時 間

1 year $= 3.1536 \times 10^7$ sec

$\approx \pi \times 10^7$ sec

1 day $= 8.64 \times 10^4$ sec

1 hr $= 3.6 \times 10^3$ sec

1 min $= 60$ sec

1 sec

1 ms $= 10^{-3}$ sec

1 μs $= 10^{-6}$ sec

1 ns $= 10^{-9}$ sec

面 積

1 b （barn） $= 10^{-24}$ cm^2

1 mb $= 10^{-27}$ cm^2

1 μb $= 10^{-30}$ cm^2

エネルギーの単位

1 GeV （または BeV） $= 10^9$ eV

1 MeV $= 10^6$ eV

1 keV $= 10^3$ eV

1 eV $= 1.60210 \times 10^{-12}$ erg

その他

1 c （キュ ー リ ー） $= 3.70 \times 10^{10}$ 崩壊/sec

1 R （レントゲン） $= 87.8$ erg/g・air $= 5.49 \times 10^{13}$ eV/g・air

1 rad $= 100$ erg/g・air $= 6.25 \times 10^{13}$ eV/g・air

1 radian $= 57.29578$ 度

1 気圧＝1033.2 g/cm²

1 g（重力加速度）＝980.67 cm/sec²

1 cal（カロリー）＝4.184 joule＝4.19×10⁷ erg＝2.62×10¹⁹ eV

e（自然対数の底）＝2.71828, $\log_e 10$＝2.30259

索　引

ア

analyser ･････････････････････････122
アイソスピン ･････････････････････18
アイソスピン独立 ･････････････････95

イ

異常磁気能率 ･･･････････････････ 126
位相のずれ ･････････････････ 57, 62
1重項 ･･････････････････････ 177
因果律 ･･･････････････････････････83

エ

LS 力 ･････････････････ 119, 121
S 行列 ･･･････････････････ 34, 55
S 行列のウニテール性 ･････ 39, 56
S 行列の相反性 ･････････････････16

オ

OPEP(One Pion Exchange
Potential) ････････････････118

カ

Cabibbo の角 ･･････････････････170
Gamow-Teller 型 ････････････137
回折散乱 ･･･････････････････････91
角運動量 ･････････････････････ 191
角運動量の合成 ･･･････････････ 192
核子の偏り ･･････････････73, 116
核子の共鳴準位 ･･･････････････67
核子の磁気能率 ･･･････････････ 126
核子のスピンの偏り測定 ････ 121
核　力 ･･････････････ 117, 186
核力のポテンシャル ････････ 117

影散乱 ･･･････････････････ 72, 91
偏った陽子のまと ･････････73, 123
荷電共役, C 変換 ･･････････････10
荷電対称性 ･･･････････････････18
荷電独立 ･･･････････････ 18, 61
カレント代数 ････････････ 159, 168
完全実験 ･･･････････････････ 119
ガンマ線による π 中間子発生 103

キ

奇妙さの量子数 S ･････ 21, 23, 186
逆ベータ反応 ･････････････････ 151
吸収の断面積 ･････････････････57
球関数 ･･･････････････････ 192
球調和関数 ･････････････････ 193
球ベッセル関数 ･･･････････････ 194
球面波展開 ･･････････････････54
鏡　映 ･･･････････････････ 7
共鳴現象 ･･･････････････････65
共鳴公式 ･･･････････････････63
共鳴散乱 ･･････････････････ 182
共鳴のエネルギー ･･････････････63
共鳴幅 ･･･････････････････････64

ク

Clebsch-Gordan 係数 61, 153, 192
Kramers-Kronig 分散公式 ････ 84
Kroll-Rudermanの定理 ･･･････ 115
空間反転 ･････････････････ 7
くりこみの理論 ･･･････････････28

ケ

Gell-Mann のカレント ･･･････ 168
Gell-Mann-大久保の質量公式 180

K-capture……………………136	シンクロトロン……………………46
形状因子………………………… 123	**ス**
コ	スピンの偏った陽子の標的… 73,
高エネルギー極限…………………93	123
光学定理…………………………56	**セ**
光学模型…………………………88	静的近似…………………………74
交叉関係………………… 84, 93	摂動計算…………………………34
クォーク………………………… 173	漸近的領域…………………………93
クォーク理論（quak model）…… 173	線型加速器…………………………46
サ	全断面積…………………………57
坂田模型………………… 171, 187	**ソ**
三次元ユニタリー群, $SU(3)$ 176	測定器……………………………49
三次元ユニタリー群の理論… 172	**タ**
散乱振幅…………………………55	W中間子………………………… 170
散乱振幅の実部と虚部…………73	対称性…………………………… 187
散乱断面積………………… 37, 39	第一共鳴………………………… 109
散乱の長さ（scattering length）63	第二共鳴………………………… 116
散乱の微分断面積…………………56	多重極放射……………………… 110
シ	弾性散乱の断面積…………………57
Σ の崩壊………………………… 160	**チ**
CPT 定理……………………… 16	Chew-Low 理論…… 79, 112, 186
G-変換…………………………128	中間状態…………………………36
時間反転………………………… 164	中心力ポテンシャル…………… 118
時間反転, T 変換…………………12	中性K粒子の崩壊…………… 161
しきい値（threshold）………60, 104	**ツ**
磁気双極子放射………………… 110	強い相互作用……………………27
磁気能率………………………… 197	**テ**
次 元…………………………………25	$\Delta I=1/2$ 法則………… 152, 187
自然単位系…………………………24	Dirac 方程式………… 9, 133, 188
実験室系（laboratory system）… 31	Dirac 方程式の解…………… 190
射影演算子…………………57, 111, 134	T不変のやぶれ…………… 164
10 重項…………………………177	
重心系（center of mass system） 31	
状態密度…………………………36	

索　引

電気双極子放射·················· 110
電子加速器······················46
電子とニュートリノの角相関 137
電磁相互作用···················28
テンソルポテンシャル········· 118

ト

Thomson 極限·····················115
統　計···························· 6
透明度····························89
朝永理論·························· 126

ナ

中野，西島，Gell-Mann の理論
····································21

ニ

2 成分のニュートリノ理論··· 150

ノ

nonleptonic decay················ 152

ハ

π 中間子核子散乱の Born 近似
····································76
π 中間子核子弾性散乱の角分布
····································68
π 中間子散乱の全断面積········65
π 中間子のスピン···············51
π 中間子大量生産工場
(pion factory)············ 47, 143
π 中間子のパリティ···············52
π 中間子の崩壊··················· 143
Pauli の原理······················ 6
ハイパーチャージ·············· 173
ハイペロン(hyperon)··············5
ハイペロンのベータ崩壊······ 169
8 重項(octet)············· 174, 177

八道説··················· 173, 187
ハドロン(hadron)················· 5
バリオン(baryon)················· 5
バリオン数···················17
バリオンの共鳴状態··········· 202
パリティ，P 変換·················· 7
パリティ非保存······ 130, 155, 186
反応の断面積··············28, 29, 30

ヒ

PS 相互作用····················· 27
PV 相互作用······················27
V スピン······················ 174
V−A 型 Fermi 相互作用······ 142
V−A 相互作用···················· 186
非対称パラメータ·············· 156
非物理的領域·····················85

フ

Breit−Wigner の共鳴公式······182
Fermi 型················· 137
Fermi 相互作用············29, 132
Fermi 相互作用の強さ········· 138
フェルミオン(fermion)··········· 6
複合粒子····················· 171
物理的領域·····················85
部分波分解·····················54
普遍 Fermi 相互作用···········165
分散公式·······················82

ヘ

helicity······················· 133
平均寿命························ 197
ベクトルカレントの保存······ 165
ベータ崩壊の相互作用········· 132
変数 s·······················32
変数 t ·······················33
変数 u·······················34

ホ

polarizer 122
Pomeranchuk の定理 93
Pomeranchuk 粒子 100, 183
崩壊の型 197
崩壊の寿命 39, 43
ボソン (boson) 6
保存則 5, 28, 29, 30

マ

Majorana 理論 150

ミ

μ 中間子の崩壊 146
μ^- の吸収 148
Michel (ミシェル) 係数 147

メ

メソン (meson) 5
メソンの共鳴状態 208

モ

Mott の公式 125

ユ

U スピン 173
Yukawa 相互作用 27
有効距離 (effective range) 63

ヨ

陽子加速器 46
弱い相互作用 29

ラ

λ 行列 176
Λ^0 の崩壊 158

リ

粒子貯蔵リング 47

ル

Legendre 多項式 193

レ

Regge 極 99, 180
Regge 理論 97, 180, 187
レプトン (lepton) 5

ロ

Low 方程式 79
Rosenbluth の公式 125

Memorandum

Memorandum

Memorandum

Memorandum

――著者紹介――

川口　正昭
　　大阪大学理学部物理学科卒業
　　前　　高エネルギー研究所教授 理学博士
　　　　　神戸大学教授
　　専　攻　素粒子物理学
　　著　書　「素粒子を探る」（NHKブックス）

復刊　素粒子論

	著　者　川　口　正　昭
1969年 7月20日　初　版1刷発行 1976年 5月25日　初　版4刷発行 2018年 1月25日　復　刊1刷発行	検印廃止 © 1969, 2018 発行者　南　條　光　章 東京都文京区小日向4丁目6番19号

NDC 429.6

発行所　東京都文京区小日向4丁目6番19号
　　　　電話　東京（03）3947-2511番（代表）
　　　　郵便番号 112-0006
　　　　振替口座 00110-2-57035番
　　　　URL　http://www.kyoritsu-pub.co.jp/

共立出版株式会社

印刷・藤原印刷株式会社　　製本・ブロケード　　　　　Printed in Japan

一般社団法人
自然科学書協会
会員

ISBN978-4-320-03603-1

JCOPY　〈出版者著作権管理機構委託出版物〉
本書の無断複製は著作権法上での例外を除き禁じられています．複製される場合は，そのつど事前に，
出版者著作権管理機構（TEL：03-3513-6969，FAX：03-3513-6979，e-mail：info@jcopy.or.jp）の
許諾を得てください．

カラー図解 物理学事典

Hans Breuer [著] Rosemarie Breuer [図作]
杉原　亮・青野　修・今西文龍・中村快三・浜　満 [訳]

ドイツ Deutscher Taschenbuch Verlag 社の『dtv-Atlas 事典シリーズ』は，見開き2ページで一つのテーマ（項目）が完結するように構成されている．右ページに本文の簡潔で分かり易い解説を記載し，左ページにそのテーマの中心的な話題を図像化して表現し，本文と図解の相乗効果で，より深い理解を得られように工夫されている．本書は，この事典シリーズのラインナップ『dtv-Atlas Physik』の日本語翻訳版であり，基礎物理学の要約を提供するものである．内容は，古典物理学から現代物理学まで物理学全般をカバーし，使われている記号，単位，専門用語，定数は国際基準に従っている．

■菊判・412頁・定価（本体5,500円＋税）　≪日本図書館協会選定図書≫

ケンブリッジ 物理公式ハンドブック

Graham Woan [著]／堤　正義 [訳]

この『ケンブリッジ物理公式ハンドブック』は，物理科学・工学分野の学生や専門家向けに手早く参照できるように書かれた必須のクイックリファレンスである．数学，古典力学，量子力学，熱・統計力学，固体物理学，電磁気学，光学，天体物理学など学部の物理コースで扱われる 2,000 以上の最も役に立つ公式と方程式が掲載されている．詳細な索引により，素早く簡単に欲しい公式を発見することができ，独特の表形式により式に含まれているすべての変数を簡明に識別することが可能である．この度，多くの読者からの要望に応え，オリジナルのB5判に加えて，日々の学習や復習，仕事などに最適な，コンパクトで携帯に便利な "ポケット版（B6判）" を新たに発行．

■B5判・298頁・定価（本体3,300円＋税）　■B6判・298頁・定価（本体2,600円＋税）

独習独解 物理で使う数学 完全版

Roel Snieder著・井川俊彦訳　物理学を学ぶ者に必要となる数学の知識と技術を分かり易く解説した物理数学（応用数学）の入門書．読者が自分で問題を解きながら一歩一歩進むように構成してある．それらの問題の中に基本となる数学の理論や物理学への応用が含まれている．内容はベクトル解析，線形代数，フーリエ解析，スケール解析，複素積分，グリーン関数，正規モード，テンソル解析，摂動論，次元論，変分論，積分の漸近解などである．■A5判・576頁・定価（本体5,500円＋税）

http://www.kyoritsu-pub.co.jp/　共立出版　（価格は変更される場合がございます）

 https://www.facebook.com/kyoritsu.pub